Key Point & Seminar ❸

Key Point & Seminar
工学基礎 微分方程式 [第2版]

及川正行・永井 敦・矢嶋 徹 共著

サイエンス社

第2版にあたって

　拙著「工学基礎　微分方程式」を執筆してから 10 年以上が経過した．第 2 版では，まえがきに記した「簡単な例から始め，微分方程式の求積法の基礎を一通りマスターできるように」「工学への応用に関する問題をできるだけ取り上げるように」という方針は変わっていない．

　しかしながら，本拙著を大学の講義で教科書として使用し，例題や問題を解説し学生に解かせたところ，計算が煩雑になったり，初等関数の範囲で積分できなかったりして，授業時間内に問題を一通り解ききれないことも多く，手直しの必要を感じた．また教科書として御採用頂いた他の先生方からもいくつかの建設的御意見を頂いた．第 2 版では，前半部分，特に第 2 章から第 4 章について，徒に計算を面倒にして問題のテーマを見失うことのないように，数値や関数をできるだけ簡単なものにした．また，紙数の関係で問題をカットしたり，2 つの問題を 1 つにまとめたりした部分もある．

　まえがきにも書いたが，本書は当初，マイベルク，ファヘンアウア著の工科系の数学『常微分方程式』『フーリエ解析』『偏微分方程式，変分法』に準拠した演習書として企画された．第 2 版では微分方程式の一つの応用として，初版では取り上げなかった変分法の章を付録として新たに設けた．紙数の関係で，代表的かつ基本的な例題・問題に限ったが，触りだけでも理解して頂ければ幸いである．

　初版執筆後 10 年の間，田島伸彦氏をはじめサイエンス社の方々の御尽力のお陰で，順調に増刷を重ね，このたび第 2 版を記すこととなったのは望外の喜びである．ここに厚く御礼申し上げたい．

　平成 30 年 7 月

及川正行，永井　敦，矢嶋　徹

まえがき

　本書は，理工系学部における基本科目の1つ，微分方程式のテキストである．読者としては大学に入って微分積分学と線形代数学を一通り履修した学生を対象としている．

　微分方程式論はニュートン，ライプニッツ以来300年近くに渡り発展し続けてきた．そのすべてを詳述するのは不可能であるので，本書では微分方程式の求積法による解法を中心に解説する．求積法というと，テクニックのオンパレードでともすると解法集の羅列という印象を与えがちであるが，必要な道具は最小限にとどめ，古典的かつ初等的な手法で微分方程式を解くように心がけた．簡単な例から始め，問題を1問1問解いていくうちに経験値を積み重ねて，微分方程式の求積法を一通りマスターできるよう配慮した．

　全部で10章から構成される．第1章で微分方程式とは何か概説した後，第2〜6章 (5.2節を除く) では工学的に重要かつ基本的な常微分方程式を取り上げ，その求積法について解説する．5.2節，第7〜9章では定性的理論，級数解法，特殊関数，境界値問題など常微分方程式の発展的な内容について述べる．これらの章は原理的には決して難しくはないが，計算はやや複雑で，根気強く計算することが要求される．最後に第10章では偏微分方程式，その中でも波動方程式，拡散方程式（熱方程式），ラプラス方程式を取り上げて，初等的に解ける場合について基本的な例題を中心に解説した．

　微分方程式は数学のどの分野もそうであるように寝っ転がって本を読んでいても身に付くものではない．紙と鉛筆とを用意して，1問1問丁寧に解き，余裕があれば計算機などで解のグラフを書いて観察するなどしながら読み進んで欲しい．問題に * 印のついているものはやや難しい問題であるので，飛ばしても構わない．各章，各節の関連を次ページの表にまとめた．自習するときの手助けになればと思う．

　本書は，最初はマイベルク・ファヘンアウア著「工科系の数学」シリーズの教科書（邦訳：高見・薩摩・及川，サイエンス社），その中でも『常微分方程式』，『フーリエ解析』，『偏微分方程式，変分法』に準拠した演習書として企画されたも

のであるが，諸般の事情によって独立した演習を中心としたテキストのシリーズとして刊行されることになった．このため工学への応用に関する問題をできる限り取り上げるようにした．その一方で分野を問わず微分方程式の最低限これはできて欲しいという基本的な問題も収録した．したがって3冊すべての内容を1冊の書にまとめるには難しい点もあった．基本的事項をすべて盛り込みながら，なおかつ工学に登場するさまざまな微分方程式について初学者でも分かるように，また数学の得意な学生にも新鮮な話題を提供できるよう問題の選定には配慮したつもりであるが，うまくいったかどうかは読者の判断に委ねたい．

なお執筆に当たっては，草稿は永井が書き起こし，及川が第1〜6章を，矢嶋が第7〜10章を重点的に吟味して修正しながら完成させたことを付記しておく．

最後になったが執筆の依頼を受けてから2年半もの間，サイエンス社編集部の田島伸彦氏と渡辺はるか女史には，遅々として進まぬ原稿を辛抱強く待って頂き，本書の構成に関して多くの建設的なご意見，ご提案を頂いた．ここに心より深く感謝を表したい．

平成 18 年 9 月

及川正行，永井　敦，矢嶋　徹

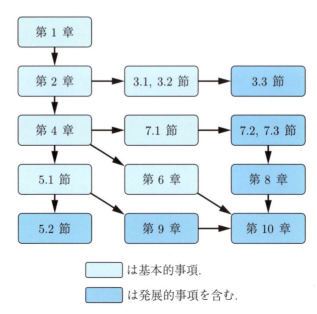

目　次

1 微分方程式とは何か　　1
1.1 微分積分の予備知識　　1
1.2 微分方程式に関する諸定義　　4
1.3 常微分方程式の幾何学的意味　　9

2 常微分方程式の初等解法　　12
2.1 簡単な常微分方程式　　12
2.2 １階線形常微分方程式　　16
第2章演習問題　　19

3 １階常微分方程式とその応用　　22
3.1 同次形　　22
3.2 完全微分形　　24
3.3 その他の重要な方程式　　30
第3章演習問題　　36

4 定数係数線形常微分方程式　　38
4.1 定数係数2階線形常微分方程式（同次方程式の場合）　　38
4.2 定数係数2階線形常微分方程式（非同次方程式の場合）　　43
4.3 高階定数係数線形常微分方程式　　53
第4章演習問題　　56

5 連立常微分方程式　　58
5.1 行列の対角化を用いた連立線形常微分方程式の解法　　58
5.2 定性的理論　　68
第5章演習問題　　76

6 演算子法とラプラス変換　　78
- 6.1 演算子法 ... 78
- 6.2 ラプラス変換 ... 90
- 第6章演習問題 ... 96

7 変数係数線形常微分方程式と級数解　　98
- 7.1 変数係数線形常微分方程式 ... 98
- 7.2 正則点と整級数解 ... 103
- 7.3 確定特異点 ... 107
- 第7章演習問題 ... 114

8 特殊関数　　115
- 8.1 直交多項式 ... 115
- 8.2 その他の特殊関数 ... 124
- 第8章演習問題 ... 131

9 境界値問題と固有値問題　　133
- 9.1 境界値問題とグリーン関数 ... 133
- 9.2 固有値問題 ... 146
- 第9章演習問題 ... 151

10 偏微分方程式入門　　154
- 10.1 フーリエ級数とフーリエ変換 ... 155
- 10.2 拡散方程式 ... 161
- 10.3 波動方程式 ... 172
- 10.4 ラプラス方程式 ... 180
- 第10章演習問題 ... 188

付録　変分問題とオイラー-ラグランジュ方程式　　191

問題解答　　196

索引　　216

1 微分方程式とは何か

1.1 微分積分の予備知識

本節では本書を読むにあたって必要となる微分積分の予備知識を列挙する．

微分と積分の定義　$y = f(x)$ が x の関数であるとき，その導関数を次のように書く．

$$y' = \frac{dy}{dx} = f'(x),\ y'' = \frac{d^2y}{dx^2} = f''(x), \cdots,\ y^{(n)} = \frac{d^ny}{dx^n} = f^{(n)}(x)$$

$'$ は「プライム」と読み，d/dx を意味する．x の代わりに t での微分を考える場合は，$d/dt = \cdot$（ドット）を用いる．例えば y が t の関数のとき $d^2y/dt^2 = \ddot{y}$ などと書く．

蛇足　「$'$」を「ダッシュ」と読むのは戦前の誤訳が原因らしい．英語で「ダッシュ」（dash）は「－」（横棒）を表す（『数学セミナー』1985 年 11 月号 渡辺正氏の記事参照）．

次に $f(x)$ の原始関数の 1 つを次のように表す．

$$F(x) = \int f(x)dx$$

原始関数に定数を加えたものもまた原始関数であるが，具体的な計算では原始関数としてなるべく簡単なものを通常選ぶ．例えば $\int x\,dx = \frac{x^2}{2}, \int e^x dx = e^x$ などとする．場合によっては $F(x) = \int^x f(\xi)d\xi$ と書くこともある．

コメント　微分積分の教科書では $F(x)$ を $f(x)$ の原始関数の 1 つとするとき，不定積分を $\int f(x)dx = F(x) + C$ と書いて，$\int f(x)dx$ 自体に積分定数が含まれているとするのが普通である．しかし本書では $\int f(x)dx$ を（適当に選んだ）原始関数の 1 つを表す記号として用い，積分定数は明示することにした．したがって例えば

$$\frac{dy}{dx} = f(x) \quad \text{の解を} \quad y = \int f(x)dx + C \quad \text{と書く．}$$

それは微分方程式では，積分定数が重要な役割を果たすためである．

微分積分の基本公式　以下に本書で必要となる微分積分の基本公式を列挙する．

1. 積の微分公式（ライプニッツ則）
$$(f(x)g(x))' = f'(x)g(x) + f(x)g'(x)$$
$$(f(x)g(x))^{(n)} = \sum_{k=0}^{n} \binom{n}{k} f^{(n-k)}(x) g^{(k)}(x) \quad (n=1,2,\cdots)$$
$$\binom{n}{k} := \frac{n(n-1)\cdots(n-k+1)}{k!} \text{ は2項係数}$$

2. 合成関数の微分公式
$$(f(g(x)))' = g'(x)f'(g(x)) \quad \text{ただし } f'(g(x)) := \left.\frac{d}{dt}f(t)\right|_{t=g(x)}$$

3. 部分積分
$$\int (f'(x)g(x) + f(x)g'(x))dx = f(x)g(x)$$
$$\Leftrightarrow \int f'(x)g(x)dx = f(x)g(x) - \int f(x)g'(x)dx$$

4. 置換積分
$$\int f(z)z'(x)dx = \int f(z)dz = F(z(x))$$
特に $\quad \int f(ax+b)dx = \frac{1}{a}F(ax+b) \quad (a,b \text{ は定数}, a \neq 0)$

5. ニュートンの公式
$$\frac{d}{dx}\int_{x_0}^{x} f(\xi)d\xi = f(x), \quad \int_{x_0}^{x} \frac{d}{d\xi}f(\xi)d\xi = f(x) - f(x_0) \quad (x_0 \text{ は定数})$$

初等関数の微分積分 以下に主な初等関数の微分公式を挙げる．a は定数とする．

$$(x^a)' = ax^{a-1}, \quad (\log|x|)' = \frac{1}{x}, \quad (e^{ax})' = ae^{ax},$$
$$(\sin ax)' = a\cos ax, \quad (\cos ax)' = -a\sin ax, \quad (\tan ax)' = \frac{a}{\cos^2 ax},$$
$$(\arcsin x)' = \frac{1}{\sqrt{1-x^2}}, \quad (\arctan x)' = \frac{1}{1+x^2}.$$

この中でも特に重要なのが，3番目の $(e^{ax})' = ae^{ax}$ である．指数関数の微分は再び指数関数となるという性質は，今後頻繁に利用することになる．

次に主な初等関数の積分公式を挙げる．a, A は定数とする．

$$\int x^a\,dx = \frac{x^{a+1}}{a+1}\ (a\neq -1), \qquad \int \frac{dx}{x} = \log|x|$$

$$\int e^{ax}\,dx = \frac{1}{a}e^{ax}, \qquad \int \sin ax\,dx = -\frac{1}{a}\cos ax, \qquad \int \cos ax\,dx = \frac{1}{a}\sin ax$$

$$\int \frac{dx}{\cos^2 ax} = \frac{1}{a}\tan ax, \qquad \int \tan ax\,dx = -\frac{1}{a}\log|\cos ax|$$

$$\int \frac{dx}{\sqrt{a^2-x^2}} = \arcsin\frac{x}{a}, \qquad \int \frac{dx}{a^2+x^2} = \frac{1}{a}\arctan\frac{x}{a}$$

$$\int \frac{dx}{\sqrt{A+x^2}} = \log\left|x+\sqrt{x^2+A}\right|, \qquad \int \frac{dx}{x^2-a^2} = \frac{1}{2a}\log\left|\frac{x-a}{x+a}\right|$$

$$\int \sqrt{a^2-x^2}\,dx = \frac{1}{2}\left(x\sqrt{a^2-x^2}+a^2\arcsin\frac{x}{a}\right)$$

$$\int \sqrt{x^2+A}\,dx = \frac{1}{2}\left(x\sqrt{x^2+A}+A\log\left|x+\sqrt{x^2+A}\right|\right)$$

偏微分 $z=f(x,y)$ を x,y についての 2 変数関数として，偏導関数を次のように表す．

$$z_x = \frac{\partial z}{\partial x} = f_x(x,y), \quad z_y = \frac{\partial z}{\partial y} = f_y(x,y),$$

$$z_{xx} = \frac{\partial^2 z}{\partial x^2} = f_{xx}(x,y), \quad z_{xy} = \frac{\partial^2 z}{\partial x \partial y} = f_{xy}(x,y), \quad \cdots$$

また**全微分** dz を次式で定義する．

$$dz := \frac{\partial z}{\partial x}dx + \frac{\partial z}{\partial y}dy$$

1. 合成関数の微分則 (I)：x,y が t の関数 $x=g(t), y=h(t)$ であるとき，$z=f(x,y)$ も g,h を通して t の関数であり，次式が成り立つ．

$$\frac{dz}{dt} = \frac{\partial z}{\partial x}\frac{dx}{dt} + \frac{\partial z}{\partial y}\frac{dy}{dt} = f_x(x,y)\dot{g}(t) + f_y(x,y)\dot{h}(t)$$

2. 合成関数の微分則 (II)：x,y が (u,v) の関数 $x=g(u,v), y=h(u,v)$ であるとき，$z=f(x,y)$ も g,h を通して (u,v) の関数であり，次式が成り立つ．

$$\frac{\partial z}{\partial u} = \frac{\partial z}{\partial x}\frac{\partial x}{\partial u} + \frac{\partial z}{\partial y}\frac{\partial y}{\partial u} = f_x(x,y)g_u(u,v) + f_y(x,y)h_u(u,v)$$

$$\frac{\partial z}{\partial v} = \frac{\partial z}{\partial x}\frac{\partial x}{\partial v} + \frac{\partial z}{\partial y}\frac{\partial y}{\partial v} = f_x(x,y)g_v(u,v) + f_y(x,y)h_v(u,v)$$

特に (u,v) として次式で定義される極座標 (r,θ) を導入する.
$$x = r\cos\theta, \quad y = r\sin\theta$$
このとき以下の関係式が成り立つ.
$$\frac{\partial z}{\partial r} = \cos\theta \frac{\partial z}{\partial x} + \sin\theta \frac{\partial z}{\partial y}, \quad \frac{\partial z}{\partial \theta} = -r\sin\theta \frac{\partial z}{\partial x} + r\cos\theta \frac{\partial z}{\partial y}$$
$$\Leftrightarrow \frac{\partial z}{\partial x} = \cos\theta \frac{\partial z}{\partial r} - \frac{\sin\theta}{r}\frac{\partial z}{\partial \theta}, \quad \frac{\partial z}{\partial y} = \sin\theta \frac{\partial z}{\partial r} + \frac{\cos\theta}{r}\frac{\partial z}{\partial \theta}$$

複素数とオイラーの公式 本書では虚数単位として $i = \sqrt{-1}$ を用いる.複素数 $z = x + iy$ (x, y は実数) が与えられたとき,x を z の実部,y を z の虚部といって次のようにも書く.
$$x = \mathrm{Re}\,z, \quad y = \mathrm{Im}\,z$$
$\bar{z} := x - iy$ で定義される $\bar{z}$ を z の**複素共役**と呼ぶ.また次の**オイラーの公式**はよく用いられる.
$$e^{iy} = \cos y + i\sin y, \quad e^z = e^{x+iy} = e^x \cdot e^{iy} = e^x(\cos y + i\sin y)$$

1.2 微分方程式に関する諸定義

常微分方程式 未知関数 $y = y(x)$ についての等式を**関数方程式**と呼ぶ.関数方程式のうち,未知関数 y とその導関数 $y' = dy/dx, y'' = d^2y/dx^2, \cdots, y^{(n)} = d^ny/dx^n$ および x を含む方程式
$$F(x, y, y', y'', \cdots, y^{(n)}) = 0 \tag{1.1}$$
を y に関する**常微分方程式**という.$y = y(x)$ についての常微分方程式において,未知関数 y のことを**従属変数**,変数 x のことを**独立変数**と呼ぶ.本書では主に従属変数として y を,独立変数として x を用いるが,独立変数が時間変数を表す場合は x の代わりに t を用いることもある.

コメント 以後,「常微分方程式」を単に「微分方程式」と呼ぶこともある.

1.2 微分方程式に関する諸定義

偏微分方程式 常微分方程式では独立変数の個数が1個であったのに対して，独立変数が2個以上でその偏導関数を含む微分方程式も存在する．そのような方程式を**偏微分方程式**と呼ぶ．偏微分方程式については第10章で詳しく述べる．

微分方程式の例 微分方程式は理工学はもちろん社会科学など，さまざまな分野で顔を出す．いくつかの例を以下に挙げる．

<u>例 1.1</u>（単振動の方程式） 図 1.1 左のようにバネ定数 k のフックの法則にしたがうバネに連結され，滑らかな直線上を動く質量 m の質点を考える．時刻 t における質点のつりあいの位置からの変位を $x(t)$ とする．質点の加速度は $\ddot{x} = d^2x/dt^2$，バネによる復元力は $-kx$ で与えられるので，ニュートンの運動の第2法則より微分方程式

$$m\frac{d^2x}{dt^2} = -kx \tag{1.2}$$

が成立する．次に図 1.1 右のように質点の反対側にダッシュポットがついており，速度 $v(t) = \dot{x} = dx/dt$ に比例した抵抗（比例定数 $\gamma > 0$）が働く場合，質点の運動は微分方程式

$$m\frac{d^2x}{dt^2} = -kx - \gamma\frac{dx}{dt} \tag{1.3}$$

にしたがう．さらに質点に外力 $F(t)$ が加わった場合，質点の運動は微分方程式

$$m\frac{d^2x}{dt^2} = -kx - \gamma\frac{dx}{dt} + F(t) \tag{1.4}$$

にしたがう．この質点の運動については，4.2節例題 4.8 で述べる．

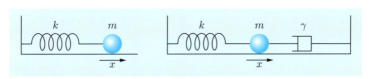

図 1.1 単振動

<u>例 1.2</u>（ロジスティック方程式） 生物の個体数（人口など）の変化の予測は非常に重要な問題であるが，これはどのような方程式にしたがうのだろうか？個体数の変化率は生息条件（生活環境，食糧など）が良好で個体間の競合が起こらない間は総個体数に比例する（マルサスの法則）と仮定する．このとき時刻 t における個体数 $x(t)$（連続変数で近似できるとする）は微分方程式

$$\frac{dx}{dt} = ax \quad (a \text{ は正の定数}) \tag{1.5}$$

にしたがう．a はマルサス係数と呼ばれ，1 個体あたり単位時間あたりの増殖率を表す．

個体数が増えると，食糧不足や生活環境の悪化などで個体間の競合が起こって増殖率は減少する．増殖率が個体数 x の関数 $a(1 - \frac{x}{b})$ で与えられると仮定する．b は生息条件を表す正定数で環境容量と呼ばれる．このとき，個体数 x は次のロジスティック方程式にしたがう．個体数の時間発展については 2.1 節例題 2.4 で述べる．

$$\frac{dx}{dt} = ax\left(1 - \frac{x}{b}\right) \quad (a, b \text{ は正の定数}) \tag{1.6}$$

<u>例 1.3</u>（**拡散方程式（熱方程式）**）　図 1.2 のように直線上の格子点（間隔 ε）上を移動する生物を考える．各個体の移動は以下の規則にしたがうとする．時刻 t において位置 x にいる個体は，次の時刻 $t + \delta$ においてそれぞれ $1/2$ の確率で $x - \varepsilon$ または $x + \varepsilon$ に移動する．このとき時刻 t において位置 x にいる生物の個体数を $u(x, t)$ で表すと，$u(x, t)$ の時間発展は次の差分方程式にしたがう．

$$u(x, t + \delta) = \frac{1}{2}\{u(x - \varepsilon, t) + u(x + \varepsilon, t)\}$$

各項を (x, t) の周りでテイラー展開して，整理すると

$$u_t = \frac{1}{2}\frac{\varepsilon^2}{\delta}u_{xx} + O\left(\delta, \frac{\varepsilon^4}{\delta}\right)$$

を得る．$\varepsilon^2/\delta = 2\kappa$（$\kappa$ は正の定数）となるように $\varepsilon, \delta \to 0$ の極限（連続極限）をとると次の**拡散方程式**が得られる．

$$u_t - \kappa u_{xx} = 0 \tag{1.7}$$

拡散方程式は**熱方程式**とも呼ばれ，生物，物質，熱などの拡散現象を記述する．

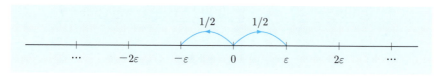

図 **1.2**　1 次元ランダムウォーク

<u>例 1.4</u>（**バーガース方程式**）　非線形項 uu_x を伴う拡散方程式

$$u_t + uu_x - \kappa u_{xx} = 0 \quad (\kappa \text{ は正の定数}) \tag{1.8}$$

は**バーガース方程式**と呼ばれ，気体における衝撃波の解析に用いられるほか，乱流や交通流のモデルとしても用いられる．

微分方程式の階数と線形性　微分方程式に含まれる導関数の最高階数をその微分方程式の**階数**と呼ぶ．階数が n の微分方程式を n **階微分方程式**と呼ぶ．また従属変数とその導関数すべてについて，微分方程式が 1 次式であるとき，**線形微分方程式**であるといい，そうでないとき**非線形微分方程式**であるという．これまでの例では，(1.2), (1.3), (1.4) は 2 階線形常微分方程式，(1.5) は 1 階線形常微分方程式，(1.6) は 1 階非線形常微分方程式，(1.7) は 2 階線形偏微分方程式，(1.8) は 2 階非線形偏微分方程式である．

連立微分方程式　従属変数が 2 個以上あるような微分方程式を**連立微分方程式**と呼ぶ．

例 1.5（連成振動の方程式）　質量 m の 2 つの質点が図 1.3 のようにバネ定数 k のフックの法則にしたがうバネで結ばれている．時刻 t における各質点の平衡位置からの変位をそれぞれ $u = u(t), v = v(t)$ とすると，質点の運動は次の連立常微分方程式にしたがう（6.1 節例題 6.7 参照）．

$$\begin{cases} m\dfrac{d^2 u}{dt^2} = -ku + k(v-u) \\ m\dfrac{d^2 v}{dt^2} = k(u-v) - kv \end{cases} \tag{1.9}$$

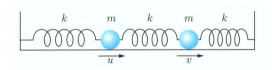

図 **1.3**　連成振動

連立常微分方程式については，第 5, 6 章で解説する．

微分方程式の解　微分方程式を満たす関数をその微分方程式の**解**という．微分方程式の解を求め，解の情報を詳しく調べることによって，事物の変化の様子を知ることができる．$y = y(x)$ についての n 階常微分方程式の解で n 個の任意定数 $C_1, C_2, \cdots, C_n$ を含む解

$$y = f(x; C_1, C_2, \cdots, C_n) \tag{1.10}$$

を**一般解**，任意定数に特定の値を代入して得られる解を**特解**または**特殊解**と呼ぶ．常微分方程式の階数と（存在すれば）一般解における任意定数の個数とは等しい．

> **コメント** 微分方程式によっては，$f(x,y;C_1,\cdots,C_n)=0$ のように陰関数表示される場合もある．y の導関数を含まなければ，陰関数表示された形も解と見なすことができる．

例 1.6 1 階常微分方程式 (1.5) の一般解は $x=C_1 e^{at}$ である（例題 2.4(b)(i) 参照）．

例 1.7 2 階常微分方程式 (1.2) の一般解は $\omega := \sqrt{k/m}$ として，
$$x = C_1 \cos\omega t + C_2 \sin\omega t$$
で与えられる．またこの一般解において C_1, C_2 に特定の値を代入した
$$x = \cos\omega t,\ \sin\omega t,\ \cos\omega t - 2\sin\omega t,\ \sqrt{3}\cos\omega t + \sin\omega t,\ \cdots$$
などは (1.2) の特解である．

一般解はパラメータ $C_1, C_2, \cdots, C_n$ を含む xy 平面（または tx 平面）における曲線群を表す．逆に曲線群から任意定数を消去して曲線群の微分方程式を得ることもできる．

例 1.8 C_1 を任意定数として放物線群
$$y = C_1 x^2 \tag{1.11}$$
を一般解にもつような微分方程式を構成しよう．(1.11) とこれを微分して得られる
$$y' = 2C_1 x \tag{1.12}$$
から C_1 を消去して，y, y', x についての次の 1 階微分方程式を得る．
$$xy' = 2y \tag{1.13}$$

例 1.9 C_1, C_2 を任意定数として，
$$x = C_1 \cos\omega t + C_2 \sin\omega t \tag{1.14}$$
を一般解にもつような微分方程式を構成しよう．任意定数が 2 個あるので微分方程式は 2 階になる．そこで $\dot{x}, \ddot{x}$ を計算して
$$\begin{aligned}\dot{x} &= -\omega C_1 \sin\omega t + \omega C_2 \cos\omega t \\ \ddot{x} &= -\omega^2 C_1 \cos\omega t - \omega^2 C_2 \sin\omega t\end{aligned} \tag{1.15}$$
任意定数 C_1, C_2 を消去すると，次の 2 階微分方程式を得る．
$$\ddot{x} + \omega^2 x = 0 \tag{1.16}$$

一部の微分方程式は一般解の任意定数にどんな値を与えても得られない解をもつ．これを**特異解**と呼ぶ．

例 1.10 1階常微分方程式

$$y^2 + (y')^2 = 1$$

の一般解は $y = \sin(x + C_1)$ (C_1は定数) である．一方 $y = \pm 1$ も解であるが，これらは一般解において C_1 をどのようにとっても得られない，つまり特異解である．

常微分方程式の初期値問題 n 階常微分方程式 (1.1) の解のうち，n 個の条件

$$y(x_0) = y_0,\ y'(x_0) = y_1,\ \cdots,\ y^{(n-1)}(x_0) = y_{n-1} \tag{1.17}$$

を満たすものを求めよという問題がある．この問題を**初期値問題**または**コーシー問題**といい，条件 (1.17) を**初期条件**という．

常微分方程式の境界値問題 次に常微分方程式 (1.1) を区間 $x_1 \leqq x \leqq x_2$ で考える．区間の両端 $x = x_1, x = x_2$ において y またはその導関数が**境界条件**と呼ばれる条件を満たすとき，(1.1) の解で境界条件を満たすものを求める問題を**境界値問題**と呼ぶ．境界値問題については第 9 章で詳しく解説する．

1.3 常微分方程式の幾何学的意味

解曲線と方向場 1階常微分方程式のうち，y' について陽に解ける次の形の微分方程式を**正規形**の微分方程式と呼ぶ．

$$y' = f(x, y) \tag{1.18}$$

(1.18) の1つの解を $y = y(x)$ とすると，これは xy 平面上の曲線を表し**解曲線**または**解軌道**と呼ばれる．$y = y(x)$ が (1.18) の解であることは，幾何学的にはこの解曲線上の任意の点 (x, y) における接線の傾きが $f(x, y)$ であることを意味している．xy 平面上の ($f(x, y)$ が定義される) 各点において $f(x, y)$ を傾きとする微小な線要素を描けば (1.18) が定義する**方向場**が図示される．$y(x_0) = y_0$ を初期値とする (1.18) の初期値問題を解くというのは点 (x_0, y_0) を通り各点でそれらの線要素に接する曲線を見出すということに他ならない．

例 1.11 図 1.4 はロジスティック方程式

$$y' = y(1-y) \quad (1.19)$$

の方向場といくつかの初期値から出発した解曲線群を示す．x 軸に平行なそれぞれの直線上で線要素の傾きは一定である．このような曲線は**等傾線**と呼ばれ，方向場を描くのに有用である．図から，$y(0)\,(>0)$ をどこにとっても $x \to \infty$ で解が 1 に収束することが読みとれる．

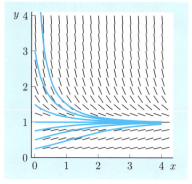

図 1.4 ロジスティック方程式の方向場と解曲線群

相平面　物体の 1 次元の運動はある時刻 t での位置 $x(t)$ および速度 $v(t) = \dot{x}(t)$ を指定すれば，その運動の状態は完全に決まる．そこで位置 x と速度 v を座標とする xv 平面を考えてこれを**相平面**という．詳細は 5.2 節に譲るが，ここでは単振動を例に挙げて相平面での挙動について議論する．

例 1.12（単振動（抵抗なし））　単振動の方程式 (1.2) は変位 x および速度 v についての連立 1 階微分方程式の形に書ける．

$$\dot{x} = v,\ \dot{v} = -\omega^2 x \quad (\omega := \sqrt{k/m}) \quad (1.20)$$

(1.20) の 1 つの解を $x = x(t), v = v(t)$ とするとこれは相平面の曲線を表す．これを**相曲線**または**相軌道**と呼ぶ．(1.20) は，この相曲線上の任意の点 (x, v) における相曲線の接ベクトル（あるいは相速度ベクトル）が $[v, -\omega^2 x]^\mathrm{T}$（右肩の $^\mathrm{T}$ は転置を表す）で与えられることを意味している．(1.20) が定義するベクトル場 $[v, -\omega^2 x]^\mathrm{T}$ を相速度ベクトル場または単に**ベクトル場**と呼ぶ．図 1.5 の左側の図は (1.20) が定めるベクトル場と相曲線群の図（**相図**）を示す．

例 1.13（単振動（抵抗あり））　一方速度に比例する抵抗を受ける場合はどうなるか？ このとき (1.3) から

$$\dot{x} = v,\ \dot{v} = -\omega^2 x - 2\alpha v \quad (\omega := \sqrt{k/m},\ 2\alpha := \gamma/m) \quad (1.21)$$

を得る．このときのベクトル場と相図を図 1.5 の右側に示す．抵抗がない場合には質点は閉じた軌道を描くが，抵抗を受ける場合は，$(x, v) = (0, 0)$ に収束する様子が分かる．つまり時間が十分経過すると，質点は平衡位置に落ち着く．

注意 相平面の相軌道は運動の状態を時間を追って示したものであるが，質点が実際の空間に描く運動の経路（つまり実際の運動そのもの）を表したものではない．

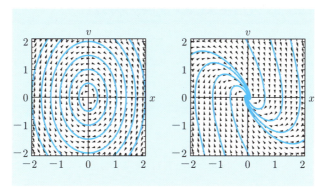

図 **1.5** 単振動の相図，左：抵抗なし ($\omega = \sqrt{2}$)，
右：抵抗あり ($\omega = \sqrt{2}, \alpha = 1$)

― 微分方程式を解くとは？ ―

　微分方程式の本を読むと，「微分方程式を解け」という数多くの問題に出会う．「微分方程式を解く」とは曖昧な言葉であって，(1) 解を具体的な式で表す，(2) 解の存在を証明する，(3) 数値解を精度良く求める，など状況によって，いろいろな解釈がある．(1) においても「自明でない特解を 1 つ求める」，「一般解を求める」，「特異解を含むすべての解を求める」といった解釈がある．

　19 世紀初頭までは (1) の解釈，詳しくいうと「四則演算」，「微分，積分を実行する」，「初等関数へ代入する」，「合成関数を作る」，「逆関数をとる」という操作を有限回組み合わせて微分方程式の解の具体形を求める（**求積する**ともいう）という解釈が主流であった．しかし，19 世紀にコーシーが常微分方程式の初期値問題の解の存在と一意性を証明して以降，(2) の意味で微分方程式が解けたと解釈されることも多くなった．20 世紀以降の計算機の発展に伴って (3) の意味で解けたという例も少なくない．

　微分方程式の入門書の大部分は「微分方程式を解け」という言葉を，(1) の意味，とりわけ「特異解を含めたすべての解を求めよ」という意味で用いている．また本書に話を限れば，特異解が現れるのはクレローの微分方程式（3.3 節）など例は少ないので，「微分方程式を解け」＝「微分方程式の一般解を求めよ」と解釈して差し支えないであろう．また初期値問題や境界値問題など付帯条件を伴う場合は，一般解を求めた上で与えられた付帯条件を満たす「特解を求めよ」という意味で用いている．

2 常微分方程式の初等解法

本章では $y = y(x)$ についての常微分方程式の中で最も基本的な以下の 3 つのタイプについて解説する.

$$\frac{d^n y}{dx^n} = f(x) \tag{2.1}$$

$$\frac{dy}{dx} = f(x)g(y) \quad (\text{変数分離形}) \tag{2.2}$$

$$\frac{dy}{dx} + p(x)y = f(x) \quad (\text{線形常微分方程式}) \tag{2.3}$$

これらの微分方程式において, $f(x), g(y), p(x)$ は与えられた関数である.

2.1 簡単な常微分方程式

本節では (2.1), (2.2) のタイプの微分方程式を扱う.
(2.1) は n 回積分して, 一般解は次式で与えられる.

$$y = \underbrace{\int \cdots \int}_{n \text{ 回}} f(x)dx \cdots dx + C_1 x^{n-1} + C_2 x^{n-2} + \cdots + C_{n-1} x + C_n.$$

n 回積分しているので, 一般解には n 個の積分定数 $C_1, \cdots, C_n$ が含まれる.

(2.2) の形の微分方程式は**変数分離形**と呼ばれ, 次のように解く. $g(y) \neq 0$ と仮定して微分方程式 (2.2) の両辺を $g(y)$ で割り, x で積分して置換積分を用いると

$$\int \frac{1}{g(y)} \frac{dy}{dx} dx = \int \frac{1}{g(y)} dy = \int f(x) dx + C$$

を得る. あとは積分を実行して, y と x の関係式を求めればよい. あるいは上記手続きを簡略化して, 微分方程式 (2.2) を形式的に次式のように x に関する項を右辺に y に関する項を左辺に**分離**した後, 積分してもよい.

$$\frac{dy}{g(y)} = f(x)dx$$

> コメント $g(y) = 0$ の場合は, その解を $y = y_0$ とすると, これは微分方程式 (2.2) を自動的に満たす. これは一般解に含まれる場合と, 特異解になる場合がある.

> **例題 2.1** ──────────────────────── 初期値問題 ─
>
> 次の微分方程式の初期値問題を解け.
>   (a) $y' = 2x + 1$, $y(0) = 0$
>   (b) $y'' = e^x - 2$, $y(0) = 0$, $y'(0) = 1$
>   (c) $xy' + y = \cos x$, $y(\pi) = 1$

最も簡単な微分方程式は $y^{(n)} = f(x)$ ($f(x)$ は与えられた関数) の形の微分方程式である. これは「未知関数 $y = y(x)$ を n 回微分すると, $f(x)$ になる」という意味であるから, y を求めるには逆に $f(x)$ を n 回積分すればよい. (c) は左辺が $(xy)'$ の形になることに注意する.

【解　答】 (a) y を求めるには 1 回積分を実行すればよい.

$$y = \int (2x+1)dx + C = x^2 + x + C \quad (C は定数)$$

次に初期条件 $y(0) = 0$ より, $x = 0, y = 0$ を代入して $C = 0$. よって $y = x^2 + x$.

(b) (a) 同様今度は 2 回積分を実行すればよい.

$$y' = \int (e^x - 2)dx + C_1 = e^x - 2x + C_1$$

$$y = \int (e^x - 2x + C_1)dx + C_2 = e^x - x^2 + C_1 x + C_2 \quad (C_1, C_2 は定数)$$

次に初期条件より C_1, C_2 を決定する. $y(0) = 0$ より $1 + C_2 = 0$. $y'(0) = 1$ より $1 + C_1 = 1$. これを解いて $C_1 = 0, C_2 = -1$. よって $y = e^x - x^2 - 1$.

(c) 積の微分公式より, (左辺)$= (xy)'$ である. 1 回積分すると

$$xy = \sin x + C \quad よって \quad y = \frac{\sin x}{x} + \frac{C}{x} \quad (C は定数)$$

次に初期条件 $y(\pi) = 1$ より, $C = \pi$. よって

$$y = \frac{\sin x}{x} + \frac{\pi}{x}.$$

コメント　以後「C は定数」という言葉は省略する.

問　題

1.1 次の微分方程式の初期値問題を解け.
  (a) $(1 + x^2)y' = 1$, $y(1) = 0$
  (b) $y' \cos x - y \sin x = \cos x$, $y(0) = -1$

---例題 2.2--変数分離形---

次の微分方程式の一般解を求めよ．

(a) $\dfrac{dy}{dx} + 2xy^2 = 0$ (b) $(e^x+1)\dfrac{dy}{dx} = ye^x$

【解　答】 (a) $y \neq 0$ のときは変数分離して

$$-\frac{dy}{y^2} = 2x\,dx.$$

両辺積分して

$$\frac{1}{y} = x^2 + C$$

$$y = \frac{1}{x^2 + C}.$$

$y=0$ は明らかに微分方程式を満たすが，これは一般解の式で $C \to \infty$ の極限をとったものである．

(b) $y \neq 0$ のとき両辺を変数分離して積分すると

$$\frac{dy}{y} = \frac{e^x}{e^x+1}dx$$

$$\log|y| = \log(e^x+1) + C$$

これを y について解いて $\pm e^C$ を改めて C とおくと一般解は

$$y = C(e^x+1)$$

$y=0$ は一般解の式で $C=0$ とおいて得られる．

コメント　以後は分母が 0 であるかどうか断らないことにする．

■ 問　題

2.1 次の微分方程式を括弧内の初期条件の下で解け．

(a) $\dfrac{dy}{dx} = 3\sqrt{x(1-y^2)}$　$(y(1)=0)$

(b) $\dfrac{dy}{dx} = -2xy\log y$　$\left(y(0) = \dfrac{1}{e}\right)$

2.1 簡単な常微分方程式

例題 2.3 ──────────────── 変数分離形の応用 ─

生物の個体数 $x(t)$ の時間発展を記述する**ロジスティック方程式**

$$(\text{L}): \frac{dx}{dt} = ax\left(1 - \frac{x}{b}\right) \quad (a, b \text{ は正の定数})$$

について，初期 ($t=0$) における個体数を $x(0) = x_0 \ (>0)$ として，$x(t)$ を求めよ．次に $t \to \infty$ での $x(t)$ の極限を求めよ．

【解　答】 変数分離して $\dfrac{dx}{x(1 - \frac{x}{b})} = \left(\dfrac{1}{x} + \dfrac{1}{b-x}\right)dx = a\,dt.$

両辺積分すると $\log\left|\dfrac{x}{b-x}\right| = at + C.$ x について解くと，$x = \dfrac{\pm b e^{at+C}}{1 \pm e^{at+C}}.$

$\pm e^C$ を改めて C とおくと，(L) の一般解は $x(t) = \dfrac{bCe^{at}}{1 + Ce^{at}}.$

初期条件 $x(0) = x_0$ を代入して $C = \dfrac{x_0}{b - x_0}.$

ゆえに求める解は $x(t) = \dfrac{bx_0 e^{at}}{b - x_0 + x_0 e^{at}} = \dfrac{bx_0}{(b - x_0)e^{-at} + x_0}.$

また $\lim_{t\to\infty} x(t) = b.$

グラフ　ロジスティック方程式 (L) において，$a = b = 1$, $x_0 = 0.01, 1.0, 3.0$ としたときの解曲線は右図のようになる．

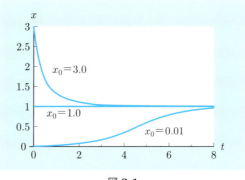

図 2.1

■ **問　題** ■

3.1 貯水タンクの底に穴があり，穴から水が流出している．時刻 t におけるタンクの水位 $h = h(t)$ は k を正定数として次の微分方程式の初期値問題にしたがう．

$$\frac{dh}{dt} = -k\sqrt{h}, \quad h(0) = h_0 \ (>0)$$

このとき水位 $h(t)$，およびタンクが空になる時刻を求めよ．ここで，タンクが空になるとそれ以降水位は変化しないことに注意すること．

2.2　1階線形常微分方程式

$y = y(x)$ を未知関数，$p(x), f(x)$ を与えられた関数とする．微分方程式

$$y' + p(x)y = f(x) \tag{2.4}$$

を1階線形常微分方程式という．「1階」というのは，方程式に含まれる導関数の最高次数が1次，「線形」というのは y とその導関数について1次式という意味である．

同次方程式の場合　はじめに $f(x) \equiv 0$（同次方程式）の場合を考える．

$$y' + p(x)y = 0 \tag{2.5}$$

$P(x) := \int p(x)dx$ を $p(x)$ の原始関数の1つとして，一般解は次の通りである（例題 2.4 参照）．

$$y = C\exp(-P(x)). \tag{2.6}$$

非同次方程式の場合　次に $f(x) \not\equiv 0$（非同次方程式）の場合，(2.4) の一般解は次の通りである（例題 2.5 参照）．

$$y = \exp(-P(x))\left\{\int \exp(P(x))f(x)dx + C\right\} \tag{2.7}$$

これは同次方程式 (2.5) の1つの解 $y = y_1(x) := \exp(-P(x))$ を用いて，次のようにも書ける．

$$y = y_1(x)\int \frac{f(x)}{y_1(x)}dx + Cy_1(x) \tag{2.8}$$

右辺第1項は非同次方程式に固有のもので，**特解**と呼ばれる．また右辺第2項は同次方程式 (2.5) の一般解であり，**余関数**とも呼ばれる．つまり

（非同次方程式の一般解）＝（非同次方程式の特解）＋（同次方程式の一般解）

が成立する．この関係式は線形常微分方程式に共通する重要な性質である．

コメント　一般解 (2.6), (2.7) は原始関数 $P(x)$ の取り方に依存しない．解の公式 (2.6), (2.7) で $P(x)$ を $P(x) + C'$ で置き換えても $Ce^{-C'}$ を改めて C と置くと，同じ式に帰着する．

─── 例題 2.4 ─────────────────── 1 階線形常微分方程式（同次方程式）───

(a) $p(x)$ を与えられた関数とする．$y = y(x)$ についての微分方程式

$$(*) : y' + p(x)y = 0$$

の一般解を以下の手法で求めよ．ただし $P(x)$ を $p(x)$ の原始関数とする．
　(i) 変数分離法を用いる．
　(ii) $(*)$ の両辺に**積分因子** $\exp(P(x))$ をかけて積分する．
(b) 次の微分方程式の一般解を求めよ．
　(i) $y' - ay = 0$ （a は定数）　(ii) $(1 + x^2)y' + y = 0$

【解　答】 (a) (i) 変数分離して $\dfrac{dy}{y} = -p(x)dx$.

両辺を積分して $\log|y| = -P(x) + C$. よって $y = \pm e^C e^{-P(x)}$.

$\pm e^C$ を改めて C とおくと一般解は $y = C\exp(-P(x))$.

(ii) $(*)$ の両辺に $\exp(P(x))$ をかけ，$p(x)\exp(P(x)) = \{\exp(P(x))\}'$ に注意すると，

$$y'\exp(P(x)) + y\{\exp(P(x))\}' = \{y\exp(P(x))\}' = 0$$

両辺を積分して，$y\exp(P(x)) = C$. よって一般解は $y = C\exp(-P(x))$.

(b) (i) 積分因子 $\exp\{\int(-a)dx\} = e^{-ax}$ を両辺に乗じて

$$y'e^{-ax} - aye^{-ax} = (ye^{-ax})' = 0.$$

積分して

$$ye^{-ax} = C \quad \text{よって} \quad y = Ce^{ax}.$$

(ii) $y' + \dfrac{1}{1+x^2}y = 0$ と変形．積分因子 $\exp\left(\int \dfrac{dx}{1+x^2}\right) = \exp(\arctan x)$ を両辺に乗じて整理すると，$\{y\exp(\arctan x)\}' = 0$. 積分して

$$y\exp(\arctan x) = C \quad \text{よって} \quad y = C\exp(-\arctan x).$$

コメント　1. 積分因子については 3.2 節を参照．
2. (b)(i) は移項すると $y' = ay$ である．$y = Ce^{ax}$ がこれを満たすのは「指数関数は微分しても指数関数である」という事実を反映している．

■ 問　題 ■

4.1 次の微分方程式の初期値問題を解け．

　(a)　$y' - \dfrac{x}{1+x^2}y = 0 \ (y(0) = -1)$　　(b)　$2xy' - (2x-1)y = 0 \ (y(1) = 1)$

---**例題 2.5** ──────────────── **1 階線形常微分方程式（非同次方程式）**───

微分方程式
$$(*) : y' + p(x)y = f(x)$$
の一般解が $P(x)$ を $p(x)$ の原始関数の 1 つとして
$$(\#) : y = \exp(-P(x))\left\{\int \exp(P(x))f(x)dx + C\right\}$$
で与えられることを以下の 2 通りの方法で証明せよ．
(a) $(*)$ の両辺に積分因子 $\exp(P(x))$ をかける．
(b) 同次微分方程式 $y' + p(x)y = 0$ の解を $y = Cy_1(x)$ として，定数 C を未知関数 $u(x)$ で置き換えた関数 $y = u(x)y_1(x)$ を $(*)$ に代入する．

線形非同次方程式 $(*)$ については，例題 2.4 (a)(ii) のように，積分因子を用いる方法と，本例題 (b) のように線形同次方程式の解の任意定数を未知関数で置き換えた形で線形非同次方程式の解を求める方法がある．後者の方法は**定数変化法**と呼ばれ，しばしば用いられる重要な解法である．公式 $(\#)$ を覚えるよりも上記 (a), (b) の 2 つの手法をよく理解しておく方が，実際問題を解くにも有効であろう．

【解　答】 (a) $(*)$ の両辺に $\exp(P(x))$ を乗じて変形すると，
$$y'\exp(P(x)) + y\{\exp(P(x))\}' = \{y\exp(P(x))\}' = f(x)\exp(P(x))$$
積分して $y\exp(P(x)) = \int f(x)\exp(P(x))dx + C$ より，
$$y = \exp(-P(x))\left\{\int f(x)\exp(P(x))dx + C\right\}.$$

(b) $y_1(x) = \exp(-P(x))$ とする（例題 2.4(a) 参照）．$y = u(x)y_1(x)$ を $(*)$ に代入して，$y_1' + p(x)y_1 = 0$ に注意すると，
$$y' + p(x)y = u'y_1 + u(y_1' + p(x)y_1) = u'y_1(x) = f(x)$$
$$u = \int \frac{f(x)}{y_1(x)}dx + C$$
よって $y = u(x)y_1(x) = y_1(x)\int \frac{f(x)}{y_1(x)}dx + Cy_1(x)$.

▌ 問　題

5.1 微分方程式 $y' - \dfrac{x}{x^2+1}y = x$ の一般解を求めよ．

第 2 章演習問題

1. 微分方程式 $(1+x^2)y'' = 2$ について，以下の問いに答えよ．
   (a) 一般解を求めよ．
   (b) 初期条件 $y(0) = y'(0) = 1$ の下で解け．

2. 次の微分方程式の一般解を求めよ．
   (a) $y' - y^2 = 0$
   (b) $yy' = -\dfrac{k}{x^2}$ （k は定数）
   (c) $yy' + \omega^2 x = 0$ （ω は定数）
   (d) $y' = \sin(x+y) - \sin(x-y)$

3. 次の初期値問題を解け．
   (a) $(1+x^2)y' = x(1+y^2)$ $(y(0)=1)$
   (b) $\sqrt{1-x^2}\,y' = x\sqrt{1+y^2}$ $(y(0)=0)$
   (c) $y' + y\cos x = \cos x$ $(y(0)=0)$

4. 次の微分方程式の一般解を求めよ．
   (a) $y' + y = x$
   (b) $y' - 2xy = e^{x^2}\cos x$
   (c) $y' + y\tan x = \sin x$
   (d) $xy' - (x-1)y = 2\cos x$

5. ソフトウェア信頼度成長モデルとして，次の**ゴンペルツ方程式**が用いられる．
$$(\text{G}) : \frac{dx}{dt} = -ax \log\left(\frac{x}{k}\right) \quad (a, k \text{ は正の定数})$$
ここで $x = x(t)$ は時刻 t におけるバグの累積検出数，k は総バグ数を表す．方程式 (G) を初期条件 $x(0) = x_0$ $(0 < x_0 < k)$ の下で解け．また $t \to \infty$ で $x(t)$ の極限値を求めよ．

6. 雨滴の落下運動について以下の問題に答えよ．
   (a) 時刻 t における雨滴の速度を $v(t)$ として，雨滴が重力 mg（g は重力加速度）を受けることを考慮すると，$v = v(t)$ に関する次の微分方程式が成立する．
$$m\frac{dv}{dt} = mg$$
   初速度 $v(0) = 0$ として，この微分方程式を解け．

(b) 上のモデルを採用すると，雨雲の高さが仮に 800 m であるとして地表に届くころの雨滴の速度は約 125 m/s となってしまう．雨滴が重力の他に v に比例した抵抗力 kv (k は正の定数) を受けるとして，次の微分方程式を考える．

$$m\frac{dv}{dt} = mg - kv$$

この微分方程式を初速度 $v(0) = 0$ として解け．

7.* a を $0 < a < 1$ なる定数として，次の微分方程式を考える．

$$(*) \; : \; \frac{dy}{dx} = y^a$$

(a) $y \neq 0$ として変数分離し，一般解を求めよ．
(b) $y = 0$ は明らかに (*) の解である．これは特異解であることを示せ．
(c) 次の初期値問題は無数に解をもつことを示せ．

$$\frac{dy}{dx} = y^a, \quad y(0) = 0$$

8.* 長さ L のひもの先に石を縛り付ける．ひもの一端（石の付いている方）を xy 平面の点 $(0, L)$ に，もう一端を原点 O に配置した状態から，ひもがたるまないよう x 軸に沿って進むとき，石が xy 平面上で描く曲線を求めよ．この曲線はトラクトリックス（追跡線）と呼ばれる．

ヒント 本問は次のように言い換えることもできる．
「xy 平面上の点 $(0, L)$ を通る曲線で，以下の条件を満たすものを求めよ．
（条件）：曲線上の点 P における接線が x 軸と交わる点を Q とするとき，線分 PQ の長さが一定 $(= L)$ である．」

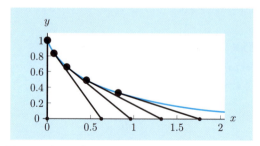

図 2.2 トラクトリックス
  ($L = 1$, 黒い太線はひもを，● は石を表す．)

―― 解の存在と一意性 ――

微分方程式の多くの入門書で 1 階常微分方程式の初期値問題

$$y' = F(x,y), \quad y(x_0) = y_0 \tag{2.9}$$

の解の存在と一意性に関する以下の定理を見かける.

定理 2.1(解の存在と一意性定理) 関数 $F(x,y)$ は長方形領域 $D = \{(x,y) \mid |x-x_0| \leqq a, |y-y_0| \leqq b\}$ $(a, b > 0)$ 上で連続,かつリプシッツ条件を満たす,つまり正の定数 C が存在して,任意の $(x,y_1), (x,y_2) \in D$ について不等式

$$|F(x,y_1) - F(x,y_2)| \leqq C|y_1 - y_2|$$

が成立すると仮定する.このとき初期値問題 (2.9) の解 $y = \phi(x)$ が区間 $|x-x_0| < \alpha$, $\alpha = \min\left(a, \frac{b}{M}\right)$, $M = \max_{(x,y) \in D} F(x,y)$ において,ただ 1 つ存在する.

微分方程式の求積法をこれまでやってきて,なぜ解の存在と一意性が必要なのだろうか? これは当然の疑問であろう(筆者もそうであった).まず多くの微分方程式のうち,解を具体的に表示できるのはごく僅かな例に過ぎない.解けるのかどうか分からない微分方程式を扱う場合,解の存在がいえるかどうかは大きな問題である.解の存在が保証されれば,俄然解を求めようという意欲が湧く.また求めた解が一意かどうか,これも非常に重要な問題である.一意でないのは一部の特殊な例に過ぎないと思われるかもしれないが,実はこの段階で既に解が一意でない問題が登場している.本章演習問題 7 で扱った初期値問題

$$y' = y^a, \, y(0) = 0 \quad (a \text{ は } 0 < a < 1 \text{ なる定数})$$

は無数の解をもつ.右辺の関数 $F(x,y) = y^a$ に対して,$y_1 < y_2$ を任意に与えて平均値の定理を用いると,ある $y_1 < y_* < y_2$ が存在して,

$$\frac{|y_2^a - y_1^a|}{|y_2 - y_1|} = \frac{a}{|y_*^{1-a}|}$$

が成立し,y_1, y_2 を 0 に近づけると右辺はいくらでも大きくできる.つまり $(x,y) = (0,0)$ を含む領域においてリプシッツ条件が満たされない.初期値問題 (2.9) において,関数 $F(x,y)$ がリプシッツ条件を満たさない場合この問題のように解が無数に存在する可能性がある.

3　1階常微分方程式とその応用

　第 2 章において，1 階常微分方程式の最も基本的な形である変数分離形および線形常微分方程式を扱った．本章では適当な変形によってこれらの基本形に帰着する微分方程式を扱う．具体的には 3.1 節で同次形，3.2 節で完全微分形を考察し，3.3 節ではその他の重要な微分方程式について述べる．

　なお本章の内容は重要ではあるが，初学者にはなかなか思いつけない式変形や変数変換なども多く，分かりにくいかも知れない．本章の内容は次章以降の内容の理解に必要不可欠なものではないので，もし問題を解いていって行き詰まった場合，ひとまず後回しにしておいて次章以降に進まれても構わないことを念のため書き添えておく．

3.1　同　次　形

変数分離形に帰着する代表的なケースとして，

$$\frac{dy}{dx} = f\left(\frac{y}{x}\right) \tag{3.1}$$

の形の微分方程式がある．この形の微分方程式を**同次形**と呼ぶ．

　新しい従属変数（未知関数）$u = u(x)$ を $u := \dfrac{y}{x}$ ($\Leftrightarrow y = xu$) によって定義すると，y についての微分方程式 (3.1) は u についての次の変数分離形に帰着する．

$$\frac{d}{dx}(xu) = u + x\frac{du}{dx} = f(u)$$
$$\Leftrightarrow \frac{du}{f(u) - u} = \frac{dx}{x}$$

積分して一般解は次式で与えられる．

$$F\left(\frac{y}{x}\right) = \log|x| + C, \quad F(u) := \int \frac{du}{f(u) - u}$$

　一般に $y = y(x)$ についての微分方程式が与えられたとき，y の代わりに新たな従属変数（ここでは u）を導入して，u についての微分方程式に変形することを，**従属変数変換**と呼ぶ．微分方程式の変換は従属変数変換の他に，独立変数 x を別の文字で置き換える**独立変数変換**がある．

3.1 同次形

例題 3.1 ──────────────────── 同次形 ─

次の微分方程式の一般解を求めよ．
$$(*): \frac{dy}{dx} = \frac{-x+2y}{2x+y}$$

【解答】 $(*)$ は $\dfrac{dy}{dx} = \dfrac{-1+2(y/x)}{2+(y/x)}$ と書けるので，同次形である．

$$u(x) := \frac{y}{x} \quad (y = xu)$$

とおいて整理すると，変数分離形を得る．

$$\frac{u+2}{u^2+1} du = -\frac{dx}{x}$$

積分して $\quad \dfrac{1}{2}\log(u^2+1) + 2\arctan u = -\log|x| + C.$

$u = y/x$ を代入，整理して，$(*)$ の一般解は

$$4\arctan\frac{y}{x} + \log(x^2+y^2) = C \quad (2C \text{ を } C \text{ とおく}).$$

コメント 本例題の解は $F(x,y) = C$ という形に表示されており（陰関数表示），$y = f(x)$ の形に表現することはできない．しかし，y の導関数を含まなければ，陰関数表示された形も解である．

グラフ C の値を変化させたときの一般解の曲線群は右図のようになる．これをベルヌーイ螺旋という．

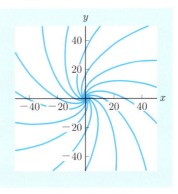

図 **3.1** ベルヌーイ螺旋

■ 問 題

1.1 次の微分方程式を括弧内の初期条件の下で解け．

(a) $\dfrac{dy}{dx} = \dfrac{x^2+y^2}{2xy} \quad (y(1) = 2)$ (b) $\dfrac{dy}{dx} = \dfrac{y}{x} + \cos^2\dfrac{y}{x} \quad \left(y(1) = \dfrac{\pi}{4}\right)$

(c) $\dfrac{dy}{dx} = \dfrac{x+y-3}{x-y+1} \quad (y(2) = 2+\sqrt{3})$

3.2 完全微分形

本節では次の形の微分方程式

$$P(x,y) + Q(x,y)y' = 0$$

を扱う．$P(x,y), Q(x,y)$ は (x,y) についての与えられた関数である．これは形式的に次のように書くことが多い．

$$P(x,y)dx + Q(x,y)dy = 0 \tag{3.2}$$

(x,y) の 2 変数関数 $U = U(x,y)$ が存在して，(3.2) の左辺が $U(x,y)$ の**全微分**で書き表せる，つまり

$$dU = P\,dx + Q\,dy \quad \text{すなわち} \quad P = U_x,\ Q = U_y \tag{3.3}$$

となるような $U = U(x,y)$ が存在するとき，微分方程式 (3.2) は**完全微分形**であるという．ただし，(3.3) において添え字は x または y についての偏微分を表す．

完全微分形であるための条件として次の定理が成立する．

> **定理 3.1** (3.2) が完全微分形であるための必要十分条件は P, Q が条件
>
> $$P_y = Q_x \tag{3.4}$$
>
> を満たすことである．

完全微分形の一般解 微分方程式 (3.2) が完全微分形であるとき (3.3) より $dU = 0$．つまり (3.2) の一般解は次のようになる．

$$U(x,y) = C \quad (C \text{ は定数})$$

$U(x,y)$ は以下のように求めればよい．はじめに $U_x = P$ を x について積分する．

$$U(x,y) = \int P(x,y)dx + f(y) \tag{3.5}$$

ここで $f(y)$ は y の任意関数である．次に $f(y)$ を決めるためにこの U を $U_y = Q$ に代入して，

$$f'(y) = Q(x,y) - \frac{\partial}{\partial y}\int P(x,y)dx \tag{3.6}$$

3.2 完全微分形

ここで (3.4) が成り立つならば, (3.6) の右辺は y のみの関数であることが次のようにしてわかる. $R(x,y) := \int P(x,y)dx$ とおくと,

$$\frac{\partial R}{\partial x} = P, \quad \frac{\partial^2 R}{\partial x \partial y} = \frac{\partial^2 R}{\partial y \partial x} = \frac{\partial P}{\partial y} = \frac{\partial Q}{\partial x}$$

したがって

$$0 = \frac{\partial}{\partial x}\left(Q - \frac{\partial R}{\partial y}\right) = \frac{\partial}{\partial x}\left(Q - \frac{\partial}{\partial y}\int P(x,y)dx\right)$$

である. これは (3.6) の右辺が x によらないことを意味する. (3.6) を y で積分して (3.5) に代入すると, 一般解は次式の通りである.

$$U(x,y) = \int P(x,y)dx + \int \left(Q(x,y) - \frac{\partial}{\partial y}\int P(x,y)dx\right)dy = C \quad (3.7)$$

順序を逆にして, $U_y = Q$ を y で積分したのち, $U_x = P$ に代入して $U(x,y)$ を決定してもよい. その場合は一般解は次式の通りである.

$$U(x,y) = \int Q(x,y)dy + \int \left(P(x,y) - \frac{\partial}{\partial x}\int Q(x,y)dy\right)dx = C \quad (3.8)$$

コメント 完全微分形はその解き方からも分かる通り, 解は $y = f(x;C)$ という表示よりも, 陰関数表示で書かれることの方が多い.

積分因子 微分方程式 (3.2) において, 完全微分形であるための条件 $P_y = Q_x$ が成り立たない場合も, 恒等的には 0 でない適当な関数 $\lambda(x,y)$ をかけて

$$(\lambda P)_y = (\lambda Q)_x$$

が成り立つようにできれば, (3.2) と同値な方程式

$$\lambda(x,y)P(x,y)dx + \lambda(x,y)Q(x,y)dy = 0 \quad (3.9)$$

は完全微分形である. このような $\lambda(x,y)$ のことを (3.2) の**積分因子**または**オイラー因子**と呼ぶ. (3.9) が完全微分形になるためには, λ が偏微分方程式

$$P\lambda_y - Q\lambda_x = \lambda(Q_x - P_y) \quad (3.10)$$

を満たせばよい. 一般に (3.10) を満たす λ はいつも簡単に求まるとは限らない. また存在したとしても一意とは限らない (同じ微分方程式であっても異なる積分因子が

存在しうる).積分因子 λ（の1つ）をあらわに計算できる代表的な例を表 3.1 に挙げる．ここで $V(x)$ は $v(x)$ の原始関数を表す．

表 3.1　積分因子の具体形 $\left(V(x) := \int v(x) dx \right)$

P, Q の満たす条件	積分因子 $\lambda(x, y)$
$\dfrac{P_y - Q_x}{Q} = v(x)$	$\exp(V(x))$
$\dfrac{P_y - Q_x}{P} = v(y)$	$\exp(-V(y))$
$\dfrac{P_y - Q_x}{P - Q} = v(x+y)$	$\exp(-V(x+y))$
$\dfrac{P_y - Q_x}{P + Q} = v(x-y)$	$\exp(V(x-y))$
$\dfrac{P_y - Q_x}{xP - yQ} = v(xy)$	$\exp(-V(xy))$

線形微分方程式

$$y' + p(x)y = 0 \quad \Leftrightarrow \quad p(x)y\, dx + dy = 0 \tag{3.11}$$

に対しては，$P(x, y) := p(x)y, Q(x, y) := 1$ とおくと

$$\frac{P_y - Q_x}{Q} = p(x)$$

である．したがって，$\exp\left(\int p(x) dx \right)$ が (3.11) の積分因子である．

コメント　(3.11) は両辺に $1/y$ を乗ずると，変数分離形

$$p(x) dx + \frac{1}{y} dy = 0$$

を得る．これは完全微分形である．この例からも分かる通り，積分因子は一意とは限らない．

3.2 完全微分形

―― 例題 3.2 ――――――――――――――――――――――― 完全微分形 ――

微分方程式
$$(*) : \left(\frac{1}{x} - \frac{1}{y}\right)dx + \frac{x-1}{y^2}dy = 0$$

について

(a) $(*)$ は完全微分形であることを確認せよ．また一般解を求めよ．

(b) 初期条件 $y(e) = -1$ を満たす解を求めよ．

【解答】 (a) 微分方程式 $(*)$ は
$$\frac{\partial}{\partial y}\left(\frac{1}{x} - \frac{1}{y}\right) = \frac{1}{y^2} = \frac{\partial}{\partial x}\frac{x-1}{y^2}$$

より，完全微分形である．そこで

$$(1) : \frac{\partial U}{\partial x} = \frac{1}{x} - \frac{1}{y}$$

$$(2) : \frac{\partial U}{\partial y} = \frac{x-1}{y^2}$$

を満たす関数 $U = U(x, y)$ を求める．(1) を y を固定して x で積分すると，
$$U = \log|x| - \frac{x}{y} + f(y)$$

これを (2) に代入して，$f'(y) = -\frac{1}{y^2}$．これを積分して，U の式に代入すると $(*)$ の一般解は

$$\log|x| - \frac{x-1}{y} = C \quad \text{または} \quad y = \frac{x-1}{\log|x| - C}.$$

(b) 一般解に $x = e, y = -1$ を代入すると，$C = e$．よって初期値問題の解は

$$\log|x| - \frac{x-1}{y} = e \quad \text{または} \quad y = \frac{x-1}{\log|x| - e}.$$

■ 問 題

2.1 次の微分方程式が完全微分形であることを確認し，一般解を求めよ．

(a) $(3x^2 + 2xy^2)dx + (2x^2y - 3y^2)dy = 0$

(b) $(e^y + e^x \sin y)dx + (xe^y + e^x \cos y)dy = 0$

---例題 3.3--- 積分因子 (1)---

次の微分方程式は両辺に括弧内の関数 λ をかけると完全微分形になることを確認せよ．また一般解を求めよ．

(a) $(y^2 - xy)dx + x^2 dy = 0$ $\quad (\lambda(x,y) = \frac{1}{xy^2})$

(b) $2\cos x \cos y\, dx - \sin x \sin y\, dy = 0$ $\quad (\lambda(x) = \sin x)$

[解答] (a) $P(x,y) = y^2 - xy,\ Q(x,y) = x^2$ とおく．微分方程式の両辺に $\lambda(x,y) = \frac{1}{xy^2}$ をかけると，

$$\frac{\partial}{\partial y}(\lambda P) = \frac{1}{y^2} = \frac{\partial}{\partial x}(\lambda Q)$$

が成り立ち完全微分形となる．よって

$$(1):\ \frac{\partial U}{\partial x} = \lambda P = \frac{1}{x} - \frac{1}{y},\quad (2):\ \frac{\partial U}{\partial y} = \lambda Q = \frac{x}{y^2}$$

を同時に満たす $U(x,y)$ を求める．(1) を x で積分して，$U(x,y) = \log|x| - \frac{x}{y} + f(y)$．これを (2) に代入して，$f'(y) = 0$．これを積分して U の式に代入すると一般解は

$$\log|x| - \frac{x}{y} = C \quad \text{または} \quad y = \frac{x}{\log|x| - C}.$$

(b) $P(x,y) = 2\cos x \cos y,\ Q(x,y) = -\sin x \sin y$ とおく．微分方程式の両辺に $\lambda(x) = \sin x$ をかけると，

$$\frac{\partial}{\partial y}(\lambda P) = -2\cos x \sin x \sin y = \frac{\partial}{\partial x}(\lambda Q)$$

が成り立ち完全微分形となる．

$$(3):\ \frac{\partial U}{\partial x} = \lambda P = 2\cos x \sin x \cos y,\quad (4):\ \frac{\partial U}{\partial y} = \lambda Q = -\sin^2 x \sin y$$

を同時に満たす $U(x,y)$ を求める．(4) を y で積分して，$U(x,y) = \sin^2 x \cos y + f(x)$．これを (3) に代入して，$f'(x) = 0$．よって一般解は

$$\sin^2 x \cos y = C.$$

■問題■

3.1 次の微分方程式に括弧内の積分因子をかけて，一般解を求めよ．

(a) $(x^2 - y^2)dx - xy\, dy = 0$ $\quad (\lambda(x) = x)$

(b) $\tan y\, dx + x\, dy = 0$ $\quad (\lambda(y) = \cos y)$

3.2 完全微分形

―― 例題 3.4 ―――――――――――――――――― 積分因子 (2) ――

微分方程式 $P(x,y)dx + Q(x,y)dy = 0$ について以下の問に答えよ.
 (a) $(P_y - Q_x)/Q$ が x だけの関数 $f(x)$ であるとき, $\lambda(x) = \exp(F(x))$ ($F(x)$ は $f(x)$ の原始関数) は積分因子であることを示せ.
 (b) $(P_y - Q_x)/P$ が y だけの関数 $g(y)$ であるとき, $\lambda(y) = \exp(-G(y))$ ($G(y)$ は $g(y)$ の原始関数) は積分因子であることを示せ.
 (c) 次の微分方程式の一般解を求めよ.
$$(y + 2xy - 2\cos y)dx + (x + \sin y)dy = 0$$

$\lambda = \lambda(x,y)$ が積分因子であるための条件は次の通りである.

$$(*) : \frac{\partial}{\partial y}(\lambda P) = \frac{\partial}{\partial x}(\lambda Q) \Leftrightarrow \lambda(P_y - Q_x) = Q\lambda_x - P\lambda_y$$

【解答】 (a) $P_y - Q_x = f(x)Q$ のとき, $(*)$ は次のように書き換えられる.

$$(\#) : Q\lambda_x - P\lambda_y = Q\lambda f(x)$$

ここで $\lambda = \lambda(x) = \exp(F(x))$ のとき, $\lambda_x = F'(x)\exp(F(x)) = f(x)\lambda$, $\lambda_y = 0$ より, 条件 $(\#)$ が成立し, 積分因子である.
 (b) $P_y - Q_x = g(y)P$ のとき, $(*)$ は次のように書き換えられる.

$$(\dagger) : Q\lambda_x - P\lambda_y = P\lambda g(y)$$

ここで $\lambda = \lambda(y) = \exp(-G(y))$ のとき, $\lambda_x = 0$, $\lambda_y = -g(y)\lambda$ より, 条件 $(\dagger)$ が成立し, 積分因子である.
 (c) $P_y - Q_x = 1 + 2x + 2\sin y - 1 = 2(x + \sin y) = 2Q$ より, $(P_y - Q_x)/Q = 2$. したがって (a) の結果より, 積分因子 $\exp\left(\int 2\,dx\right) = e^{2x}$ をかけて完全微分形

$$e^{2x}(y + 2xy - 2\cos y)dx + e^{2x}(x + \sin y)dy = 0$$

を得る. これを解いて一般解は

$$e^{2x}(xy - \cos y) = C.$$

■ 問題

4.1 積分因子を求めて, 次の微分方程式の一般解を求めよ.
 (a) $(-x^2 y + y)dx + x\,dy = 0$
 (b) $(y^2 + y)e^x dx + (e^x + y^2 - 1)dy = 0$

3.3 その他の重要な方程式

この節では 1 階非線形常微分方程式の中で，何らかの方法で線形微分方程式や変数分離形などの簡単な微分方程式に変換されるものをいくつか扱う．

ベルヌーイの微分方程式　$\alpha\ (\neq 0, 1)$ を定数，$p(x), q(x)$ を与えられた関数として，$y = y(x)$ についての 1 階非線形常微分方程式

$$y' + p(x)y = q(x)y^\alpha \tag{3.12}$$

をベルヌーイの微分方程式と呼ぶ．$\alpha = 0, 1$ の場合は線形微分方程式なので除外する．両辺を y^α で割ると

$$y^{-\alpha} y' + p(x) y^{-\alpha+1} = q(x)$$

これは従属変数変換

$$u := y^{-\alpha+1}$$

によって，u に関する次の線形微分方程式に変換される．

$$u' + (1-\alpha)p(x)u = (1-\alpha)q(x)$$

リッカチの微分方程式　$p(x), q(x), r(x)$ を与えられた関数とする．$y = y(x)$ についての 1 階非線形常微分方程式

$$y' + p(x)y^2 + q(x)y + r(x) = 0 \tag{3.13}$$

をリッカチの微分方程式と呼ぶ．1 つの解 $y = y_0(x)$ が何らかの方法で求まったと仮定する．このとき従属変数変換 $u := y - y_0(x)$ によって u についてのベルヌーイの微分方程式

$$u' + (2p(x)y_0(x) + q(x))u + p(x)u^2 = 0$$

に変換される．さらに従属変数変換

$$v := \frac{1}{u} = \frac{1}{y - y_0(x)}$$

によって v に関する次の線形微分方程式に変換される．

$$-v' + (2p(x)y_0(x) + q(x))v + p(x) = 0$$

3.3 その他の重要な方程式

クレローの微分方程式　これまで考えてきた微分方程式は $y' = F(x,y)$ の形（**正規形**）であったが，この範疇に属さない $F(x,y,y') = 0$ の形の微分方程式（**非正規形**）も存在する．非正規形微分方程式の一例が次の**クレローの微分方程式**である．

$$y = xy' + f(y') \tag{3.14}$$

ここで $f(x)$ は与えられた 1 回連続微分可能[†]な関数とする．クレローの微分方程式の解法は以下の通りである．$p := y'$ とおいて (3.14) の両辺を x で微分すると

$$p = p + x\frac{dp}{dx} + \frac{dp}{dx}f'(p) \quad \Leftrightarrow \quad \frac{dp}{dx}(x + f'(p)) = 0$$

を得る．ここで

1. $dp/dx = 0$ のとき $p = y' = C$（定数）より

$$y = Cx + f(C). \tag{3.15}$$

   これは直線群を表す．

2. $dp/dx \neq 0$ のとき p をパラメータとして，

$$(x,y) = (-f'(p), -pf'(p) + f(p)). \tag{3.16}$$

   これは曲線を表す．

解 (3.16) は (3.15) で定数 C をどのように取っても得られない**特異解**である．解曲線 (3.16) は直線群 $y = Cx + f(C)$ の**包絡線**になる（例題 3.7 参照）．

その他の例　その他にも適当な従属変数変換で線形常微分方程式または変数分離形などに帰着する例は数多く存在する．いくつか例を挙げる．

1. $y' = f(ax + by + c) \quad (a, b \neq 0)$
   従属変数変換 $z(x) := ax + by + c$ によって次の変数分離形に帰着する．

$$\frac{z'}{b} = f(z) + \frac{a}{b} \quad \Leftrightarrow \quad \frac{dz}{bf(z) + a} = dx$$

2. $p'(y)y' + p(y)q(x) = f(x)$
   従属変数変換 $u(x) := p(y(x))$ によって $u = u(x)$ に関する次の線形微分方程式に帰着する．

$$u' + q(x)u = f(x)$$

[†] 関数 $f(x)$ が区間 I で n 回微分可能（n は正の整数）で，かつ n 階導関数 $f^{(n)}(x)$ が I 上で連続関数であるとき，$f(x)$ は I で n 回連続微分可能である，または I 上 C^n 級であるという．

―― 例題 3.5* ―――――――――――――――― ベルヌーイの微分方程式 ――

次の微分方程式の一般解を求めよ．

(a) $x^3 y' - xy - y^2 = 0$ 　　　　(b) $2y' - y\tan x - y^3 \sin 2x = 0$

【解　答】　(a)　両辺を $x^3 y^2$ で割って，$u(x) := \frac{1}{y}$ とおくと線形微分方程式

$$u' + \frac{1}{x^2} u = -\frac{1}{x^3}$$

を得る．両辺に $\exp\left(\int \frac{dx}{x^2}\right) = e^{-1/x}$ を乗じて積分すると，

$$ue^{-1/x} = -\int \frac{1}{x^3} e^{-1/x} dx + C = \int t e^t dt + C \quad \left(t = -\frac{1}{x}\right)$$

$$= (t-1)e^t + C = -\left(1 + \frac{1}{x}\right) e^{-1/x} + C$$

$$u = \frac{-1 - x + Cxe^{1/x}}{x}.$$

よって一般解は　$y = \dfrac{1}{u} = \dfrac{x}{-1 - x + Cxe^{1/x}}.$

(b)　両辺を y^3 で割って $u = u(x) := \dfrac{1}{y^2}$ とおくと 1 階線形常微分方程式

$$u' + u\tan x = -\sin 2x$$

を得る．両辺に積分因子 $\exp\left(\int \tan x \, dx\right) = \dfrac{1}{\cos x}$ を乗じて積分すると，

$$\frac{u'}{\cos x} + \frac{u\sin x}{\cos^2 x} = \left(\frac{u}{\cos x}\right)' = -2\sin x$$

$$\frac{u}{\cos x} = 2\cos x + C$$

$$u = 2\cos^2 x + C\cos x.$$

よって一般解は

$$y^2(2\cos^2 x + C\cos x) = 1.$$

■ 問　題

5.1* 次のベルヌーイの微分方程式の一般解を求めよ．

(a) $y' - y\cot x - \dfrac{1}{y} = 0$ 　　　　(b) $xy' - y - xe^x y^4 = 0$

3.3 その他の重要な方程式

―― 例題 3.6* ―――――――――――――――――― リッカチの微分方程式 ――

微分方程式
$$(*) : y' = e^{2x} + (1+4e^x)y + 4y^2$$
について以下の問に答えよ.
(a) $y = ae^x$ が $(*)$ の解であるとき, a の値を求めよ.
(b) (a)で求めた解を $y_0(x)$ として, $y = u + y_0(x)$ とおく. $(*)$ を $u = u(x)$ についての微分方程式に書き換えよ.
(c) 微分方程式 $(*)$ の一般解を求めよ.

【解　答】　(a) $y = ae^x$ を代入して, 整理すると
$$ae^x = e^{2x} + ae^x(1+4e^x) + 4a^2 e^{2x} \Leftrightarrow (4a^2+4a+1)e^{2x}=0$$
$$\Leftrightarrow a = -\frac{1}{2}.$$

(b) $y = u - \frac{1}{2}e^x$ を $(*)$ に代入して, 整理すると
$$u' - \frac{1}{2}e^x = e^{2x} + (1+4e^x)\left(u - \frac{1}{2}e^x\right) + 4\left(u - \frac{1}{2}e^x\right)^2$$
$$u' - u = 4u^2.$$

(c) 上式を $-\frac{1}{u^2}$ 倍して, $v = v(x) := \frac{1}{u}$ とおくと, 1階線形常微分方程式
$$v' + v = -4$$
を得る. 積分因子 e^x を乗じて積分すると, $v = -4 + Ce^{-x}$. よって
$$y = u - \frac{1}{2}e^x = \frac{1}{v} - \frac{1}{2}e^x = \frac{1}{-4+Ce^{-x}} - \frac{1}{2}e^x.$$

■ 問　題

6.1* $y = y(x)$ に関するリッカチの微分方程式
$$y' + p(x)y^2 + q(x)y + r(x) = 0$$
は従属変数変換 $y(x) = \frac{u'(x)}{p(x)u(x)}$ によって2階線形微分方程式に変換されることを示せ.

例題 3.7* ────────────────────── クレローの微分方程式 ─

次の微分方程式について特異解を含むすべての解を求めよ.

$$(*) : y = xy' - \frac{(y')^2}{2}$$

これは**クレローの微分方程式**であり, 特異解を有する.

【解　答】 $p := y'$ とおくと,

$$y = xp - \frac{p^2}{2}.$$

x で微分して

$$xp' - pp' = p'(x-p) = 0.$$

(i) $p' = 0$ のとき, $p = C$ とおいて $y = Cx - \dfrac{C^2}{2}$.

(ii) $p' \neq 0$ のとき, $x = p$. このとき $y = \dfrac{p^2}{2}$. p を消去して $y = \dfrac{x^2}{2}$. これは (i) の一般解の式において任意定数 C をどのように取っても得られない. つまり $y = \dfrac{x^2}{2}$ は特異解である.

(i), (ii) より, $(*)$ の一般解は $y = Cx - \dfrac{C^2}{2}$, 特異解として $y = \dfrac{x^2}{2}$ がある.

グラフ 右図はクレローの微分方程式 $(*)$ の解曲線群を表す. これからわかるように放物線 $y = \dfrac{x^2}{2}$（黒い太線）は直線群 $y = Cx - \dfrac{C^2}{2}$ の包絡線である.

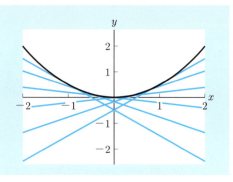

図 **3.2** 包絡線（黒い太線）

■ **問　題**

7.1* 次の微分方程式の解をすべて求め, 解のグラフを描け ($p := y'$ とする).

(a) $y = xp - p^3$　　　　　　　　(b) $y = xp + \cos p$

3.3 その他の重要な方程式

例題 3.8* ──────────────── 従属変数変換による解法 ─

次の微分方程式の一般解を求めよ.
  (a) $y' = (x+y+1)\log(x+y+1) - 1$
  (b) $xe^y y' + e^y = xe^x$

適当な従属変数変換を見つけると線形微分方程式や変数分離形に帰着する場合がある.

【解　答】 (a) $z(x) := x+y+1$ とおくと, $y' = z' - 1$ より, $z = z(x)$ についての変数分離形

$$\frac{dz}{dx} = z\log z \quad \Leftrightarrow \quad \frac{dz}{z\log z} = dx$$

を得る. 積分すると

$$\log|\log z| = x + C$$
$$z = \exp(Ce^x) \quad (\pm e^C を C とおく).$$

よって一般解は $\quad y = z - x - 1$
$$= \exp(Ce^x) - x - 1.$$

(b) $z(x) := e^y$ とおくと, $z = z(x)$ についての線形微分方程式

$$xz' + z = xe^x$$

を得る. 左辺は $(xz)'$ と書けることに注意して, 両辺を積分すると

$$xz = \int xe^x dx + C$$
$$= (x-1)e^x + C$$
$$\Leftrightarrow \quad z = \frac{(x-1)e^x + C}{x}.$$

よって一般解は $\quad y = \log((x-1)e^x + C) - \log x.$

■ 問　題

8.1* 次の微分方程式の初期値問題を解け.
  (a) $y' = (x-y+1)^2 \quad (y(0) = 4)$
  (b) $y'\sin y - \cos y = x \quad (y(0) = \pi)$
  (c) $y' + y = \frac{2x}{y} \quad (y(0) = 1)$

第3章演習問題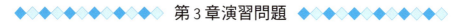

1. 次の微分方程式の一般解を求めよ．
   (a) $y' = \dfrac{x+3y}{3x+y}$
   (b) $y' = \dfrac{y}{x} + \sin^2 \dfrac{y}{x}$
   (c) $xy' = y + \dfrac{x^2}{\sqrt{x^2-y^2}}$
   (d) $y' = \dfrac{x+y+3}{x-4y-2}$

2. 次の微分方程式を括弧内の初期条件の下で解け．
   (a) $(2x^3 + 3x^2 y + y^3)dx + (x^3 + 3xy^2 + 2y^3)dy = 0 \quad (y(1) = 1)$
   (b) $(\arcsin y + 2x)dx + \left(\dfrac{x}{\sqrt{1-y^2}} + 1\right)dy = 0 \quad \left(y(1) = -\dfrac{1}{2}\right)$
   (c) $\left(\tan y + \dfrac{y}{\sin^2 x}\right)dx + \left(-\cot x + \dfrac{x}{\cos^2 y}\right)dy = 0 \quad \left(y\left(\dfrac{\pi}{6}\right) = \dfrac{\pi}{3}\right)$

3. 次の微分方程式が完全微分形になるように積分因子を求めて，一般解を求めよ．
   (a) $(2ye^x + e^y)dx + (e^x + e^y)dy = 0$
   (b) $2xy \log y \, dx + (3x^2 \log y + x^2)dy = 0$
   (c) $\{2(x+x^2)e^x + y^2 e^y\}dx + \{x^2 e^x + 2(y+y^2)e^y\}dy = 0$

4.* 次の微分方程式の一般解を求めよ．
   (a) $4x^2 y' + 3xy = y^{-3}$
   (b) $y' - y \tanh x = y^2$
   (c) $y' - \dfrac{y}{\sqrt{x}} = \sqrt{y}$
   (d) $y' - \dfrac{y}{\sin x} = y^2$

5.* 次のリッカチの微分方程式を括弧内の特解を利用して一般解を求めよ．
   (a) $x^2 y' - xy + x^2 y^2 + 1 = 0 \quad \left(y = \dfrac{1}{x}\right)$
   (b) $y' - y(1-y) - x^2 + x - 1 = 0 \quad (y = x)$

6.* 次の微分方程式の一般解を，適当な従属変数変換を用いて求めよ．
   (a) $(x+y+1)^2 y' = 1$
   (b) $y' - 2xy \log y = e^{x^2} y$
   (c) $y' \cos y + x \sin y = x^3$
   (d) $y' + xe^{-y} = 1$
   (e) $\dfrac{y'}{\cos^2 y} + \sin x \tan y = \sin 2x$

7.* xy 平面上のある曲線上の任意の点における接線と x,y 軸との交点をそれぞれ P, Q とすると，PQ の長さが常に 1 であった．このような曲線のうち直線でないものを求めよ．

8.* 忠実な犬が川の岸 $A(L,0)$ にいる．対岸の点 $O(0,0)$ に主人を見つけ，水に飛び込み，顔を常に主人に向けて泳ぐ．流れがないとき犬は速さ v で泳げるとして，また川の流速を w として以下の問に答えよ．ただし L,v,w は正の定数とする．

(a) 水に飛び込んだ時刻を $t=0$ として，時刻 t における犬の位置を $(x(t),y(t))$ とすると，$x(t),y(t)$ は次の微分方程式と初期条件にしたがう．

$$\begin{cases} \dfrac{dx}{dt} = -v\dfrac{x}{\sqrt{x^2+y^2}} \\ \dfrac{dy}{dt} = w - v\dfrac{y}{\sqrt{x^2+y^2}} \\ x(0)=L,\ y(0)=0 \end{cases}$$

この微分方程式の初期値問題から t を消去することによって，$y=y(x)$ についての初期値問題を導出して解け．

(b) 犬が主人のところにたどり着くための v,w についての必要十分条件は何か？

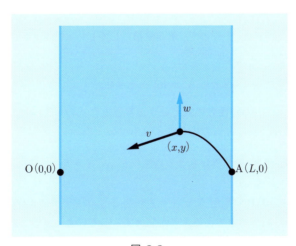

図 3.3

4 定数係数線形常微分方程式

本章では定数係数線形常微分方程式

$$y^{(n)} + p_1 y^{(n-1)} + \cdots + p_{n-1} y' + p_n y = f(x) \tag{4.1}$$

を扱う．ここで $p_1, \cdots, p_{n-1}, p_n$ は実定数，$f(x)$ は与えられた関数とする．4.1, 4.2 節では $n = 2$ の場合を扱う．そのうち 4.1 節では同次方程式，つまり $f(x) \equiv 0$ の場合を，4.2 節では非同次方程式，つまり $f(x) \not\equiv 0$ の場合を扱う．4.3 節では $n \geq 3$ の場合を議論する．

4.1 定数係数 2 階線形常微分方程式（同次方程式の場合）

本節と次節では 2 階線形常微分方程式を扱う．はじめに本節では**同次方程式**

$$y'' + py' + qy = 0 \tag{4.2}$$

を扱う．p, q は実定数とする．

特性方程式 $(e^{\lambda x})' = \lambda e^{\lambda x}$ なので，解の候補として $y = e^{\lambda x}$ を (4.2) に代入すると，$e^{\lambda x} \neq 0$ であるから

$$\lambda^2 + p\lambda + q = 0 \tag{4.3}$$

を得る．これを (4.2) の**特性方程式**という．特性方程式の解を λ とすれば，$e^{\lambda x}$ が (4.2) の解であるが，次の 3 つの場合に区別される．

> 1. 特性方程式 (4.3) が相異なる 2 実数解 $\lambda = \alpha, \beta$ をもつ場合は $y = e^{\alpha x}, e^{\beta x}$ が (4.2) の解を与える．
> 2. 特性方程式 (4.3) が重解 $\lambda = \alpha$ をもつ場合 $y = e^{\alpha x}$ が (4.2) の解を与えるが，$xe^{\alpha x}$ も (4.2) の解であることが代入することによって確かめられる．
> 3. 特性方程式 (4.3) が共役複素数解 $\lambda = \alpha \pm \beta i$ (i は虚数単位 $\sqrt{-1}$) をもつ場合は $y = e^{(\alpha+\beta i)x}, e^{(\alpha-\beta i)x}$ が (4.2) の解を与える．

4.1 定数係数2階線形常微分方程式（同次方程式の場合）

重ね合わせの原理　線形微分方程式論の中核を成す定理のひとつが，次の重ね合わせの原理である．

> **定理 4.1**　（**重ね合わせの原理**）　微分方程式 (4.2) の **1 次独立**な 2 つの解を $y = y_1(x), y_2(x)$ とする ($y_1(x), y_2(x)$ が1次独立であるとは，$C_1 y_1(x) + C_2 y_2(x)$ が恒等的に 0 となるのは $C_1 = C_2 = 0$ のときに限ること，すなわち $y_1(x) = C y_2(x)$ (C：定数) のように一方が他方の定数倍で表せないことをいう)．このときこれらの関数の 1 次結合 $y = C_1 y_1(x) + C_2 y_2(x)$ (C_1, C_2は任意定数) も (4.2) の解でありかつ一般解である．

1次独立な 2 つの解 $y_1(x), y_2(x)$ を微分方程式の**基本解**または解空間の**基底**と呼ぶ．例えば微分方程式 $y'' - 2y' + y = 0$ の場合，1 組の基本解は $\{e^x, xe^x\}$ である．あくまで 1 組の基本解であり，1次独立な 2 つの解であればどのような組み合わせでもよい．例えばこれらを組み合わせた $\{e^x, 2xe^x\}$，$\{(1+x)e^x, (1-x)e^x\}$ も基本解である．

> **コメント**　定理 4.1 は変数係数の場合，つまり定数 p, q を x の与えられた関数 $p(x), q(x)$ で置き換えた場合にも，そのまま成立する (本節問題 2.1 参照)．ただし変数係数の場合基本解 $y_1(x), y_2(x)$ の具体的な形を求めるのは容易ではない．

以上により，微分方程式 (4.2) の解の公式について次の定理が成立する．

> **定理 4.2**　（**解の公式**）　微分方程式 (4.2) の一般解は以下の通りである．
> 1. 特性方程式 (4.3) が相異なる 2 実数解 $\lambda = \alpha, \beta$ をもつ場合，
> $$y = C_1 e^{\alpha x} + C_2 e^{\beta x}$$
> 2. 特性方程式 (4.3) が重解 $\lambda = \alpha$ をもつ場合，
> $$y = C_1 e^{\alpha x} + C_2 x e^{\alpha x}$$
> 3. 特性方程式 (4.3) が共役複素数解 $\lambda = \alpha \pm \beta i$ ($i = \sqrt{-1}$) をもつ場合，
> $$y = C_1 e^{\alpha x} \cos \beta x + C_2 e^{\alpha x} \sin \beta x$$

3 の場合，一般解が実数になるように
$$y = \frac{C_1 - i C_2}{2} e^{(\alpha + \beta i)x} + \frac{C_1 + i C_2}{2} e^{(\alpha - \beta i)x}$$
とし，オイラーの公式 (p.4 参照) を用いると，直接計算によって求める式を得る．

---**例題 4.1** ─────────────────── **2 階線形常微分方程式** ─

(a) 微分方程式
$$y'' - 2y' - 3y = 0 \quad \Leftrightarrow \quad (y'+y)' - 3(y'+y) = 0$$
について，$z(x) := y' + y$ とおいて z を求め，次に y を求めよ．

(b) 微分方程式 $y'' - 2y' + y = 0$ の一般解を (a) と同様の手法で求めよ．

───────────────────────────────────

[解答] (a) $z' - 3z = 0$ より，$z = C_1 e^{3x}$. 次に y についての微分方程式
$$y' + y = z = C_1 e^{3x}$$
を解く．両辺に積分因子 $\exp\left(\int dx\right) = e^x$ を乗じて積分すると，
$$ye^x = \int C_1 e^{4x} dx + C_2 = \frac{C_1}{4} e^{4x} + C_2.$$
ここで $C_1/4$ も定数なので，これを改めて C_1 と書くと，一般解は $y = C_1 e^{3x} + C_2 e^{-x}$.

(b) 微分方程式は
$$(y' - y)' - (y' - y) = 0$$
と書き換えることができる．$z = y' - y$ とおき，$z' - z = 0$ を解いて $z = C_1 e^x$. 次に
$$y' - y = z = C_1 e^x$$
を解く．両辺に積分因子 $\exp\left(-\int dx\right) = e^{-x}$ を乗じて積分すると，
$$ye^{-x} = \int C_1 dx + C_2 = C_1 x + C_2. \quad \text{一般解は } y = C_1 x e^x + C_2 e^x.$$

コメント 定数係数線形微分方程式の一般解を求める際，本例題の手法よりも例題 4.3 で紹介する特性方程式の手法のほうがより簡単で汎用性が高い．しかし初学者には「何故いきなり指数関数を代入するのか？ 重解の場合どうして指数関数の x 倍の項が出てくるのか？」など唐突で分かりにくい印象を与えることがある．ここでは回りくどいが 2 つの 1 階線形微分方程式に分けて解く手法を紹介した．

■ **問 題**

1.1 上の例題にならって，次の微分方程式の一般解を求めよ．
$$y'' - (\alpha + \beta) y' + \alpha \beta y = 0 \quad (\alpha, \beta \text{ は実定数})$$

例題 4.2 ── 重ね合わせの原理

以下の微分方程式を考える．

$$(1) : y'' - y = 0$$
$$(2) : (y')^2 - y^2 = 0$$

(a) $y = e^x$ および $y = e^{-x}$ は (1), (2) ともに満たすことを示せ．
(b) $y = C_1 e^x + C_2 e^{-x}$ は (1), (2) を満たすかどうか確かめよ．

方程式 (1) と (2) は一見すると同じ解をもつように見えるが $\cdots$．

【解 答】 (a) $y = e^{\pm x}$ を (1), (2) に代入して

$$y'' - y = e^{\pm x} - e^{\pm x} = 0$$
$$(y')^2 - y^2 = (\pm e^{\pm x})^2 - (e^{\pm x})^2$$
$$= e^{\pm 2x} - e^{\pm 2x} = 0$$

より，ともに (1), (2) の解である．

(b) $y = C_1 e^x + C_2 e^{-x}$ を (1) に代入して，

$$y'' - y = (C_1 e^x + C_2 e^{-x})'' - (C_1 e^x + C_2 e^{-x}) = 0$$

より (1) の解である．次に (2) に代入すると，

$$(y')^2 - y^2 = (C_1 e^x - C_2 e^{-x})^2 - (C_1 e^x + C_2 e^{-x})^2 = -4 C_1 C_2$$

となって，0 とは限らない．したがって 1 次結合 $y = C_1 e^x + C_2 e^{-x}$ は (1) の解であるが (2) の解ではない．

コメント 微分方程式 (1) と (2) との決定的な違いは，(1) が y およびその導関数について 1 次式，つまり線形であるのに対して，(2) は 2 次式，つまり非線形であることである．非線形微分方程式においては解の重ね合わせの原理が成り立たない．このことが非線形微分方程式の解析を困難にしている．

問題

2.1 $p(x), q(x)$ を与えられた関数とする．変数係数の 2 階線形常微分方程式

$$y'' + p(x) y' + q(x) y = 0$$

の 1 次独立な解を $y = y_1(x), y_2(x)$ とするとき，1 次結合 $y = C_1 y_1(x) + C_2 y_2(x)$ も解であるかどうか確かめよ．

例題 4.3 ─ 特性方程式による解法

定理 4.2 (p.39) を用いて,次の微分方程式の一般解を求めよ.
(a) $y'' + 6y' + 5y = 0$
(b) $y'' + 6y' = 0$
(c) $y'' + 6y' + 9y = 0$
(d) $y'' + 6y = 0$
(e) $y'' + 6y' + 2y = 0$
(f) $y'' + 6y' + 12y = 0$

【解答】 対応する特性方程式を正しく立てて解き,解が定理 4.2 のどのパターンになるか注意する.

(a) 特性方程式 $\lambda^2 + 6\lambda + 5 = (\lambda+1)(\lambda+5) = 0$ を解いて,$\lambda = -1, -5$.
よって一般解は $y = C_1 e^{-x} + C_2 e^{-5x}$

(b) 特性方程式 $\lambda^2 + 6\lambda = \lambda(\lambda+6) = 0$ を解いて,$\lambda = 0, -6$.
よって一般解は $y = C_1 + C_2 e^{-6x}$ ($e^{0x} = 1$ に注意する).

(c) 特性方程式 $\lambda^2 + 6\lambda + 9 = (\lambda+3)^2$ を解いて,$\lambda = -3$ (重解).
よって一般解は $y = C_1 e^{-3x} + C_2 x e^{-3x}$.

(d) 特性方程式 $\lambda^2 + 6 = 0$ を解いて,$\lambda = \pm\sqrt{6}\, i$.
よって一般解は $y = C_1 \cos\sqrt{6}\, x + C_2 \sin\sqrt{6}\, x$.

(e) 特性方程式 $\lambda^2 + 6\lambda + 2 = 0$ を解いて,$\lambda = -3 \pm \sqrt{7}$.
よって一般解は $y = C_1 e^{(-3+\sqrt{7})x} + C_2 e^{(-3-\sqrt{7})x}$.

【誤解例】 虚数解ではないので,$y = C_1 e^{-3x} \cos\sqrt{7}\, x + C_2 e^{-3x} \sin\sqrt{7}\, x$ としないこと.

(f) 特性方程式 $\lambda^2 + 6\lambda + 12 = 0$ を解いて,$\lambda = -3 \pm \sqrt{3}\, i$.
よって一般解は $y = C_1 e^{-3x} \cos\sqrt{3}\, x + C_2 e^{-3x} \sin\sqrt{3}\, x$.

■ 問題

3.1 a を実定数とする.微分方程式 $y'' - 4y' + ay = 0$ の一般解を,a の値の範囲によって場合分けして求めよ.

3.2 以下の常微分方程式の一般解を求めよ.
(a) $y'' + 2y' + 9y = 0$
(b) $y'' - 16y' + 28y = 0$
(c) $6y'' + 5y' - y = 0$
(d) $9y'' - 12y' + 4y = 0$

4.2 定数係数 2 階線形常微分方程式（非同次方程式の場合）

本節では非同次方程式

$$y'' + py' + qy = f(x) \tag{4.4}$$

を扱う．p, q は実定数，$f(x)$ は与えられた関数とする．同時に同次方程式

$$y'' + py' + qy = 0 \tag{4.5}$$

についても考える．次の定理が成り立つ．

> **定理 4.3** 微分方程式 (4.4) の 1 つの解（**特解**）を何らかの方法で見つけたとして，次の公式が成立する．
>
> $$((4.4)\text{ の一般解}) = ((4.4)\text{ の特解}) + ((4.5)\text{ の一般解}). \tag{4.6}$$

公式 (4.6) の右辺第 2 項は**余関数**と呼ばれ，その求め方については前節で述べた．したがって (4.4) の特解を 1 つ決定すればよい．1 階線形常微分方程式の場合の公式 (2.7) に相当する公式は最後に述べることにして，はじめに $f(x)$ が特別な場合についてのみ考える．

$f(x)$ が n 次多項式の場合　　$f(x)$ が多項式ならば，微分方程式 (4.4) の特解も多項式であることが予想できる．そこで特解の候補として y に

$$y = A_n x^n + A_{n-1} x^{n-1} + \cdots + A_0 \tag{4.7}$$

を代入して係数 A_i $(i = 0, \cdots, n)$ を決定する．ただし $y = 1$ が同次方程式の解の場合（つまり $q = 0$ の場合）は特解の候補として (4.7) に代えて

$$y = x(A_n x^n + A_{n-1} x^{n-1} + \cdots + A_0)$$

を，$y = 1$ および x が同次方程式の解となる場合[†]は特解の候補として (4.7) に代えて

$$y = x^2(A_n x^n + A_{n-1} x^{n-1} + \cdots + A_0)$$

を代入すればよい．

[†]この場合は $p = q = 0$ となるので 2 回積分すれば一般解が簡単に求まる．

$f(x)$ が指数関数の場合 次に $f(x) = e^{ax}$ (a は定数) の場合を考える．特解も指数関数になることが予想できる．

1. $a^2 + pa + q \neq 0$ のとき，特解の候補として $y = Ae^{ax}$ を代入して，A を決定する．特解は
$$y = \frac{1}{a^2 + pa + q} e^{ax}.$$

2. $a^2 + pa + q = 0, 2a + p \neq 0$ (a が特性方程式の解であるが重解ではない場合) のとき，特解の候補として $y = Axe^{ax}$ を代入して，A を決定する．特解は
$$y = \frac{1}{2a + p} xe^{ax}.$$

3. $a^2 + pa + q = 0, 2a + p = 0$ (a が特性方程式の重解である場合) のとき，特解の候補として $y = Ax^2 e^{ax}$ を代入して，A を決定する．特解は
$$y = \frac{1}{2} x^2 e^{ax}.$$

$f(x)$ が三角関数の場合 $f(x) = \cos ax$ (または $\sin ax$) の場合，特解は三角関数になることが予想される．

1. $p = 0, q = a^2$ を除く場合，特解の候補として，$y = A\cos ax + B\sin ax$ を代入して，A, B を決定する．
2. $p = 0, q = a^2$ の場合，特解の候補として，$y = Ax\cos ax + Bx\sin ax$ を代入して，A, B を決定する．

または**オイラーの公式** $e^{iax} = \cos ax + i\sin ax$ を用いる方法もある．微分方程式
$$y'' + py' + qy = e^{iax}$$
の特解を非同次項 $f(x)$ が指数関数の場合と同様にして求める．この特解を $y = \psi(x) = \psi_1(x) + i\psi_2(x)$ のように実部と虚部に分けて，上の微分方程式に代入すると，
$$(\psi_1 + i\psi_2)'' + p(\psi_1 + i\psi_2)' + q(\psi_1 + i\psi_2) = e^{iax}$$
$$(\psi_1'' + p\psi_1' + q\psi_1) + i(\psi_2'' + p\psi_2' + q\psi_2) = \cos ax + i\sin ax$$
を得る．両辺の実部と虚部を比較して，次式が成立する．
$$(y'' + py' + qy = \cos ax \text{ の特解}) = \psi_1(x) = \operatorname{Re}\psi(x)$$
$$(y'' + py' + qy = \sin ax \text{ の特解}) = \psi_2(x) = \operatorname{Im}\psi(x)$$

非同次微分方程式の特解の公式　次の定理は非同次微分方程式の特解に関する一般的な公式を与える．

> **定理 4.4**　非同次微分方程式
> $$y'' + py' + qy = f(x)$$
> の特解の 1 つは，同次微分方程式
> $$y'' + py' + qy = 0$$
> の基本解 $\{y_1(x), y_2(x)\}$ によって次のように表すことができる．
> $$y = -y_1(x) \int \frac{y_2(x)f(x)}{W(x)} dx + y_2(x) \int \frac{y_1(x)f(x)}{W(x)} dx \tag{4.8}$$
> $$W(x) := \begin{vmatrix} y_1 & y_2 \\ y_1' & y_2' \end{vmatrix} = y_1 y_2' - y_2 y_1' \tag{4.9}$$

証明は**定数変化法**を用いる（例題 4.9 参照）．行列式 $W(x)$ を解 $y_1(x), y_2(x)$ に対する**ロンスキ行列式**または**ロンスキアン**と呼ぶ．$y_1(x), y_2(x)$ が 1 次独立であれば $W(x) \neq 0$ である（本節問題 9.1 参照）．

注意　定理 4.4 によって $f(x)$ がどのような形でも，特解を計算することが可能であるが，積分計算は容易ではない．非同次項 $f(x)$ が多項式，指数関数，三角関数の場合は特解の候補を絞って代入するほうが計算は楽である．

非同次方程式についての解の重ね合わせの原理　次の定理が成立する．

> **定理 4.5**　微分方程式
> $$y'' + py' + qy = f_1(x), \quad y'' + py' + qy = f_2(x)$$
> の特解をそれぞれ $y = \psi_1(x), y = \psi_2(x)$ とする．このとき $y = A_1 \psi_1(x) + A_2 \psi_2(x)$（$A_1, A_2$ は定数）は微分方程式
> $$y'' + py' + qy = A_1 f_1(x) + A_2 f_2(x)$$
> の特解を与える．

コメント　本節で述べた定理 4.3, 4.4, 4.5 はそのまま変数係数の場合，つまり定数 p, q を x の関数 $p(x), q(x)$ に置き換えてもそのまま成立する．

例題 4.4 — 非同次 2 階線形常微分方程式（右辺が多項式の場合）

(a) 微分方程式
$$(*) : y'' - 2y' - 3y = x$$
の 1 つの特解を，特解の候補として $y = ax + b$ を代入して求めよ．

(b) (a) で求めた $(*)$ の特解を $y = y_1(x)$ とする．$(*)$ の一般解を，$z = y - y_1$ の満たす微分方程式を導出することによって求めよ．

(c) 微分方程式 $y'' - 2y' = x$ の一般解を求めよ．

右辺が x の多項式の場合は，微分方程式も多項式を特解にもつことが予想される．

【解　答】 (a) 特解の候補として，$y = ax + b$ を微分方程式 $(*)$ に代入すると
$$y'' - 2y' - 3y = -3ax - 2a - 3b = x.$$
係数比較して $a = -\frac{1}{3}, b = \frac{2}{9}$．よって 1 つの特解は $y = -\frac{x}{3} + \frac{2}{9}$．

(b) $y_1(x) = -\frac{x}{3} + \frac{2}{9}$ とおくと，(a) より，$y_1'' - 2y_1' - 3y_1 = x$．これと $(*)$ を辺々引いて $z = y - y_1$ とおくと，z は同次微分方程式 $z'' - 2z' - 3z = 0$ を満たし，一般解は $z = C_1 e^{3x} + C_2 e^{-x}$ である．よって $(*)$ の一般解は
$$y = y_1 + z$$
$$= -\frac{x}{3} + \frac{2}{9} + C_1 e^{3x} + C_2 e^{-x}.$$

(c) 同次方程式 $y'' - 2y' = 0$ の一般解は $y = C_1 + C_2 e^{2x}$ である．次に非同次方程式 $y'' - 2y' = x$ の特解の候補として，$y = ax + b$ を代入すると
$$y'' - 2y' = -2a$$
より，x に等しくない．次候補として，$y = x(ax + b) = ax^2 + bx$ を代入すると，
$$y'' - 2y' = -4ax + 2a - 2b = x.$$
係数比較して $a = b = -\frac{1}{4}$．したがって 1 つの特解は $y = -\frac{x^2}{4} - \frac{x}{4}$．一般解は
$$y = -\frac{x^2}{4} - \frac{x}{4} + C_1 + C_2 e^{2x}.$$

問題

4.1 次の微分方程式の一般解を求めよ．

(a) $y'' - 2y' + y = x^2 - 4x + 5$　　(b) $y'' + y' = 2x + 1$

4.2 定数係数 2 階線形常微分方程式（非同次方程式の場合）

例題 4.5 - 非同次 2 階線形常微分方程式（右辺が指数関数，三角関数の場合）

次の微分方程式の一般解を求めよ．
- (a) $y'' - 2y' + 4y = 0$
- (b) $y'' - 2y' + 4y = e^{2x}$
- (c) $y'' - 2y' + 4y = \cos x$
- (d) $y'' - 2y' + 4y = 4e^{2x} - 13\cos x$

【解 答】 (a) 特性方程式 $\lambda^2 - 2\lambda + 4 = 0$ を解いて，$\lambda = 1 \pm \sqrt{3}i$．よって一般解は $y = C_1 e^x \cos\sqrt{3}\,x + C_2 e^x \sin\sqrt{3}\,x$．

(b) 右辺から特解の候補は，$y = ae^{2x}$ と予想される．これを微分方程式に代入して，
$$y'' - 2y' + 4y = 4ae^{2x} = e^{2x}$$
したがって $a = \frac{1}{4}$ より特解は $y = \frac{e^{2x}}{4}$．一般解は
$$y = \frac{e^{2x}}{4} + C_1 e^x \cos\sqrt{3}\,x + C_2 e^x \sin\sqrt{3}\,x.$$

(c) 右辺から特解の候補は，$y = a\cos x + b\sin x$ と予想される．このとき
$$y'' - 2y' + 4y = (3a - 2b)\cos x + (2a + 3b)\sin x = \cos x$$
したがって，$a = \frac{3}{13}, b = -\frac{2}{13}$ にとればよい．一般解は
$$y = \frac{3\cos x - 2\sin x}{13} + C_1 e^x \cos\sqrt{3}\,x + C_2 e^x \sin\sqrt{3}\,x.$$

(d) (b), (c) の右辺に着目すると，非同次方程式の解の重ね合わせの原理（定理4.5）より

$((d) \text{の特解}) = 4 \times ((b) \text{の特解}) - 13 \times ((c) \text{の特解}) = e^{2x} - 3\cos x + 2\sin x$

したがって一般解は
$$y = e^{2x} - 3\cos x + 2\sin x + C_1 e^x \cos\sqrt{3}\,x + C_2 e^x \sin\sqrt{3}\,x.$$

【別 解】 (c) は，$e^{ix} = \cos x + i\sin x$ を用いる方法がある．微分方程式 $y'' - 2y' + 4y = e^{ix}$ の特解の候補として，$y = ae^{ix}$ を代入．$y'' - 2y' + 4y = (3 - 2i)ae^{ix} = e^{ix}$．特解は $y = \frac{1}{3-2i}e^{ix} = \frac{3+2i}{13}(\cos x + i\sin x)$．(c) の特解を求めるには両辺の実部に着目して $y = \mathrm{Re}\,\frac{3+2i}{13}(\cos x + i\sin x) = \frac{3\cos x - 2\sin x}{13}$．

■ 問 題

5.1 次の微分方程式の一般解を求めよ．
- (a) $y'' - 2y' + 4y = \sin x$
- (b) $y'' - 2y' + 4y = e^x \cos x$

---例題 4.6--- 　　　　　　　非同次 2 階線形常微分方程式（特殊な場合 (1)）

微分方程式 $y'' - 2y' - 3y = e^{3x}$ の一般解を次の 2 つの方法で求めよ．
 (a) $(y' - 3y)' + (y' - 3y) = e^{3x}$ に変形して，$z = y' - 3y$ とおいて z を求め，続いて y を求めよ．
 (b) 解を $y = u(x)e^{3x}$ と仮定して微分方程式に代入せよ（**定数変化法**）．

同次方程式 $y'' - 2y' - 3y = 0$ の一般解は $y = C_1 e^{-x} + C_2 e^{3x}$ である．この場合これまでの例題同様，特解の候補として $y = ae^{3x}$ を代入しても左辺は 0 となり，e^{3x} にはならない．この場合は例題 4.1 にならい 2 つの 1 階微分方程式に分離するか，定数変化法（例題 2.5 参照）を用いるかすれば一般解を求めることができる．

【解　答】(a) $z' + z = e^{3x}$ より両辺に積分因子 e^x を乗じて積分すると，

$$ze^x = \int e^{4x}dx + C_1 = \frac{e^{4x}}{4} + C_1 \quad \text{よって} \quad z = \frac{e^{3x}}{4} + C_1 e^{-x}.$$

続いて $y' - 3y = z = \frac{e^{3x}}{4} + C_1 e^{-x}$ の両辺に e^{-3x} を乗じて積分すると

$$ye^{-3x} = \int \left(\frac{e^{3x}}{4} + C_1 e^{-x}\right) e^{-3x} dx + C_2 = \frac{x}{4} - \frac{C_1}{4} e^{-4x} + C_2$$

$$\Leftrightarrow y = \frac{xe^{3x}}{4} + C_1 e^{-x} + C_2 e^{3x} \quad \left(-\frac{C_1}{4} \text{を改めて } C_1 \text{とおく}\right).$$

(b) $y = u(x)e^{3x}$ として微分方程式に代入すると，

$$y'' - 2y' - 3y = \{(u'' + 6u' + 9u) - 2(u' + 3u) - 3u\}e^{3x} = e^{3x}$$

$$\Leftrightarrow u'' + 4u' = 1.$$

積分因子 e^{4x} を乗じて積分すると，$u' = e^{-4x}\left\{\int e^{4x} dx + C_1\right\} = \frac{1}{4} + C_1 e^{-4x}$.

もう 1 回積分して $u = \frac{x}{4} - \frac{C_1}{4} e^{-4x} + C_2$.

よって一般解は

$$y = u(x)e^{3x} = \frac{xe^{3x}}{4} + C_1 e^{-x} + C_2 e^{3x} \quad \left(-\frac{C_1}{4} \text{を } C_1 \text{とおく}\right).$$

計算上の注意 本例題のように微分方程式の特性方程式が $\lambda = \alpha$ を解にもち，かつ非同次項が $e^{\alpha x}$（の定数倍）である場合，特解の候補として $y = ax^k e^{\alpha x}$（k は特性方程式における解 α の重複度）を代入すればよい．

■ 問　題

6.1 微分方程式 $y'' - 6y' + 9y = e^{3x}$ の一般解を求めよ．

4.2 定数係数 2 階線形常微分方程式（非同次方程式の場合）

―― 例題 4.7 ――――――――――― 非同次 2 階線形常微分方程式（特殊な場合 (2)） ――

次の微分方程式の一般解を求めよ．

(a) $y'' + y = \cos x$ (b) $y'' + 2y' + 5y = e^{-x} \sin 2x$

【解　答】 (a) 同次方程式 $y'' + y = 0$ の一般解は，特性方程式 $\lambda^2 + 1 = 0$ を解いて $\lambda = \pm i$ より，$y = C_1 \cos x + C_2 \sin x$．
特解の候補として $y = a \cos x + b \sin x$ を代入すると $y'' + y = 0$ となる．
そこで次候補として $y = ax \cos x + bx \sin x$ を代入，整理すると，

$$y'' + y = -2a \sin x + 2b \cos x = \cos x.$$

したがって $a = 0, b = \dfrac{1}{2}$，特解は $y = \dfrac{1}{2} x \sin x$ である．よって一般解は

$$y = C_1 \cos x + C_2 \sin x + \dfrac{x}{2} \sin x.$$

(b) 同次方程式の一般解は $y = C_1 e^{-x} \cos 2x + C_2 e^{-x} \sin 2x$．オイラーの公式より

$$e^{(-1+2i)x} = e^{-x} \cos 2x + i e^{-x} \sin 2x$$

であることに注意して，(b) の代わりに次の微分方程式を考える．

$$(b)' : y'' + 2y' + 5y = e^{(-1+2i)x}$$

$(b)'$ の特解候補として $y = ae^{(-1+2i)x}$ を代入すると，$y'' + 2y' + 5y = 0$ となるので，次候補として $y = axe^{(-1+2i)x}$ を代入，整理すると

$$y'' + 2y' + 5y = 4ia e^{(-1+2i)x} = e^{(-1+2i)x} \quad \text{これを解いて} \quad a = -\dfrac{i}{4}.$$

$(b)'$ の特解は $\quad y = \psi(x) := -\dfrac{i}{4} x e^{-x} (\cos 2x + i \sin 2x).$

(b) の特解は $\quad y = \operatorname{Im} \psi(x) = -\dfrac{x}{4} e^{-x} \cos 2x.$

よって一般解は

$$y = -\dfrac{1}{4} x e^{-x} \cos 2x + C_1 e^{-x} \cos 2x + C_2 e^{-x} \sin 2x.$$

■ 問　題

7.1 次の微分方程式の一般解を求めよ．

(a) $y'' - 2y' + 2y = e^x \cos x$ (b) $y'' - 2y' + 2y = e^x \sin x$

50 4 定数係数線形常微分方程式

―― 例題 4.8* ――――――――――――――――――――――――――――― 機械振動系 ――

質量 m の質点がバネ定数 k のバネによる復元力, 速度に比例する抵抗, および外力 $F(t)$ を受けているとき, 質点の平衡位置からの変位 $x = x(t)$ に関する次の運動方程式を考える.

$$m\ddot{x} + \gamma\dot{x} + kx = F(t), \quad \cdot = \frac{d}{dt}$$

または $2\alpha := \gamma/m > 0$, $\omega_0 := \sqrt{k/m} > 0$, $f(t) := F(t)/m$ とおいて上の方程式は

$$(*) : \ddot{x} + 2\alpha\dot{x} + \omega_0^2 x = f(t)$$

とも書ける. 方程式 $(*)$ について以下の問に答えよ.
  (a) $f(t) \equiv 0$ のとき, $(*)$ の一般解 $x = x_h(t)$ を求めよ. $t \to \infty$ で $x_h(t)$ はどうなるか?
  (b) $f(t) = f_0 \cos\omega t$ (f_0, ω は正定数) のとき $(*)$ の特解 $x = x_p(t)$ を1つ求めよ.

【解 答】 (a) 特性方程式 $\lambda^2 + 2\alpha\lambda + \omega_0^2 = 0$ を解いて, $\lambda = -\alpha \pm \sqrt{\alpha^2 - \omega_0^2}$.

1. $\alpha^2 - \omega_0^2 > 0$ のとき, $(*)$ の一般解は

$$x_h(t) = C_1 e^{(-\alpha + \sqrt{\alpha^2 - \omega_0^2})t} + C_2 e^{(-\alpha - \sqrt{\alpha^2 - \omega_0^2})t}.$$

2. $\alpha^2 - \omega_0^2 = 0$ のとき, 特性方程式は重解 $\lambda = -\alpha$ をもつ. $(*)$ の一般解は

$$x_h(t) = e^{-\alpha t}(C_1 + C_2 t).$$

3. $\alpha^2 - \omega_0^2 < 0$ のとき, $\omega_1 := \sqrt{\omega_0^2 - \alpha^2}$ とおいて $(*)$ の一般解は

$$x_h(t) = C_1 e^{-\alpha t} \cos\omega_1 t + C_2 e^{-\alpha t} \sin\omega_1 t.$$

1, 2, 3 の場合すべてについて, $\alpha > 0$ より, $\lim_{t \to \infty} x_h(t) = 0$ である.

(b) $f(t) = \mathrm{Re}\,(f_0 e^{i\omega t})$ であることに注意して,

$$\ddot{x} + 2\alpha\dot{x} + \omega_0^2 x = f_0 e^{i\omega t}$$

の特解を求める. $x = x_p(t) = A e^{i\omega t}$ を代入して,

$$(-\omega^2 + i2\alpha\omega + \omega_0^2) A e^{i\omega t} = f_0 e^{i\omega t}$$

$$\Leftrightarrow A = \frac{f_0}{(\omega_0^2 - \omega^2) + i2\alpha\omega} = \frac{f_0}{(\omega_0^2 - \omega^2)^2 + 4\alpha^2\omega^2}\{(\omega_0^2 - \omega^2) - i2\alpha\omega\}.$$

よって (∗) の特解の 1 つは次の通りである.

$$x_p(t) = \text{Re} \frac{f_0}{(\omega_0^2 - \omega^2)^2 + 4\alpha^2\omega^2}((\omega_0^2 - \omega^2) - i2\alpha\omega)(\cos\omega t + i\sin\omega t)$$
$$= \frac{f_0}{(\omega_0^2 - \omega^2)^2 + 4\alpha^2\omega^2}((\omega_0^2 - \omega^2)\cos\omega t + 2\alpha\omega\sin\omega t).$$

または $\tan\delta_0 = \frac{2\alpha\omega}{\omega_0^2 - \omega^2}$ として,次のようにも書ける.

$$x_p(t) = \frac{f_0}{\sqrt{(\omega_0^2 - \omega^2)^2 + 4\alpha^2\omega^2}}\cos(\omega t - \delta_0).$$

グラフ 下の図 4.1 は (a) で初期条件 $x(0) = 1, \dot{x}(0) = 0$ の下で,$\alpha = 1.0, \omega_0 = 1.0$ (左図,非振動的),$\alpha = 0.2, \omega_0 = 1.0$ (右図,振動的) の $x(t)$ のグラフである.

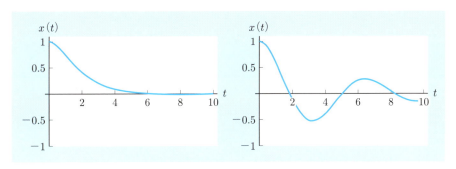

図 4.1

発展 (b) の一般解は $x(t) = x_h(t) + x_p(t)$ であり,$t \to \infty$ で $x(t) \to x_p(t)$ である.$x_p(t)$ で表される振動を強制振動と呼ぶ.t が十分大きいとき,$f(t)$ の振幅 f_0 に対する $x(t) \sim x_p(t)$ の振幅の比

$$V(\omega) := \frac{1}{\sqrt{(\omega_0^2 - \omega^2)^2 + 4\alpha^2\omega^2}} = \frac{1}{\sqrt{(\omega^2 - \omega_0^2 + 2\alpha^2)^2 + 4\alpha^2(\omega_0^2 - \alpha^2)}}$$

を増幅率という.$\alpha < \omega_0/\sqrt{2}$ のとき,$V(\omega)$ は $\omega = \omega^* := \sqrt{\omega_0^2 - 2\alpha^2} = \sqrt{\omega_1^2 - \alpha^2}$ のとき,最大となる.この現象を共鳴 (共振),ω^* を系の共鳴振動数と呼ぶ.また $\omega_1 = \sqrt{\omega_0^2 - \alpha^2}$ を固有振動数という.α が非常に小さい場合,共鳴振動数 ω^* は固有振動数 ω_1 に非常に近い.このとき振幅の増加が系の損害 (橋の崩壊や主翼の破壊など) を招く (共鳴カタストロフィー).

問題

8.1∗ 例題 4.8 (b) で $\alpha = 0, \omega = \omega_0$ の場合 (∗) の一般解を求めよ.$t \to \infty$ で解の挙動はどうなるか?

―― 例題 4.9* ―――――――――――――――――――――― 定数変化法 ――

非同次微分方程式
$$(\text{ODE}) : y'' + py' + qy = f(x)$$
の特解の 1 つを与える公式は，同次方程式 $y'' + py' + qy = 0$ の一般解を $y = C_1 y_1(x) + C_2 y_2(x)$ ($y_1(x), y_2(x)$ は 1 次独立) として，次式で与えられる．
$$(*) : y = -y_1(x) \int \frac{y_2(x) f(x)}{W(x)} dx + y_2(x) \int \frac{y_1(x) f(x)}{W(x)} dx$$
$$W(x) := \begin{vmatrix} y_1 & y_2 \\ y_1' & y_2' \end{vmatrix} = y_1 y_2' - y_1' y_2$$
これを以下の手順で証明せよ．
(a) (ODE) の特解を $y = u_1(x) y_1(x) + u_2(x) y_2(x)$ の形に仮定，代入せよ．
(b) u_1, u_2 に制約条件 $u_1' y_1 + u_2' y_2 = 0$ を課したとき，$u_1' y_1' + u_2' y_2' = f(x)$ が成立することを示せ．またこれらの 2 式から u_1, u_2 を求め，$(*)$ を示せ．

【解 答】 (a) $y = u_1(x) y_1(x) + u_2(x) y_2(x)$ を (ODE) に代入して，$y_i'' + py_i' + qy_i = 0$ $(i = 1, 2)$ を用いると以下の方程式を得る．
$$u_1'' y_1 + u_2'' y_2 + 2(u_1' y_1' + u_2' y_2') + p(u_1' y_1 + u_2' y_2) = f(x)$$
(b) (a) で得られた関係式を変形して，制約条件を用いると
$$(u_1' y_1 + u_2' y_2)' + (u_1' y_1' + u_2' y_2') + p(u_1' y_1 + u_2' y_2) = f(x)$$
$$\Leftrightarrow u_1' y_1' + u_2' y_2' = f(x)$$
最後に (u_1', u_2') についての連立方程式 $\begin{cases} u_1' y_1 + u_2' y_2 = 0 \\ u_1' y_1' + u_2' y_2' = f(x) \end{cases}$ を解いて，
$$u_1' = -\frac{y_2 f(x)}{W(x)}, \quad u_2' = \frac{y_1 f(x)}{W(x)}, \quad W(x) = \begin{vmatrix} y_1 & y_2 \\ y_1' & y_2' \end{vmatrix}.$$
両辺を積分して $y = u_1 y_1 + u_2 y_2$ に代入すると，特解の公式 $(*)$ を得る．

■ 問 題

9.1* 解 $y_1(x), y_2(x)$ に対するロンスキ行列式 $W(x)$ は次式を満たすことを示せ．
  (a) $W'(x) + pW(x) = 0$ (b) $W(x) \neq 0$

9.2* 例題 4.9 の公式 $(*)$ を用いて，微分方程式 $y'' + y = \frac{1}{\sin x}$ の特解を 1 つ求めよ．

4.3 高階定数係数線形常微分方程式

本節では n 階定数係数線形常微分方程式を考える．

$$y^{(n)} + p_1 y^{(n-1)} + \cdots + p_{n-1} y' + p_n y = 0 \tag{4.10}$$

$p_1, \cdots, p_n$ は与えられた実定数とする．2 階同様 $y = e^{\lambda x}$ を代入して，**特性方程式**

$$\lambda^n + p_1 \lambda^{n-1} + \cdots + p_n = 0 \tag{4.11}$$

を得る．

> **定理 4.6** 特性方程式 (4.11) の左辺が次のように因数分解されるとする．
> $$\lambda^n + p_1 \lambda^{n-1} + \cdots + p_n = (\lambda - \alpha_1)^{n_1} (\lambda - \alpha_2)^{n_2} \cdots (\lambda - \alpha_k)^{n_k}$$
> $$\times ((\lambda - \beta_1)^2 + \gamma_1^2)^{m_1} ((\lambda - \beta_2)^2 + \gamma_2^2)^{m_2} \cdots ((\lambda - \beta_l)^2 + \gamma_l^2)^{m_l}$$
>
> $\alpha_1, \cdots, \alpha_k$ は相異なる実数，$\beta_1 + i\gamma_1, \cdots, \beta_l + i\gamma_l$ $(\gamma_1, \cdots, \gamma_l > 0)$ は相異なる複素数とする．また
> $$n_1 + \cdots + n_k + 2(m_1 + \cdots + m_l) = n$$
> である．このとき微分方程式 (4.10) の基本解は次式で与えられる．
> $$\begin{cases} e^{\alpha_j x}, xe^{\alpha_j x}, \cdots, x^{n_j - 1} e^{\alpha_j x} \quad (j = 1, \cdots, k) \\ e^{\beta_j x} \cos(\gamma_j x), e^{\beta_j x} \sin(\gamma_j x), xe^{\beta_j x} \cos(\gamma_j x), xe^{\beta_j x} \sin(\gamma_j x), \\ \cdots, x^{m_j - 1} e^{\beta_j x} \cos(\gamma_j x), x^{m_j - 1} e^{\beta_j x} \sin(\gamma_j x) \quad (j = 1, \cdots, l) \end{cases} \tag{4.12}$$
> つまり微分方程式 (4.10) の一般解は (4.12) の 1 次結合で表される．

非同次方程式

$$y^{(n)} + p_1 y^{(n-1)} + \cdots + p_{n-1} y' + p_n y = f(x) \tag{4.13}$$

についても，2 階の場合と同様の解の公式

$$((4.13) \text{ の一般解}) = ((4.13) \text{ の特解}) + ((4.10) \text{ の一般解})$$

が成り立つ．

―― 例題 4.10 ――――――――――――― 高階線形常微分方程式（同次方程式）――

次の微分方程式の一般解を求めよ．
(a) $y''' - 4y'' - y' + 4y = 0$ (b) $y''' - 2y'' + y' - 2y = 0$
(c) $y''' - 3y'' + 3y' - y = 0$ (d) $y''' - 2y'' - 15y' + 36y = 0$
(e) $y^{(4)} + y'' - 12y = 0$

n 階定数係数線形微分方程式 $(n \geqq 3)$ の場合，2 階同様特性方程式の手法を用いればよい．(c) のように特性方程式が 3 重解をもつ場合はいろいろな手法が考えられるが，ここでは定数変化法（例題 2.5 参照）を用いる．

【解　答】(a) 特性方程式 $\lambda^3 - 4\lambda^2 - \lambda + 4 = (\lambda+1)(\lambda-1)(\lambda-4) = 0$ を解いて，$\lambda = \pm 1, 4$．したがって一般解は

$$y = C_1 e^{-x} + C_2 e^x + C_3 e^{4x}.$$

(b) 特性方程式 $\lambda^3 - 2\lambda^2 + \lambda - 2 = (\lambda-2)(\lambda^2+1) = 0$ を解いて $\lambda = 2, \pm i$．したがって一般解は

$$y = C_1 e^{2x} + C_2 \cos x + C_3 \sin x.$$

(c) 特性方程式 $(\lambda-1)^3 = 0$ より，$\lambda = 1$ (3 重解)．$y = ue^x$ とおいて左辺に代入すると，$y''' - 3y'' + 3y' - y = u''' e^x = 0 \Leftrightarrow u''' = 0$．よって $u = C_1 + C_2 x + C_3 x^2$．したがって一般解は

$$y = u(x)e^x = C_1 e^x + C_2 x e^x + C_3 x^2 e^x.$$

(d) 特性方程式 $\lambda^3 - 2\lambda^2 - 15\lambda + 36 = (\lambda+4)(\lambda-3)^2 = 0$ より $\lambda = -4, 3$ (重解)．したがって一般解は

$$y = C_1 e^{-4x} + C_2 e^{3x} + C_3 x e^{3x}.$$

(e) 特性方程式 $\lambda^4 + \lambda^2 - 12 = (\lambda^2 - 3)(\lambda^2 + 4) = 0$ より，$\lambda = \pm\sqrt{3}, \pm 2i$．したがって一般解は

$$y = C_1 e^{-\sqrt{3}x} + C_2 e^{\sqrt{3}x} + C_3 \cos 2x + C_4 \sin 2x.$$

■ 問　題

10.1 次の微分方程式の一般解を求めよ．
(a) $y''' - 7y' + 6y = 0$ (b) $y''' - y'' - 18y = 0$
(c) $y^{(4)} + 4y''' + 6y'' + 4y' + y = 0$ (d) $y^{(4)} - 3y'' - 4y = 0$

4.3 高階定数係数線形常微分方程式

例題 4.11 ────────── 高階線形常微分方程式（非同次方程式）

次の微分方程式の一般解を求めよ．
(a) $y''' - 4y'' - y' + 4y = e^{2x}$
(b) $y''' - 4y'' - y' + 4y = e^{4x}$
(c) $y''' - 3y'' + 3y' - y = \sin x$
(d) $y''' - 3y'' + 3y' - y = e^x$

2 階同様特解の候補を絞って代入する．前の例題 4.10 (a), (c) から分かる通り，同次方程式 $y''' - 4y'' - y' + 4y = 0$ の一般解は $y = C_1 e^{-x} + C_2 e^x + C_3 e^{4x}$，$y''' - 3y'' + 3y' - y = 0$ の一般解は $y = C_1 e^x + C_2 x e^x + C_3 x^2 e^x$ である．

【解答】 (a) 特解の候補として $y = ae^{2x}$ を代入すると，$y''' - 4y'' - y' + 4y = -6ae^{2x}$．これが e^{2x} に等しいので $a = -\frac{1}{6}$．よって特解は $y = -\frac{e^{2x}}{6}$，一般解は

$$y = -\frac{e^{2x}}{6} + C_1 e^{-x} + C_2 e^x + C_3 e^{4x}.$$

(b) $y = ae^{4x}$ は同次方程式の解なので，特解の候補として $y = axe^{4x}$ を代入すると，$y''' - 4y'' - y' + 4y = 15ae^{4x}$．これが e^{4x} に等しいので，$a = \frac{1}{15}$．よって特解は $y = \frac{xe^{4x}}{15}$，一般解は

$$y = \frac{xe^{4x}}{15} + C_1 e^{-x} + C_2 e^x + C_3 e^{4x}.$$

(c) 次の微分方程式の特解を求める．

$$(*) : y''' - 3y'' + 3y' - y = e^{ix}$$

特解の候補として $y = ae^{ix}$ を代入すると，$(*) \Leftrightarrow 2(1+i)ae^{ix} = e^{ix}$ より，$a = \frac{1}{2(1+i)} = \frac{1-i}{4}$．$(*)$ の特解は $y = \psi(x) = \frac{1}{4}(1-i)(\cos x + i \sin x)$．よってもとの微分方程式の特解は $y = \operatorname{Im} \psi(x) = \frac{1}{4} \sin x - \frac{1}{4} \cos x$，一般解は

$$y = \frac{1}{4} \sin x - \frac{1}{4} \cos x + C_1 e^x + C_2 x e^x + C_3 x^2 e^x.$$

(d) $y = x^2 e^x, xe^x, e^x$ は同次方程式の基本解である．特解の候補として $y = ax^3 e^x$ を代入すると，$y''' - 3y'' + 3y' - y = 6ae^x$．これが e^x に等しいので，$a = \frac{1}{6}$．よって特解は $y = \frac{x^3 e^x}{6}$，一般解は

$$y = \frac{x^3 e^x}{6} + C_1 x^2 e^x + C_2 x e^x + C_3 e^x.$$

■ 問題

11.1 次の微分方程式の一般解を求めよ．
(a) $y^{(4)} - 3y'' - 4y = e^{-2x}$
(b) $y^{(4)} - 3y'' - 4y = \cos x$

第4章演習問題

1. 次の微分方程式の一般解を求めよ．
   (a) $y'' - 4y' - 21y = 0$
   (b) $\sqrt{3}\, y'' + y' = 0$
   (c) $3y'' - y' - 2y = 0$
   (d) $y'' + 6y' - 3y = 0$
   (e) $25y'' - 30y' + 9y = 0$
   (f) $y'' - y' + 2y = 0$

2. 次の微分方程式の一般解を求めよ．
   (a) $y'' + 2y' - 15y = 0$
   (b) $y'' + 2y' - 15y = x$
   (c) $y'' + 2y' - 15y = e^{4x}$
   (d) $y'' + 2y' - 15y = \cos 3x$
   (e) $y'' + 2y' - 15y = e^x \sin 2x$
   (f) $y'' + 2y' - 15y = 17\cos 3x + 3e^{4x}$

3. 次の微分方程式の一般解を求めよ．
   (a) $y'' + 3y' = x$
   (b) $y'' + y' - 12y = e^{3x}$
   (c) $2y'' + 3y' - 5y = e^x$
   (d) $4y'' + 4y' + y = e^{-x/2}$
   (e) $y'' + 4y = \sin 2x$
   (f) $y'' + 2y' + 10y = e^{-x} \cos 3x$

4. 次の微分方程式の一般解を求めよ．
   (a) $y''' - 7y'' + 7y' + 15y = 0$
   (b) $y''' + 2y'' - 16y = 0$
   (c) $y^{(4)} + 2y''' - 4y'' - 8y' = 0$
   (d) $y^{(4)} + 4y = 0$

5. 次の微分方程式の特解を1つ求めよ．
   (a) $y''' - 6y'' + 9y' - 4y = x$
   (b) $y''' - 6y'' + 9y' - 4y = e^{2x}$
   (c) $y''' - 6y'' + 9y' - 4y = e^x$
   (d) $y''' - 6y'' + 9y' - 4y = e^x \sin x$
   (e) $y^{(4)} + 3y'' - 4y = e^x$
   (f) $y^{(4)} + 3y'' - 4y = \cos 2x$

6.* 次の微分方程式の特解を1つ求めよ．
   (a) $y'' - 4y' + 4y = e^{2x} \log x$
   (b) $y'' + y = x \sin x$
   (c) $y'' + 4y = \dfrac{1}{\cos^2 x}$
   (d) $y'' - y = \dfrac{1}{e^{2x} + 1}$

第4章演習問題

7.* RCL 共振回路において，R を抵抗，C をコンデンサーの容量，L をインダクタンス，$U = U(t)$ を電源電圧とする．コンデンサーの電荷を未知関数 $Q = Q(t)$ としたとき，Q は次の微分方程式にしたがう．

$$L\ddot{Q} + R\dot{Q} + \frac{1}{C}Q = U(t)$$

または $2\alpha := \frac{R}{L} > 0$，$\omega_0 := \sqrt{\frac{1}{LC}} > 0$，$u(t) := \frac{U(t)}{L}$ として，上の方程式は次のようにも書ける．

$$(*) : \ddot{Q} + 2\alpha\dot{Q} + \omega_0^2 Q = u(t)$$

(a) $u(t) \equiv 0$ のとき $(*)$ の一般解 $Q = Q_h(t)$ を求めよ．

(b) 交流電圧 $u(t) = u_0 \cos\omega t$ が加わったとき，$(*)$ の特解 $Q = Q_p(t)$ を1つ求めよ．

(c) $0 < R < \sqrt{2L/C}$ ($\Leftrightarrow \omega_0^2 - 2\alpha^2 > 0$) と仮定する．交流電圧の振幅 u_0 に対するコンデンサーの電圧 $U_C(t) := Q_p(t)/C$ の振幅の比 $V_C(\omega)$ を求めよ．また $V_C(\omega)$ を最大にする $\omega = \omega_C^*$（コンデンサーの電圧に対する共鳴振動数）を求めよ（α, ω_0 および L, C, R を用いて2通りに表せ）．

(d) (c) と同じ仮定の下で，u_0 に対する抵抗 R にかかる電圧 $U_R(t) := R\dot{Q}_p(t)$ の振幅の比 $V_R(\omega)$ を求めよ．また $V_R(\omega)$ を最大にする $\omega = \omega_R^*$ を求めよ（α, ω_0 および L, C, R を用いて2通りに表せ）．

(e) (c) と同じ仮定の下で，u_0 に対する L にかかる電圧 $U_L(t) := L\ddot{Q}_p(t)$ の振幅の比 $V_L(\omega)$ を求めよ．また $V_L(\omega)$ を最大にする $\omega = \omega_L^*$ を求めよ（α, ω_0 および L, C, R を用いて2通りに表せ）．

(f) 固有振動数 $\omega_1 := \sqrt{\omega_0^2 - \alpha^2}$ および共鳴振動数 $\omega_C^*, \omega_R^*, \omega_L^*$ の大小を比較せよ．

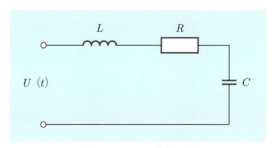

図 4.2 RCL 共振回路

5 連立常微分方程式

　本章では 2 個以上の従属変数をもつ常微分方程式である連立常微分方程式について解説する．5.1 節では行列の対角化を用いた連立線形常微分方程式の解法を述べる．5.2 節ではこの応用として微分方程式の定性的理論を扱う．本章の計算をフォローするには，線形代数，特に行列の固有値問題の知識が必要である．5.1 節冒頭に，線形代数の基礎事項をまとめたが，行列の固有値計算に不慣れな読者は第 6 章の演算子法から入り，再度第 5 章に戻ってもよい．

5.1 行列の対角化を用いた連立線形常微分方程式の解法

　n 個の未知関数 $\{y_1(x), y_2(x), \cdots, y_n(x)\}$，および n 個の与えられた関数 $\{f_1(x), f_2(x), \cdots, f_n(x)\}$ に対して，次の定数係数連立線形常微分方程式を考える．

$$\begin{cases} y_1' = a_{11}y_1 + a_{12}y_2 + \cdots + a_{1n}y_n + f_1(x) \\ y_2' = a_{21}y_1 + a_{22}y_2 + \cdots + a_{2n}y_n + f_2(x) \\ \quad\quad\quad\quad\quad\quad\quad\vdots \\ y_n' = a_{n1}y_1 + a_{n2}y_2 + \cdots + a_{nn}y_n + f_n(x) \end{cases} \tag{5.1}$$

$a_{ij}\ (1 \leqq i, j \leqq n)$ は定数である．(5.1) はベクトル $\boldsymbol{y}(x), \boldsymbol{f}(x)$ および行列 A を

$$\boldsymbol{y}(x) := \begin{bmatrix} y_1(x) \\ \vdots \\ y_n(x) \end{bmatrix}, \quad \boldsymbol{f}(x) := \begin{bmatrix} f_1(x) \\ \vdots \\ f_n(x) \end{bmatrix}, \quad A := \begin{bmatrix} a_{11} & \cdots & a_{1n} \\ \vdots & \ddots & \vdots \\ a_{n1} & \cdots & a_{nn} \end{bmatrix}$$

で定義すると，次のように書ける．ここで $n \times n$ 行列 A を**係数行列**と呼ぶ．

$$\boldsymbol{y}' = A\boldsymbol{y} + \boldsymbol{f}(x) \tag{5.2}$$

コメント　ベクトル $\boldsymbol{v} = \boldsymbol{v}(x)$，行列 $M = M(x)$ が x の関数であるとき，$\boldsymbol{v}' = d\boldsymbol{v}/dx, M' = dM/dx$ は成分ごとに微分することによって得られる．

　以下に本章の内容を理解するために必要な線形代数の重要事項をまとめる．

5.1 行列の対角化を用いた連立線形常微分方程式の解法

線形代数の要項 (1)：行列の固有値，固有ベクトル　$n \times n$ 定数行列 A に対して，λ をパラメータとする $\boldsymbol{u}$ についての線形同次方程式

$$A\boldsymbol{u} = \lambda \boldsymbol{u} \quad \Leftrightarrow \quad (A - \lambda E)\boldsymbol{u} = \boldsymbol{0} \quad (E : n \times n \text{ 単位行列}) \tag{5.3}$$

が $\boldsymbol{u} \neq \boldsymbol{0}$ なる解をもつ λ の値を行列 A の**固有値**と呼び，そのときの解 $\boldsymbol{u} \neq \boldsymbol{0}$ を A のその固有値に対応する**固有ベクトル**と呼ぶ．固有値は行列 $A - \lambda E$ が正則でない（逆をもたない）条件

$$\det(A - \lambda E) = 0 \tag{5.4}$$

から決まる．ここで det は行列式を表す．これは λ についての n 次方程式（固有方程式）であり，重複度も数えて n 個の解をもつ．次の 3 つの場合が起こりうる：

① n 個の固有値 $\lambda_1, \cdots, \lambda_n$ がすべて異なる．このときこれらの固有値に対応する固有ベクトルを $\boldsymbol{u}_1, \cdots, \boldsymbol{u}_n$ とすると，これらは 1 次独立である．また $A\boldsymbol{u}_j = \lambda_j \boldsymbol{u}_j \ (j = 1, \cdots, n)$．

② 重複固有値が存在するが，どの重複固有値に対しても重複度と同じ個数の 1 次独立な固有ベクトルが存在する．この場合も①と同様に全部で n 個の 1 次独立な固有ベクトルが存在し，$A\boldsymbol{u}_j = \lambda_j \boldsymbol{u}_j \ (j = 1, \cdots, n)$ が成り立つ．①と違うのはいくつかの固有値が互いに等しいということだけである．

③ 上記①，②のいずれでもない．すなわち，固有値の重複度がそれに対応する 1 次独立な固有ベクトルの個数よりも大きいような重複固有値が存在する．この場合，1 次独立な固有ベクトルを全部集めても $n - 1$ 個以下である．

線形代数の要項 (2)：行列の対角化　上記①，②の場合には相似変換によって，行列 A を対角行列に変換できる．この場合 P を n 個の 1 次独立な固有ベクトル $\boldsymbol{u}_1, \cdots, \boldsymbol{u}_n$ を並べてできる $n \times n$ 定数行列

$$P := \begin{bmatrix} \boldsymbol{u}_1 & \boldsymbol{u}_2 & \cdots & \boldsymbol{u}_n \end{bmatrix} \tag{5.5}$$

によって定義すれば，これは正則行列であって（すなわち，逆行列 P^{-1} が存在して）

$$\begin{aligned}
AP &= \begin{bmatrix} A\boldsymbol{u}_1 & A\boldsymbol{u}_2 & \cdots & A\boldsymbol{u}_n \end{bmatrix} \\
&= \begin{bmatrix} \lambda_1 \boldsymbol{u}_1 & \lambda_2 \boldsymbol{u}_2 & \cdots & \lambda_n \boldsymbol{u}_n \end{bmatrix} \quad \widehat{A} := \begin{bmatrix} \lambda_1 & 0 & \cdots & 0 \\ 0 & \lambda_2 & \ddots & \vdots \\ \vdots & \ddots & \ddots & 0 \\ 0 & \cdots & 0 & \lambda_n \end{bmatrix} \\
&= \begin{bmatrix} \boldsymbol{u}_1 & \boldsymbol{u}_2 & \cdots & \boldsymbol{u}_n \end{bmatrix} \widehat{A} \\
&= P\widehat{A} \\
&\Leftrightarrow P^{-1}AP = \widehat{A}
\end{aligned}$$

以上のように，行列 A が与えられたとき，その n 個の固有ベクトルを並べてできる行列 P によって，A を対角行列 $\widehat{A}$ に相似変換する一連の作業を**行列の対角化**と呼ぶ．

線形代数の要項 (3)：ジョルダン標準形　上記③の場合，A を対角化することはできないが，いわゆるジョルダン標準形に変形することは可能である．ここでは $\lambda_1 = \lambda_2$ であって対応する固有ベクトルが $\bm{u} = \bm{u}_1$ の 1 個だけの（その他の固有値は上記①，②のいずれかに該当する）場合に話を限る．この場合

$$(A - \lambda_1 E)\bm{u} = \bm{u}_1$$

となるベクトル $\bm{u} = \bm{u}_2$（これを**一般化固有ベクトル**と呼ぶ）を求め，(5.5) と同様に P を定義すると，P は正則行列であって，A は次のように相似変換される．

$$\begin{aligned}
AP &= \begin{bmatrix} A\bm{u}_1 & A\bm{u}_2 & \cdots & A\bm{u}_n \end{bmatrix} \\
&= \begin{bmatrix} \lambda_1 \bm{u}_1 & \bm{u}_1 + \lambda_1 \bm{u}_2 & \lambda_3 \bm{u}_3 & \cdots & \lambda_n \bm{u}_n \end{bmatrix} \\
&= \begin{bmatrix} \bm{u}_1 & \bm{u}_2 & \cdots & \bm{u}_n \end{bmatrix} \widehat{A} \\
&= P\widehat{A}
\end{aligned}
\qquad \widehat{A} := \begin{bmatrix} \lambda_1 & 1 & 0 & \cdots & 0 \\ 0 & \lambda_1 & 0 & \cdots & 0 \\ 0 & 0 & \lambda_3 & \ddots & \vdots \\ \vdots & \vdots & \ddots & \ddots & 0 \\ 0 & 0 & \cdots & 0 & \lambda_n \end{bmatrix}$$

$$\Leftrightarrow P^{-1}AP = \widehat{A}$$

このとき $\widehat{A} = P^{-1}AP$ の形の行列を**ジョルダン標準形**と呼ぶ．

行列の対角化による連立微分方程式の解法　さて連立微分方程式 (5.2) に話を戻す．行列 A が行列 P によって，$P^{-1}AP = \widehat{A}$ と対角化またはジョルダン標準形に変形される場合，従属変数変換

$$\bm{z}(x) = [z_1(x), \cdots, z_n(x)]^{\mathrm{T}} = P^{-1}\bm{y}(x)$$
$$\Leftrightarrow \bm{y}(x) = P\bm{z}(x)$$

によって (5.2) は $\bm{z}$ についての連立常微分方程式

$$\bm{z}' = \widehat{A}\bm{z} + P^{-1}\bm{f}(x)$$

に変換される．これは各 z_i について本質的に分離した 1 階線形微分方程式になる．

特に，同次連立微分方程式 $\bm{y}' = A\bm{y}$ において A が対角化可能な場合は，A の固有値を $\lambda_1, \lambda_2, \cdots, \lambda_n$，対応する固有ベクトルを $\bm{u}_1, \bm{u}_2, \cdots, \bm{u}_n$ として，一般解は次式の通りである．

$$\bm{y} = \sum_{k=1}^{n} C_k e^{\lambda_k x} \bm{u}_k \quad (C_1, \cdots, C_n \text{は任意定数}). \tag{5.6}$$

5.1 行列の対角化を用いた連立線形常微分方程式の解法

高階定数係数線形微分方程式 $n \geqq 2$ とする. n 階定数係数線形微分方程式

$$y^{(n)} + p_1 y^{(n-1)} + \cdots + p_n y = f(x) \tag{5.7}$$

は次の連立微分方程式の形に書ける.

$$\boldsymbol{y}' = A\boldsymbol{y} + \boldsymbol{f}(x)$$
$$\boldsymbol{y} := [y_0(x), y_1(x), \cdots, y_{n-1}(x)]^\mathrm{T}$$
$$y_i(x) := y^{(i)}(x)$$
$$\boldsymbol{f}(x) := [0, \cdots, 0, f(x)]^\mathrm{T}$$

$$A := \begin{bmatrix} 0 & 1 & 0 & \cdots & 0 \\ 0 & 0 & 1 & \ddots & \vdots \\ \vdots & \vdots & \ddots & \ddots & 0 \\ 0 & 0 & \cdots & 0 & 1 \\ -p_n & -p_{n-1} & \cdots & -p_2 & -p_1 \end{bmatrix}$$

上の形の行列 A は**コンパニオン行列**と呼ばれ, 固有値, 固有ベクトルを以下の手順で同時に求めることができる. 縦ベクトル $\boldsymbol{x} = [1, x, x^2, \cdots, x^{n-1}]^\mathrm{T}$ に A を左からかけると x についての恒等式を得る.

$$A\boldsymbol{x} + [0, \cdots, 0, P(x)]^\mathrm{T} = x\boldsymbol{x} \tag{5.8}$$
$$P(x) := x^n + p_1 x^{n-1} + \cdots + p_{n-1} x + p_n$$

ここで $P(x) = 0$ なる $x = \lambda_i$ ($i = 1, 2, \cdots, n$) が A の固有値, $[1, \lambda_i, \cdots, \lambda_i^{n-1}]^\mathrm{T}$ が固有値 λ_i に対応する固有ベクトルである. $P(x) = 0$ は (5.7) の同次方程式に対する特性方程式である.

$P(x) = 0$ が重根をもち A が対角化不可能な場合は, 一般化固有ベクトルを以下の通り求める. 例えば重解を $\lambda_1 = \lambda_2$ とすると, (5.8) の両辺を x で微分して $x = \lambda_1$ を代入すると, 一般化固有ベクトルは

$$[0, 1, 2\lambda_1, \cdots, (n-1)\lambda_1^{n-2}]^\mathrm{T}$$

である. $P(x) = 0$ が m ($m \geqq 2$) 重根をもつ場合についても, 同様に x で k 回微分して m 重根の値を代入するという操作を, $k = 1, \cdots, m-1$ について行えばよい.

―― 例題 5.1 ――――――――――――――――――――――― 同次連立微分方程式 (1) ――

y_1, y_2 に関する次の連立微分方程式について,

$$\begin{cases} y_1' = y_1 - y_2 \\ y_2' = 2y_1 + 4y_2 \end{cases}$$

(a) 一般解を求めよ.
(b) 初期条件 $y_1(0) = 1, y_2(0) = 3$ を満たす解を求めよ.

【解 答】 (a) 上の微分方程式は行列形で次のように書ける.

$$\boldsymbol{y}' = A\boldsymbol{y}, \quad \boldsymbol{y} := \begin{bmatrix} y_1 \\ y_2 \end{bmatrix}, \quad A := \begin{bmatrix} 1 & -1 \\ 2 & 4 \end{bmatrix}.$$

A の固有値は $\lambda^2 - 5\lambda + 6 = 0$ を解いて $\lambda = 2, 3$, 対応する固有ベクトルはそれぞれ $[1, -1]^{\mathrm{T}}, [1, -2]^{\mathrm{T}}$ である. 行列 A は

$$A = P\widehat{A}P^{-1}, \quad P := \begin{bmatrix} 1 & 1 \\ -1 & -2 \end{bmatrix}, \quad \widehat{A} := \begin{bmatrix} 2 & 0 \\ 0 & 3 \end{bmatrix}$$

の通り対角化される. したがって, $\boldsymbol{z} := [z_1, z_2]^{\mathrm{T}} = P^{-1}\boldsymbol{y}$ とおくと, $\boldsymbol{z}$ は微分方程式

$$\boldsymbol{z}' = \widehat{A}\boldsymbol{z} \quad \Leftrightarrow \quad z_1' = 2z_1,\ z_2' = 3z_2$$

を満たし, 一般解は $z_1 = C_1 e^{2x}, z_2 = C_2 e^{3x}$ である. また $\boldsymbol{y} = P\boldsymbol{z}$ より一般解は

$$\begin{cases} y_1 = C_1 e^{2x} + C_2 e^{3x} \\ y_2 = -C_1 e^{2x} - 2C_2 e^{3x} \end{cases}$$

または $\begin{bmatrix} y_1 \\ y_2 \end{bmatrix} = C_1 e^{2x} \begin{bmatrix} 1 \\ -1 \end{bmatrix} + C_2 e^{3x} \begin{bmatrix} 1 \\ -2 \end{bmatrix}$

(b) $y_1(0) = C_1 + C_2 = 1, y_2(0) = -C_1 - 2C_2 = 3$ より, $C_1 = 5, C_2 = -4$. したがって $y_1 = 5e^{2x} - 4e^{3x}, y_2 = -5e^{2x} + 8e^{3x}$.

■ 問 題

1.1 y_1, y_2 に関する次の連立微分方程式の一般解を求めよ.

(a) $\begin{cases} y_1' = 4y_1 + 3y_2 \\ y_2' = 2y_1 - y_2 \end{cases}$ (b) $\begin{cases} y_1' = -6y_1 + 2y_2 \\ y_2' = -3y_1 - y_2 \end{cases}$

5.1 行列の対角化を用いた連立線形常微分方程式の解法

――**例題 5.2** ―― 同次連立微分方程式 (2) 係数行列の固有値が共役複素数の場合 ――

y_1, y_2 に関する次の連立微分方程式の一般解を求めよ．

$$\begin{cases} y_1' = y_1 - y_2 \\ y_2' = y_1 + y_2 \end{cases}$$

【解　答】 上の微分方程式は行列形で次のように書ける．

$$\bm{y}' = A\bm{y}, \quad \bm{y} := \begin{bmatrix} y_1 \\ y_2 \end{bmatrix}, \quad A := \begin{bmatrix} 1 & -1 \\ 1 & 1 \end{bmatrix}.$$

A の固有値は $\lambda^2 - 2\lambda + 2 = 0$ を解いて，$\lambda = 1 \pm i$ である．また対応する固有ベクトルは $[1, \mp i]^{\mathrm{T}}$ である（複号同順）．したがって A は

$$A = P\widehat{A}P^{-1}, \quad P := \begin{bmatrix} 1 & 1 \\ -i & i \end{bmatrix}, \quad \widehat{A} := \begin{bmatrix} 1+i & 0 \\ 0 & 1-i \end{bmatrix}$$

の通り対角化される．$\bm{z} := [z_1, z_2]^{\mathrm{T}} = P^{-1}\bm{y}$ とおくと，$\bm{z}$ は微分方程式

$$\bm{z}' = \widehat{A}\bm{z} \quad \Leftrightarrow \quad \begin{cases} z_1' = (1+i)z_1 \\ z_2' = (1-i)z_2 \end{cases}$$

を満たし，一般解は $z_1 = C_1 e^{(1+i)x}$, $z_2 = C_2 e^{(1-i)x}$ である．また $\bm{y} = P\bm{z}$ より，

$$\begin{cases} y_1 = (C_1 + C_2)e^x \cos x + i(C_1 - C_2)e^x \sin x \\ y_2 = -i(C_1 - C_2)e^x \cos x + (C_1 + C_2)e^x \sin x \end{cases}$$

ここで $(C_1 + C_2)$, $i(C_1 - C_2)$ は定数だから，これらを改めて C_1, C_2 と書き直すと，一般解は

$$\begin{cases} y_1 = C_1 e^x \cos x + C_2 e^x \sin x \\ y_2 = -C_2 e^x \cos x + C_1 e^x \sin x. \end{cases}$$

■ 問　題

2.1 y_1, y_2 に関する次の連立微分方程式の一般解を求めよ．

(a) $\begin{cases} y_1' = -y_1 + 2y_2 \\ y_2' = -2y_1 + y_2 \end{cases}$ 　　(b) $\begin{cases} y_1' = 5y_1 + 2y_2 \\ y_2' = -4y_1 + y_2 \end{cases}$

例題 5.3 — 同次連立微分方程式 (3) 係数行列の固有値が重解の場合

y_1, y_2 に関する次の連立微分方程式の一般解を求めよ．

$$\begin{cases} y_1' = y_1 - y_2 \\ y_2' = y_1 + 3y_2 \end{cases}$$

【解 答】 上の微分方程式は行列形で次のように書ける．

$$\boldsymbol{y}' = A\boldsymbol{y}, \quad \boldsymbol{y} := \begin{bmatrix} y_1 \\ y_2 \end{bmatrix}, \quad A := \begin{bmatrix} 1 & -1 \\ 1 & 3 \end{bmatrix}.$$

A の固有値は $\lambda^2 - 4\lambda + 4 = 0$ を解いて，$\lambda = 2$（重解）．固有ベクトルは $\boldsymbol{x} = [1, -1]^{\mathrm{T}}$ である．次に $(A - 2I)\boldsymbol{x} = [1, -1]^{\mathrm{T}}$ を解いて，一般化固有ベクトルは $\boldsymbol{x} = [-1, 0]^{\mathrm{T}}$．よって係数行列 A のジョルダン標準形は次の通りである．

$$A = P\widehat{A}P^{-1}, \quad P := \begin{bmatrix} 1 & -1 \\ -1 & 0 \end{bmatrix}, \quad \widehat{A} := \begin{bmatrix} 2 & 1 \\ 0 & 2 \end{bmatrix}$$

$\boldsymbol{z} := [z_1, z_2]^{\mathrm{T}} = P^{-1}\boldsymbol{y}$ とおくと，$\boldsymbol{z}$ は微分方程式

$$\boldsymbol{z}' = \widehat{A}\boldsymbol{z} \quad \Leftrightarrow \quad \begin{cases} z_1' = 2z_1 + z_2 \\ z_2' = 2z_2 \end{cases}$$

を満たす．第 2 式を解いて $z_2 = C_1 e^{2x}$．このとき第 1 式は

$$z_1' = 2z_1 + C_1 e^{2x}$$

となるのでこれを解いて $z_1 = C_1 x e^{2x} + C_2 e^{2x}$．最後に $\boldsymbol{y} = P\boldsymbol{z}$ より，一般解は

$$\begin{cases} y_1 = C_1 x e^{2x} + (-C_1 + C_2) e^{2x} \\ y_2 = -C_1 x e^{2x} - C_2 e^{2x} \end{cases}$$

または $\begin{bmatrix} y_1 \\ y_2 \end{bmatrix} = (C_1 x + C_2) e^{2x} \begin{bmatrix} 1 \\ -1 \end{bmatrix} + C_1 e^{2x} \begin{bmatrix} -1 \\ 0 \end{bmatrix}.$

問 題

3.1 y_1, y_2 に関する次の連立微分方程式の一般解を求めよ．

(a) $\begin{cases} y_1' = 2y_1 - y_2 \\ y_2' = y_1 + 4y_2 \end{cases}$
(b) $\begin{cases} y_1' = y_1 - 4y_2 \\ y_2' = y_1 - 3y_2 \end{cases}$

例題 5.4 — 3元連立微分方程式

y_1, y_2, y_3 に関する次の連立微分方程式の一般解を求めよ．

$$\begin{cases} y_1' = 3y_1 - y_2 + y_3 \\ y_2' = -y_1 + 3y_2 - y_3 \\ y_3' = y_1 + y_2 + 3y_3 \end{cases}$$

【解 答】 上の微分方程式は行列形で次のように書ける．

$$\boldsymbol{y}' = A\boldsymbol{y}, \quad \boldsymbol{y} := \begin{bmatrix} y_1 \\ y_2 \\ y_3 \end{bmatrix}, \quad A := \begin{bmatrix} 3 & -1 & 1 \\ -1 & 3 & -1 \\ 1 & 1 & 3 \end{bmatrix}.$$

A の固有値は $\lambda = 2, 3, 4$, 対応する固有ベクトルはそれぞれ $[1, 0, -1]^{\mathrm{T}}$, $[1, -1, -1]^{\mathrm{T}}$, $[1, -1, 0]^{\mathrm{T}}$ であるので，A は

$$A = P\widehat{A}P^{-1}, \quad \widehat{A} := \begin{bmatrix} 2 & 0 & 0 \\ 0 & 3 & 0 \\ 0 & 0 & 4 \end{bmatrix}, \quad P := \begin{bmatrix} 1 & 1 & 1 \\ 0 & -1 & -1 \\ -1 & -1 & 0 \end{bmatrix}$$

の通り対角化される．$\boldsymbol{z} := [z_1, z_2, z_3]^{\mathrm{T}} = P^{-1}\boldsymbol{y}$ とおくと，$\boldsymbol{z}$ は微分方程式

$$\boldsymbol{z}' = \widehat{A}\boldsymbol{z} \quad \Leftrightarrow \quad z_1' = 2z_1,\ z_2' = 3z_2,\ z_3' = 4z_3$$

を満たし，一般解は $z_1 = C_1 e^{2x}$, $z_2 = C_2 e^{3x}$, $z_3 = C_3 e^{4x}$. また $\boldsymbol{y} = P\boldsymbol{z}$ より，

$$y_1 = C_1 e^{2x} + C_2 e^{3x} + C_3 e^{4x},\ y_2 = -C_2 e^{3x} - C_3 e^{4x},\ y_3 = -C_1 e^{2x} - C_2 e^{3x}$$

または $\begin{bmatrix} y_1 \\ y_2 \\ y_3 \end{bmatrix} = C_1 e^{2x} \begin{bmatrix} 1 \\ 0 \\ -1 \end{bmatrix} + C_2 e^{3x} \begin{bmatrix} 1 \\ -1 \\ -1 \end{bmatrix} + C_3 e^{4x} \begin{bmatrix} 1 \\ -1 \\ 0 \end{bmatrix}.$

問 題

4.1 y_1, y_2, y_3 に関する次の連立微分方程式を括弧内の初期条件の下で解け．

$$\begin{cases} y_1' = y_1 - y_2 \\ y_2' = -y_1 + 3y_2 + y_3 \quad (y_1(0) = 0, y_2(0) = 0, y_3(0) = 1) \\ y_3' = -2y_2 + y_3 \end{cases}$$

---- 例題 5.5 -- 非同次連立微分方程式 ----

y_1, y_2 に関する次の連立微分方程式を括弧内の初期条件の下で解け．

$$\begin{cases} y_1' = y_1 - y_2 + e^x \\ y_2' = 2y_1 + 4y_2 + e^{2x} \end{cases} \quad (y_1(0) = 0, y_2(0) = 0)$$

【解　答】　上の微分方程式は行列形で次のように書ける．

$$\boldsymbol{y}' = A\boldsymbol{y} + \boldsymbol{f}(x), \quad \boldsymbol{y} := \begin{bmatrix} y_1 \\ y_2 \end{bmatrix}, \quad A := \begin{bmatrix} 1 & -1 \\ 2 & 4 \end{bmatrix}, \quad \boldsymbol{f}(x) := \begin{bmatrix} e^x \\ e^{2x} \end{bmatrix}$$

A の固有値は $\lambda = 2, 3$, 対応する固有ベクトルはそれぞれ $[1, -1]^{\mathrm{T}}, [1, -2]^{\mathrm{T}}$ なので

$$A = P\widehat{A}P^{-1}, \quad P := \begin{bmatrix} 1 & 1 \\ -1 & -2 \end{bmatrix}, \quad \widehat{A} := \begin{bmatrix} 2 & 0 \\ 0 & 3 \end{bmatrix}, \quad P^{-1} = \begin{bmatrix} 2 & 1 \\ -1 & -1 \end{bmatrix}$$

の通り対角化される．$\boldsymbol{z} := [z_1, z_2]^{\mathrm{T}} = P^{-1}\boldsymbol{y}$ とおくと，$\boldsymbol{z}$ は微分方程式

$$\boldsymbol{z}' = \widehat{A}\boldsymbol{z} + P^{-1}\boldsymbol{f}(x) \quad \Leftrightarrow \quad \begin{cases} z_1' = 2z_1 + 2e^x + e^{2x} \\ z_2' = 3z_2 - e^x - e^{2x} \end{cases}$$

を満たし，この一般解は

$$(*): z_1 = C_1 e^{2x} - 2e^x + xe^{2x}, \quad z_2 = C_2 e^{3x} + \frac{e^x}{2} + e^{2x}.$$

次に初期条件および $\boldsymbol{z} = P^{-1}\boldsymbol{y}$ より，$z_1(0) = z_2(0) = 0$.

一方 $(*)$ から，$z_1(0) = C_1 - 2 = 0$ より $C_1 = 2$. $z_2(0) = C_2 + 3/2 = 0$ より $C_2 = -3/2$. 最後に $\boldsymbol{y} = P\boldsymbol{z}$ より，初期値問題の解は

$$\begin{cases} y_1 = -\dfrac{3}{2}e^{3x} - \dfrac{3}{2}e^x + (x+3)e^{2x} \\ y_2 = 3e^{3x} + e^x - (x+4)e^{2x}. \end{cases}$$

■■■■ 問　題

5.1 y_1, y_2, y_3 に関する次の連立微分方程式の一般解を求めよ．

$$\begin{cases} y_1' = 2y_1 - y_2 + y_3 \\ y_2' = -y_1 + 2y_2 - y_3 + e^x \\ y_3' = y_1 + y_2 + 2y_3 \end{cases}$$

5.1 行列の対角化を用いた連立線形常微分方程式の解法

例題 5.6 ────────────────── 連立微分方程式と初期値問題 ─

A を与えられた $n \times n$ 定数行列, $M = M(x)$ を次の初期値問題を満たす $n \times n$ 行列値関数とする.

$$M' = AM, \quad M(0) = E \quad (E : n \times n \text{ 単位行列})$$

このとき $\boldsymbol{y}_0$ を n 次元定数ベクトル, $\boldsymbol{f}(x) := [f_1(x), \cdots, f_n(x)]^{\mathrm{T}}$ を与えられたベクトル値関数として, $\boldsymbol{y} = [y_1(x), \cdots, y_n(x)]^{\mathrm{T}}$ を

$$\boldsymbol{y} := M(x)\boldsymbol{y}_0 + \int_0^x M(x-y)\boldsymbol{f}(y)dy$$

で定義すると, $\boldsymbol{y}$ は次の初期値問題の解であることを示せ.

$$\boldsymbol{y}' = A\boldsymbol{y} + \boldsymbol{f}(x), \quad \boldsymbol{y}(0) = \boldsymbol{y}_0.$$

【解　答】 $\boldsymbol{y}(0) = \boldsymbol{y}_0$ は明らか. 直接 $\boldsymbol{y}$ を微分する.

$$\begin{aligned}
\boldsymbol{y}' &= M'(x)\boldsymbol{y}_0 + M(x-x)\boldsymbol{f}(x) + \int_0^x M'(x-y)\boldsymbol{f}(y)dy \\
&= AM(x)\boldsymbol{y}_0 + \boldsymbol{f}(x) + \int_0^x AM(x-y)\boldsymbol{f}(y)dy \\
&= A\left[M(x)\boldsymbol{y}_0 + \int_0^x M(x-y)\boldsymbol{f}(y)dy\right] + \boldsymbol{f}(x) = A\boldsymbol{y} + \boldsymbol{f}(x).
\end{aligned}$$

コメント 行列 $M(x)$ は次のように書ける. これの具体的な計算には行列 A の対角化を利用すればよい. $M(x)$ をレゾルベントとも呼ぶ.

$$M(x) := \exp(xA) = E + \sum_{n=1}^{\infty} \frac{x^n A^n}{n!}$$

■ 問　題

6.1 a を正の定数とする. A が (a), (b) で与えられる行列であるとき, 2×2 行列 $M = M(x)$ についての次の初期値問題を解け ($E : 2 \times 2$ 単位行列).

$$M' = AM, \quad M(0) = E$$

(a) $A = \begin{bmatrix} 0 & 1 \\ a^2 & 0 \end{bmatrix}$ \qquad (b) $A = \begin{bmatrix} 0 & 1 \\ -a^2 & 0 \end{bmatrix}$

5.2 定性的理論

$\boldsymbol{v}(\boldsymbol{x}) := [v_1(\boldsymbol{x}), v_2(\boldsymbol{x}), \cdots, v_n(\boldsymbol{x})]^T$ を与えられた n 次元実ベクトル値関数とする．$\boldsymbol{x}(t) = [x_1(t), x_2(t), \cdots, x_n(t)]^T$ についての連立微分方程式

$$\frac{d\boldsymbol{x}}{dt} = \boldsymbol{v}(\boldsymbol{x}) \Leftrightarrow \dot{x}_j = v_j(x_1, \cdots, x_n) \quad (j = 1, 2, \cdots, n) \tag{5.9}$$

を**自律系**と呼ぶ．$\boldsymbol{v}$ が t にも直接依存する場合**非自律系**と呼ぶが，ここでは自律系のみ扱う．

解を具体的に求めることが困難（または不可能）な多くの微分方程式においては，$t \to \pm\infty$ での解 $\boldsymbol{x}(t)$ の挙動を調べることが多い．このような微分方程式の取り扱いを解の**定性的理論**または**力学系の理論**と呼ぶ．

相空間 自律系 (5.9) の解は初期条件 $\boldsymbol{x}(t_0) = \boldsymbol{x}_0$ の下で，n 次元空間 $(x_1, x_2, \cdots, x_n)$ 内に 1 つの曲線を描く．この曲線を微分方程式 (5.9) の**相曲線**または**相軌道**という．またこの n 次元空間を (5.9) の**相空間**と呼ぶ．特に $n = 2$ の場合，相空間を**相平面**とも呼ぶ．相空間内に相曲線を書き込んだものを**相図**と呼ぶ．

平衡点とその安定性 $\boldsymbol{v}(\boldsymbol{x}) = \boldsymbol{0}$ なる $\boldsymbol{x} = \boldsymbol{a}$ が存在するとき，$\boldsymbol{x} = \boldsymbol{a}$ を (5.9) の**平衡点**という．平衡点は (5.9) の時間的に変化しない解である．

次に平衡点 $\boldsymbol{a}$ の安定性を定義する．

定義 5.1 （平衡点の安定性） **1.** いったん平衡点 $\boldsymbol{a}$ に十分近づいた解が，その後も常に平衡点の近傍に留まる，言い換えると任意の $\varepsilon > 0$ に対して，$\delta > 0$ が存在して次が成立するとき，その平衡点は**安定**であるという．

$$|\boldsymbol{x}(0) - \boldsymbol{a}| < \delta \Rightarrow |\boldsymbol{x}(t) - \boldsymbol{a}| < \varepsilon \quad (t > 0)$$

2. 平衡点 $\boldsymbol{a}$ に近づいた解が $t \to \infty$ で平衡点 $\boldsymbol{a}$ に収束する，言い換えると $\delta > 0$ が存在して次が成立するとき，その平衡点は**漸近安定**であるという．

$$|\boldsymbol{x}(0) - \boldsymbol{a}| < \delta \Rightarrow \lim_{t \to \infty} \boldsymbol{x}(t) = \boldsymbol{a}$$

3. 平衡点が安定でないとき**不安定**であるという．

コメント 平衡点が漸近安定ならば安定である．逆は必ずしも成立しない．

5.2 定性的理論

自律系 (5.9) の線形近似　a を (5.9) の平衡点，つまり $v(a) = 0$ なる点とする．平衡点が存在すると仮定して，平衡点 a の周辺の解の挙動はどうなるだろうか? x が平衡点 a に近いとき，$x = a + \varepsilon u$ と書いて (5.9) に代入，$x = a$ の周りでテイラー展開すると次式を得る．

$$\varepsilon \dot{u} = v(a + \varepsilon u) = \varepsilon J_v(a) u + O(\varepsilon^2), \quad J_v(a) := \left(\partial v_i / \partial x_j \big|_{x=a} \right)$$

$n \times n$ 行列 $J_v(a)$ は**ヤコビ行列**と呼ばれる．ε が十分小さいとして，ε^2 以降の項を無視すると，(5.9) の平衡点 a の周りでの解の挙動は定数係数線形連立常微分方程式

$$\dot{u} = J_v(a) u \tag{5.10}$$

によって近似される．これは (5.9) の a における**線形近似**である．

2 次元平衡点の安定性　(5.9) の平衡点の周りにおける解の挙動は微分方程式 (5.10) で近似されることがわかった．以後 $u, J_v(a)$ を改めて x, A とおいて，微分方程式

$$\dot{x} = Ax \tag{5.11}$$

の平衡点の安定性を議論する．はじめに $n = 2$ の場合を考える．A の固有値を λ_1, λ_2，対応する固有ベクトルを u_1, u_2（A が対角化不可能な場合，u_2 は一般化固有ベクトルである）として，平衡点の種類，安定性を表 5.1 に，横軸に x_1，縦軸に x_2 をとったときの相図を図 5.1 に示した（ここで O：零行列）．

表 **5.1**　2 次元平衡点の分類（安定性の欄で「安定」とあるのは「安定であるが漸近安定ではない」という意味である．）

A の正則性	固有値の分布	安定性	平衡点の種類	相図
正則	$\lambda_1 \leqq \lambda_2 < 0$	漸近安定	結節点	(a),(b),(b)′
	$\lambda_1 < 0 < \lambda_2$	不安定	鞍点	(c)
	$0 < \lambda_1 \leqq \lambda_2$	不安定	結節点	(d),(e),(e)′
	$\lambda_{1,2} = \alpha \pm \beta i, \alpha < 0$	漸近安定	渦状点	(f)
	$\lambda_{1,2} = \pm \beta i$	安定	渦心点	(g)
	$\lambda_{1,2} = \alpha \pm \beta i, \alpha > 0$	不安定	渦状点	(h)
非正則	$\lambda_1 < 0 = \lambda_2$	安定	直線（結節線）	(i)
	$\lambda_1 = 0 < \lambda_2$	不安定	直線（結節線）	(j)
	$\lambda_{1,2} = 0, A \neq O$	不安定	直線	(k)
	$\lambda_{1,2} = 0, A = O$	安定	全平面	(l)

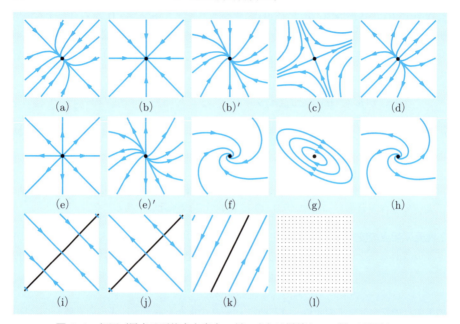

図 5.1 相図(黒点は平衡点を表す.(i)〜(k) は黒線上の,(l) は平面上の任意の点が平衡点)

表の説明 表 5.1 および図 5.1 について簡単に説明しよう.はじめに (5.11) の一般解は

$$\boldsymbol{x} = C_1 e^{\lambda_1 t} \boldsymbol{u}_1 + C_2 e^{\lambda_2 t} \boldsymbol{u}_2 \quad (A: 対角化可能) \tag{5.12}$$

$$\boldsymbol{x} = (C_1 + C_2 t) e^{\lambda_1 t} \boldsymbol{u}_1 + C_2 e^{\lambda_1 t} \boldsymbol{u}_2 \quad (A: 対角化不可能) \tag{5.13}$$

で与えられる.(5.13) において,$\boldsymbol{u}_2$ は一般化固有ベクトルを表す.

1. A が正則な場合:平衡点は $\boldsymbol{x} = \boldsymbol{0}$ の 1 点である.平衡点の種類を係数行列 A が実固有値をもつ場合 (a)〜(e) と共役複素固有値をもつ場合 (f)〜(h) とに分けて説明する.以下,通し番号は相図 5.1 の番号に対応している.

(a),(b),(b)' $\lambda_1 \leqq \lambda_2 < 0$:(5.12),(5.13) より $\boldsymbol{x}$ は $\boldsymbol{0}$ に収束する.つまり相曲線は平衡点 $\boldsymbol{0}$ に向かう(相図 (a),(b),(b)').このような平衡点を**結節点**と呼び漸近安定である.A が対角化不可能な場合(相図 (b)'),平衡点を**退化結節点**とも呼ぶ.

(c) $\lambda_1 < 0 < \lambda_2$:(5.12) より $t \to \infty$ で $\boldsymbol{x} \sim C_2 e^{\lambda_2 t} \boldsymbol{u}_2$.相曲線は直線 $\boldsymbol{x} = k\boldsymbol{u}_2$ に漸近しながら平衡点 $\boldsymbol{0}$ から離れる.このような平衡点を**鞍点**と呼ぶ.鞍点は不安定である.

(d),(e),(e)' $0 < \lambda_1 \leqq \lambda_2$:この場合は (a),(b),(b)' の逆のパターンで,解は時間とともに平衡点から遠ざかるように動く.つまり平衡点は**不安定結節点**である.

(f),(g),(h) $\lambda_1, \lambda_2 = \alpha \pm \beta i$:(5.12) はオイラーの公式を用いて次のように書ける.

$$\boldsymbol{x} = e^{\alpha t} \begin{bmatrix} \boldsymbol{v}_1 & \boldsymbol{v}_2 \end{bmatrix} \begin{bmatrix} \cos \beta t & \sin \beta t \\ -\sin \beta t & \cos \beta t \end{bmatrix} \begin{bmatrix} \gamma_1 \\ \gamma_2 \end{bmatrix}, \quad \boldsymbol{u}_{1,2} = \boldsymbol{v}_1 \pm i \boldsymbol{v}_2 \tag{5.14}$$

(γ_1, γ_2 は任意定数. (5.12) の $C_1 = \overline{C_2}$ とは $\gamma_1 = 2\operatorname{Re}C_1, \gamma_2 = -2\operatorname{Im}C_1$ の関係がある.) $\alpha < 0$ のとき相曲線はベクトル $\boldsymbol{v}_1, \boldsymbol{v}_2$ が定める座標系で角速度 $-\beta$ で回転しベルヌーイ螺旋（例題 3.1 参照）を描いて原点に近づく（相図 (f)）．このような平衡点を**渦状点**といい，漸近安定である．$\alpha > 0$ のとき (f) とは逆に平衡点は不安定渦状点である（相図 (h)）．$\alpha = 0$ のとき相曲線は楕円軌道であり，平衡点を**渦心点**といい，安定であるが漸近安定ではない（相図 (g)）．

2. A が正則でない場合：平衡点は直線または平面全体となる．

(i) $\lambda_1 < 0 = \lambda_2$：(5.12) より $\boldsymbol{x} = C_1 e^{\lambda_1 t}\boldsymbol{u}_1 + C_2\boldsymbol{u}_2$．$\lim_{t\to\infty}\boldsymbol{x}(t) = C_2\boldsymbol{u}_2$．つまり相曲線は直線 $\boldsymbol{x} = k\boldsymbol{u}_2$ 上の点に収束し，この直線は安定な**結節線**である．

(j) $\lambda_1 = 0 < \lambda_2$：これは (i) の逆パターンで平衡点は直線 $\boldsymbol{x} = k\boldsymbol{u}_1$ 上の任意の点で，この直線は不安定な結節線である．

(k) $\lambda_1 = \lambda_2 = 0, A \neq O$：(5.13) より $\boldsymbol{x} = (C_1 + C_2 t)\boldsymbol{u}_1 + C_2\boldsymbol{u}_2$．平衡点は直線 $\boldsymbol{x} = k\boldsymbol{u}_1$ 上の任意の点．$C_2 \neq 0 \Rightarrow \lim_{t\to\infty}|\boldsymbol{x}(t)| \to \infty$ でこの直線は不安定である．

(l) $A = O$：すべての点が平衡点，これは安定であるが漸近安定ではない．

n 次元平衡点の安定性 線形連立微分方程式 (5.11) で $n = 2$ の場合，平衡点の安定性は係数行列 A の固有値で決定されることが分かった．これは n 次元にも拡張可能である．

> **定理 5.1** (5.11) において $n \times n$ 行列 A の固有値を $\lambda_1, \cdots, \lambda_n$ とするとき，
> 1. すべての k について $\operatorname{Re}\lambda_k < 0 \Leftrightarrow$ 平衡点は漸近安定
> 2. ある k について $\operatorname{Re}\lambda_k > 0 \Leftrightarrow$ 平衡点は不安定
> 3. すべての k について $\operatorname{Re}\lambda_k \leqq 0$ かつ $\operatorname{Re}\lambda_k = 0$ なる λ_k に対して，λ_k の重複度と対応する固有ベクトルの個数が等しい．$\Leftrightarrow$ 平衡点は安定

非線形自律系に対する安定性定理 本節冒頭に挙げた自律系 (5.9) に戻る．

> **定理 5.2** 自律系 (5.9) について，$\boldsymbol{a}$ を平衡点（の 1 つ），$\lambda_1, \cdots, \lambda_n$ をヤコビ行列 $J_{\boldsymbol{v}}(\boldsymbol{a}) = \left(\partial v_j/\partial x_i\big|_{\boldsymbol{x}=\boldsymbol{a}}\right)$ の固有値とするとき，
> 1. すべての k について $\operatorname{Re}\lambda_k < 0 \Leftrightarrow$ 平衡点 $\boldsymbol{a}$ は漸近安定
> 2. ある k について $\operatorname{Re}\lambda_k > 0 \Leftrightarrow$ 平衡点 $\boldsymbol{a}$ は不安定

注意 線形近似は万能ではなく，定理 5.1 の **3** に該当する場合（例えば渦心点など）では線形近似した場合と元の方程式とでは平衡点の種類が異なる場合もある．

例題 5.7 ━━━━━━━━━━━━━━━ 線形方程式系の解の安定性 (1) ━

次の連立微分方程式の平衡点の種類およびその安定性を判定せよ．

(a) $\begin{cases} \dot{x}_1 = x_1 - 2x_2 + 1 \\ \dot{x}_2 = x_1 - x_2 + 3 \end{cases}$ (b) $\begin{cases} \dot{x}_1 = -2x_1 + x_2 + 3 \\ \dot{x}_2 = x_1 - x_2 - 1 \end{cases}$

【解　答】 (a) 平衡点は x_1, x_2 に関する連立方程式

$$x_1 - 2x_2 + 1 = x_1 - x_2 + 3 = 0$$

を解いて，

$$\begin{bmatrix} x_1 \\ x_2 \end{bmatrix} = \begin{bmatrix} -5 \\ -2 \end{bmatrix} \quad (= \boldsymbol{a} \text{ とおく}).$$

このとき，元の微分方程式は $\boldsymbol{x} = \begin{bmatrix} x_1 \\ x_2 \end{bmatrix}$ に関する微分方程式

$$\frac{d}{dt}(\boldsymbol{x} - \boldsymbol{a}) = A(\boldsymbol{x} - \boldsymbol{a}), \quad A = \begin{bmatrix} 1 & -2 \\ 1 & -1 \end{bmatrix}$$

に変形できるので，係数行列 A の固有値を調べる．

$$|A - \lambda I| = \begin{vmatrix} 1 - \lambda & -2 \\ 1 & -1 - \lambda \end{vmatrix} = \lambda^2 + 1 = 0$$

より，固有値は $\lambda = \pm i$．したがって平衡点は渦心点で安定．

(b) 平衡点は $\begin{bmatrix} x_1 \\ x_2 \end{bmatrix} = \begin{bmatrix} 2 \\ 1 \end{bmatrix}$．(a) 同様，係数行列 $A = \begin{bmatrix} -2 & 1 \\ 1 & -1 \end{bmatrix}$ の固有値は

$$|A - \lambda I| = \begin{vmatrix} -2 - \lambda & 1 \\ 1 & -1 - \lambda \end{vmatrix} = \lambda^2 + 3\lambda + 1 = 0$$

より，$\lambda = \dfrac{-3 \pm \sqrt{5}}{2}$ でともに負なので，平衡点は結節点，漸近安定．

■ 問　題

7.1 次の連立微分方程式の平衡点の種類およびその安定性を判定せよ．

(a) $\begin{cases} \dot{x}_1 = -2x_1 + 3x_2 \\ \dot{x}_2 = 3x_1 - 4x_2 - 1 \end{cases}$ (b) $\begin{cases} \dot{x}_1 = -5x_1 - 2x_2 + 2 \\ \dot{x}_2 = ax_1 + x_2 - 1 \end{cases}$ (a は定数)

---例題 5.8--- 線形方程式系の解の安定性 (2) ---

x_1, x_2, x_3 に関する次の連立微分方程式について,平衡点を求めよ.次に平衡点の安定性を判定せよ.

$$\begin{cases} \dot{x}_1 = -4x_1 + 3x_2 - x_3 - 4 \\ \dot{x}_2 = -3x_1 - 2x_2 + 3x_3 + 1 \\ \dot{x}_3 = -3x_1 + 3x_2 - 2x_3 + 1 \end{cases}$$

【解 答】 平衡点は連立方程式

$$-4x_1 + 3x_2 - x_3 = 4, \quad -3x_1 - 2x_2 + 3x_3 = -1, \quad -3x_1 + 3x_2 - 2x_3 = -1$$

を解いて,$[x_1, x_2, x_3]^T = [3, 8, 8]^T$ である.次に平衡点の安定性を調べる.係数行列

$$A := \begin{bmatrix} -4 & 3 & -1 \\ -3 & -2 & 3 \\ -3 & 3 & -2 \end{bmatrix}$$

の固有値を調べる.

$$|A - \lambda E| = -\lambda^3 - 8\lambda^2 - 17\lambda - 10 = -(\lambda+1)(\lambda+2)(\lambda+5) = 0$$

よって A の固有値は $-1, -2, -5$ で,これらはすべて負.よって平衡点 $[3, 8, 8]^T$ は漸近安定(結節点).

発展 一般に $\boldsymbol{x} = [x_1, \cdots, x_n]^T$ についての連立微分方程式 $\dot{\boldsymbol{x}} = A\boldsymbol{x} + \boldsymbol{b}$ (A は $n \times n$ 正則行列)において,平衡点 $\boldsymbol{x} = -A^{-1}\boldsymbol{b}$ が漸近安定であるための必要十分条件は行列式

$$H_1 = p_1, \quad H_2 = \begin{vmatrix} p_1 & p_3 \\ p_0 & p_2 \end{vmatrix}, \quad \cdots, \quad H_n = \begin{vmatrix} p_{2j-i} \end{vmatrix}_{1 \leq i, j \leq n}$$

がすべて正であることである.ただし,$\det(A - \lambda E) = (-1)^n (\lambda^n + p_1 \lambda^{n-1} + \cdots + p_n)$,$p_0 = 1$,$k \leq -1$ または $k \geq n+1$ なる k に対しては $p_k = 0$ とする(**フルビッツの判定法**).

■ 問 題

8.1 次の連立微分方程式について,平衡点を求め,その安定性を判定せよ.

$$\begin{cases} \dot{x}_1 = x_1 - x_2 \\ \dot{x}_2 = x_1 - 4x_2 + 3x_3 \\ \dot{x}_3 = x_1 - 2x_2 + x_3 \end{cases}$$

例題 5.9* ─────────────── 非線形自律系の解の安定性

a, b, c, d を $ad - bc \neq 0$ なる正の定数とする．2種の生物が1つの共通の資源をめぐって競合している．2種の個体数 $x_1(t), x_2(t)$ はヴォルテラの競合モデル

$$\begin{cases} \dot{x}_1 = v_1(x_1, x_2) = x_1\{a - b(x_1 + x_2)\} \\ \dot{x}_2 = v_2(x_1, x_2) = x_2\{c - d(x_1 + x_2)\} \end{cases}$$

にしたがっているとする．平衡点を求め，その安定性を判定せよ．

【解　答】 平衡点は連立方程式

$$x_1\{a - b(x_1 + x_2)\} = x_2\{c - d(x_1 + x_2)\} = 0$$

を解いて，$ad - bc \neq 0$ に注意すると $[x_1, x_2]^{\mathrm{T}} = [0, 0]^{\mathrm{T}}, [0, c/d]^{\mathrm{T}}, [a/b, 0]^{\mathrm{T}}$．

次に

$$\boldsymbol{a}_1 := [0, 0]^{\mathrm{T}}, \quad \boldsymbol{a}_2 := [0, c/d]^{\mathrm{T}}, \quad \boldsymbol{a}_3 := [a/b, 0]^{\mathrm{T}}$$

の安定性を議論する．

$$J_{\boldsymbol{v}}(\boldsymbol{x}) = \begin{bmatrix} \partial v_1/\partial x_1 & \partial v_1/\partial x_2 \\ \partial v_2/\partial x_1 & \partial v_2/\partial x_2 \end{bmatrix}$$

$$= \begin{bmatrix} a - 2bx_1 - bx_2 & -bx_1 \\ -dx_2 & c - dx_1 - 2dx_2 \end{bmatrix}$$

とおいて，$\boldsymbol{x} = \boldsymbol{a}_i \ (i = 1, 2, 3)$ における行列 $J_{\boldsymbol{v}}(\boldsymbol{a}_i)$ の固有値の正負を調べる．

1. $\boldsymbol{x} = \boldsymbol{a}_1$ のとき，$J_{\boldsymbol{v}}(\boldsymbol{a}_1) = \begin{bmatrix} a & 0 \\ 0 & c \end{bmatrix}$ より固有値は $a, c \ (> 0)$．したがって平衡点 $[0, 0]^{\mathrm{T}}$ は不安定（結節点）．

2. $\boldsymbol{x} = \boldsymbol{a}_2$ のとき，$J_{\boldsymbol{v}}(\boldsymbol{a}_2) = \begin{bmatrix} (ad-bc)/d & 0 \\ -c & -c \end{bmatrix}$ より固有値は $(ad-bc)/d, -c$．したがって平衡点 $[0, c/d]^{\mathrm{T}}$ は $ad - bc < 0$ のとき漸近安定（結節点），$ad - bc > 0$ のとき不安定（鞍点）．

3. $\boldsymbol{x} = \boldsymbol{a}_3$ のとき，$J_{\boldsymbol{v}}(\boldsymbol{a}_3) = \begin{bmatrix} -a & -a \\ 0 & -(ad-bc)/b \end{bmatrix}$ より固有値は $-(ad-bc)/b$, $-a$．したがって平衡点 $[a/b, 0]^{\mathrm{T}}$ は $ad - bc > 0$ のとき漸近安定（結節点），$ad - bc < 0$ のとき不安定（鞍点）．

グラフ **1.** このモデルでは $ad-bc \neq 0$ のとき，$t \to \infty$ において，必ずどちらかの種が絶滅する．以下は $(a,b,c,d)=(1,1,1,2)$（図 5.2 左）および $(a,b,c,d)=(1,2,1,1)$（図 5.2 右）とおいたときの横軸に x_1，縦軸に x_2 を取ったときの**相図**である．

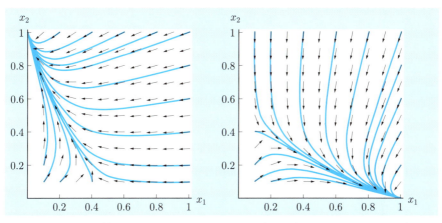

図 **5.2** 相図（左図：$(a,b,c,d)=(1,1,1,2)$, 右図：$(a,b,c,d)=(1,2,1,1)$）

2. $ad-bc=0$ の場合は，平衡点は $[0,0]^\mathrm{T}$ および直線 $x_1+x_2 = a/b$ 上の任意の点である．平衡点の安定性解析は初学者の範囲を越えるため詳細は省略するが，$[0,0]^\mathrm{T}$ は不安定，直線 $x_1+x_2 = a/b$ 上の点は安定であり，$t \to \infty$ で $[x_1(t), x_2(t)]^\mathrm{T}$ はこの直線上の点に収束する．どこに収束するかは初期条件によって異なる．右図は $(a,b,c,d)=(1,1,1,1)$ としたときの相図である（点線は $x_1 + x_2 = 1$）．

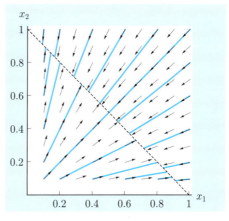

図 **5.3** 相図（$(a,b,c,d)=(1,1,1,1)$）

問題

9.1 * 次の連立微分方程式の平衡点を求め，その安定性を判定せよ．

$$\begin{cases} \dot{x}_1 = -x_1 + x_2 - 2 \\ \dot{x}_2 = -x_1^2 - x_2 + 4 \end{cases}$$

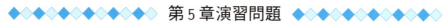

第5章演習問題

1. 次の連立微分方程式を括弧内の初期条件の下で解け．

(a) $\begin{cases} y_1' = 6y_1 - y_2 \\ y_2' = 8y_1 - 3y_2 \end{cases}$ $(y_1(0) = 3,\ y_2(0) = -4)$

(b) $\begin{cases} y_1' = 2y_1 - 3y_2 \\ y_2' = 3y_1 - 4y_2 \end{cases}$ $(y_1(0) = 1,\ y_2(0) = -1)$

(c) $\begin{cases} y_1' = 5y_1 + y_2 \\ y_2' = -2y_1 + y_2 \end{cases}$ $(y_1(0) = 0,\ y_2(0) = 2)$

(d) $\begin{cases} y_1' = -2y_2 \\ y_2' = y_1 \end{cases}$ $(y_1(0) = 2,\ y_2(0) = 1)$

(e) $\begin{cases} y_1' = 2y_1 - 2y_2 - 3y_3 \\ y_2' = 3y_1 - 5y_2 - 6y_3 \\ y_3' = -2y_1 + 4y_2 + 5y_3 \end{cases}$ $(y_1(0) = 5,\ y_2(0) = -1,\ y_3(0) = 0)$

(f) $\begin{cases} y_1' = y_1 - 2y_2 + 2y_3 \\ y_2' = -2y_1 + y_2 - 3y_3 \\ y_3' = 2y_1 + 2y_2 + y_3 \end{cases}$ $(y_1(0) = 1,\ y_2(0) = 1,\ y_3(0) = 1)$

(g) $\begin{cases} y_1' = 4y_1 + y_2 + y_3 \\ y_2' = -y_1 + y_2 \\ y_3' = -3y_1 - y_2 \end{cases}$ $(y_1(0) = 1,\ y_2(0) = -1,\ y_3(0) = 1)$

(h) $\begin{cases} y_1' = 2y_1 - y_2 - y_4 \\ y_2' = -y_1 + 2y_2 - y_3 \\ y_3' = -y_2 + 2y_3 - y_4 \\ y_4' = -y_1 - y_3 + 2y_4 \end{cases}$ $(y_1(0) = y_2(0) = y_3(0) = 0,\ y_4(0) = 4)$

2. 次の連立微分方程式の一般解を求めよ．

(a) $\begin{cases} y_1' = 2y_1 - 5y_2 + e^{2x} \\ y_2' = -4y_1 + 3y_2 + e^{-x} \end{cases}$

(b) $\begin{cases} y_1' = y_2 + \cos 2x \\ y_2' = -y_1 + \sin 2x \end{cases}$

(c) $\begin{cases} y_1' = 2y_1 + 6y_2 + 2y_3 \\ y_2' = 3y_1 - y_2 + y_3 \\ y_3' = -6y_1 + 4y_2 - y_3 + 2\cosh x \end{cases}$

3. 次の連立微分方程式について平衡点を求め，その安定性を判定せよ．(a), (b) については平衡点の種類も判定すること．ここで $\cdot = d/dt$ とする．

(a) $\begin{cases} \dot{x}_1 = -x_1 + 2x_2 \\ \dot{x}_2 = -4x_1 + 3x_2 \end{cases}$
(b) $\begin{cases} \dot{x}_1 = -x_1 + x_2 - 1 \\ \dot{x}_2 = -x_1 - 3x_2 - 5 \end{cases}$

(c) $\begin{cases} \dot{x}_1 = -2x_1 + 3x_2 + x_3 \\ \dot{x}_2 = 3x_1 - 2x_2 + x_3 \\ \dot{x}_3 = x_1 + x_2 \end{cases}$
(d) $\begin{cases} \dot{x}_1 = -x_1 + x_2 + x_3 \\ \dot{x}_2 = -x_1 + x_3 \\ \dot{x}_3 = -x_1 + x_2 \end{cases}$

(e) $\begin{cases} \dot{x}_1 = 2x_1 - 4x_2 - 2x_3 \\ \dot{x}_2 = x_1 - 2x_2 - x_3 \\ \dot{x}_3 = x_1 - 2x_2 - x_3 \end{cases}$
(f) $\begin{cases} \dot{x}_1 = x_1 + x_2 - 2x_3 \\ \dot{x}_2 = -x_1 + x_3 \\ \dot{x}_3 = 4x_1 + x_2 - 5x_3 \end{cases}$

4.* 抵抗を受けた単振り子の方程式は m, k, g, l を正の定数として次式のように書ける．

$$ml\ddot{\theta} = -kl\dot{\theta} - mg\sin\theta$$

これは $x_1 := \theta, x_2 := \dot{\theta}$ とおくと，(x_1, x_2) に関する次の連立微分方程式と等価である．

$$(*) : \begin{cases} \dot{x}_1 = x_2 \\ \dot{x}_2 = -\omega^2 \sin x_1 - \alpha x_2 \end{cases} \quad \left(\alpha := \frac{k}{m}, \ \omega := \sqrt{\frac{g}{l}}\right)$$

微分方程式 $(*)$ について平衡点を求め，その安定性を判定せよ．

6 演算子法とラプラス変換

本章では演算子法およびラプラス変換について解説する．これらの手法により，連立微分方程式を含む定数係数線形微分方程式を単なる代数演算で解くことが可能となる．

6.1 演算子法

$p_1, \cdots, p_n$ を与えられた実定数とする．定数係数 n 階線形常微分方程式

$$y^{(n)} + p_1 y^{(n-1)} + \cdots + p_{n-1} y' + p_n y = f(x) \tag{6.1}$$

は微分演算子 $D := d/dx$ を

$$Dy := \frac{dy}{dx} = y', \ D^2 y := \frac{d^2 y}{dx^2} = y'', \cdots, \ D^n y := \frac{d^n y}{dx^n} = y^{(n)} \tag{6.2}$$

によって定義することによって，次のように書き換えることができる．

$$(D^n + p_1 D^{n-1} + \cdots + p_{n-1} D + p_n) y = f(x)$$
$$\Leftrightarrow P(D) y = f(x), \ P(\lambda) := \lambda^n + p_1 \lambda^{n-1} + \cdots + p_{n-1} \lambda + p_n \tag{6.3}$$

微分演算子 $D = d/dx$ の性質として次の定理が成り立つ．

> **定理 6.1** $P(\lambda), Q(\lambda)$ を λ の多項式，a, b を定数，y, z を x の関数として次が成立する．
> 1. $(aP(D) + bQ(D))y = aP(D)y + bQ(D)y$
> 2. $P(D)(ay + bz) = aP(D)y + bP(D)z$
> 3. $(P(D)Q(D))y = P(D)(Q(D)y)$
> 4. $P(D)Q(D)y = Q(D)P(D)y$
> 5. $P(D)e^{ax} = P(a)e^{ax}$

例 6.1 上の定理を用いると，以下の関係式が成り立つことがわかる．

$$(2D^2 - D - 1)y = 2y'' - y' - y$$
$$(D-1)(2D+1)y = (D-1)(2y' + y) = D(2y' + y) - (2y' + y) = 2y'' - y' - y$$

これから $(2D^2 - D - 1)y = (D-1)(2D+1)y$ であることがわかる．D は単なる文字

でなく微分をするという演算を表すが，この例からも分かる通り，D を含む式の和，差，積，因数分解などが普通の文字式と同じように計算できる．

演算子法による同次微分方程式の解法　はじめに同次微分方程式の一般解について議論する．

$$P(D)y = 0 \tag{6.4}$$

$y = e^{\lambda x}$ を代入すると，定理 6.1 の **5** より $P(D)e^{\lambda x} = P(\lambda)e^{\lambda x} = 0$ つまり特性方程式 $P(\lambda) = 0$ を得る．これから 4.3 節定理 4.6 と同等の次の定理が成立する．

> **定理 6.2**　微分演算子 $P(D)$ が次のように因数分解されるとする．
> $$P(D) = (D-\alpha_1)^{n_1} \cdots (D-\alpha_k)^{n_k}((D-\beta_1)^2+\gamma_1^2)^{m_1} \cdots ((D-\beta_l)^2+\gamma_l^2)^{m_l}$$
> $\alpha_1, \cdots, \alpha_k$ は相異なる実数，$\beta_1 + i\gamma_1, \cdots, \beta_l + i\gamma_l$ $(\gamma_1, \cdots, \gamma_l > 0)$ は相異なる複素数とする．このとき微分方程式 (6.4) の基本解は次式で与えられる．
> $$\begin{cases} e^{\alpha_j x},\ xe^{\alpha_j x}, \cdots, x^{n_j-1}e^{\alpha_j x} \quad (j=1,2,\cdots,k) \\ e^{\beta_j x}\cos\gamma_j x,\ e^{\beta_j x}\sin\gamma_j x,\ xe^{\beta_j x}\cos\gamma_j x,\ xe^{\beta_j x}\sin\gamma_j x, \\ \cdots, x^{m_j-1}e^{\beta_j x}\cos\gamma_j x,\ x^{m_j-1}e^{\beta_j x}\sin\gamma_j x \quad (j=1,2,\cdots,l) \end{cases} \tag{6.5}$$

逆演算子と非同次方程式の特解　次に非同次微分方程式を考える．

$$P(D)y = f(x) \tag{6.6}$$

一般解を求めるには特解を 1 つ求めればよいので，(6.6) を y について形式的に解いた

$$y = \frac{1}{P(D)}f(x)$$

を求めることにする．$\frac{1}{P(D)}$ は $P(D)\frac{1}{P(D)} = id$ (id：単位演算子) を満たす演算子であり，$P(D)$ の **逆演算子** と呼ばれる．それでは逆演算子 $1/P(D)$ をどのように求めればいいだろうか？

第 1 に $P(D) = D^n$ の逆演算子 $1/D^n$ を考えよう．このとき (6.6) は $y^{(n)} = f(x)$ のことだから n 回積分すると，

$$y = \frac{1}{D^n}f(x) = \underbrace{\int \cdots \int}_{n\,回} f(x)dx \cdots dx \tag{6.7}$$

である．この事実から逆演算子 $1/D^n$ は n 回積分で定めるのが自然である．

次に a を定数として，$P(D) = (D-a)^n$ の逆演算子 $1/(D-a)^n$ はどうなるだろうか？ はじめに $n = 1, 2, \cdots$ としてライプニッツ則を用いると，

$$D^n(e^{-ax}g(x)) = \sum_{k=0}^{n} \binom{n}{k}(D^{n-k}e^{-ax})(D^k g(x))$$

$$= e^{-ax}\sum_{k=0}^{n}\binom{n}{k}(-a)^{n-k}D^k g(x) = e^{-ax}(D-a)^n g(x)$$

$$\Leftrightarrow e^{ax}D^n(e^{-ax}g(x)) = (D-a)^n g(x) \tag{6.8}$$

が成り立つ．(6.8) を $=: f(x)$ とおいて，$g(x)$ を $f(x)$ を用いて 2 通りに表すと

$$g(x) = \frac{1}{(D-a)^n}f(x) = e^{ax}\frac{1}{D^n}(e^{-ax}f(x))$$

が成り立つ．さらに右辺は (6.7) を用いると，次の定理が成立する．

> **定理 6.3** a を定数として，次の関係式が成立する．$a=0$ のときは n 回積分を表す．
> $$\frac{1}{(D-a)^n}f(x) = e^{ax}\frac{1}{D^n}(e^{-ax}f(x)) = e^{ax}\underbrace{\int \cdots \int}_{n\text{ 回}} e^{-ax}f(x)dx\cdots dx \tag{6.9}$$

例 6.2 定理 6.3 の簡単な応用例として，$P(D) = (D-a)(D-b)$ $(a \neq b)$ の逆算子を求めてみる．

$$\frac{1}{(D-a)(D-b)}f(x) = \frac{1}{D-a}\left(\frac{1}{D-b}f(x)\right) = \frac{1}{D-a}\left(e^{bx}\int f(x)e^{-bx}dx\right)$$

$$= e^{ax}\int e^{(b-a)x}\left(\int^x f(y)e^{-by}dy\right)dx$$

である．この式は部分積分を用いると次のようにも変形できる．

$$= e^{ax}\int \left(\frac{e^{(b-a)x}}{b-a}\right)'\left(\int^x f(y)e^{-by}dy\right)dx = \frac{1}{b-a}\Bigl(e^{bx}\int e^{-bx}f(x)dx$$

$$- e^{ax}\int e^{-ax}f(x)dx\Bigr) = \frac{1}{b-a}\left(\frac{1}{D-b} - \frac{1}{D-a}\right)f(x)$$

これは逆演算子 $\frac{1}{(D-a)(D-b)}$ が文字式同様，部分分数分解できることを意味する．

$$\frac{1}{(D-a)(D-b)} = \frac{1}{b-a}\left(\frac{1}{D-b} - \frac{1}{D-a}\right)$$

$f(x)$ が指数関数, 三角関数の場合　(6.6) の特解 $\frac{1}{P(D)}f(x)$ は公式 (6.9) を用いて計算可能であるが, 積分計算は煩わしい. しかし $f(x)$ が指数関数の場合

$$P(D)y = e^{ax} \quad (a : 定数) \tag{6.10}$$

は比較的易しい. $y = Ce^{ax}$ を特解の候補として代入すると, $CP(a)e^{ax} = e^{ax}$ を得る. ここで $P(a) \neq 0$ のとき $C = 1/P(a)$ であるので, 次式が成り立つ.

$$\frac{1}{P(D)}e^{ax} = \frac{1}{P(a)}e^{ax} \quad (P(a) \neq 0) \tag{6.11}$$

$P(a) = 0$ の場合は, $P(x) = (x-a)^n Q(x)$ ($n \, (\geqq 1)$ は $x = a$ の重複度, $Q(a) \neq 0$) と因数分解される. (6.9) を利用すると次が成り立つ.

$$\begin{aligned}
\frac{1}{P(D)}e^{ax} &= \frac{1}{(D-a)^n}\left\{\frac{1}{Q(D)}e^{ax}\right\} = \frac{1}{Q(a)}\frac{1}{(D-a)^n}e^{ax} \\
&= \frac{1}{Q(a)}e^{ax}\underbrace{\int \cdots \int}_{n\,回} e^{-ax}e^{ax}dx \cdots dx = \frac{1}{Q(a)}\frac{x^n}{n!}e^{ax}
\end{aligned} \tag{6.12}$$

非同次項 $f(x)$ が三角関数 $\cos ax$ または $\sin ax$ の場合は, (6.10) 式で a を ia で置き換えて同様の計算を行なう. 結論だけ書くと $P(ia) \neq 0$ のとき

$$\frac{1}{P(D)}\cos ax = \mathrm{Re}\,\frac{1}{P(ia)}e^{iax}, \quad \frac{1}{P(D)}\sin ax = \mathrm{Im}\,\frac{1}{P(ia)}e^{iax}. \tag{6.13}$$

$P(ia) = 0$ のとき $P(D) = (D^2 + a^2)^n Q(D)$ ($Q(ia) \neq 0$) として

$$\begin{cases}
\dfrac{1}{P(D)}\cos ax = \mathrm{Re}\,\dfrac{1}{(2ia)^n Q(ia)}\dfrac{x^n}{n!}e^{iax} \\
\dfrac{1}{P(D)}\sin ax = \mathrm{Im}\,\dfrac{1}{(2ia)^n Q(ia)}\dfrac{x^n}{n!}e^{iax}.
\end{cases} \tag{6.14}$$

$f(x)$ が多項式の場合　次に $f(x)$ が m 次多項式の場合 $\frac{1}{P(D)}f(x)$ はどうなるか? $D^{m+1}f(x) = 0$ より

$$\left(1 - \frac{D}{a}\right)\left(1 + \frac{D}{a} + \cdots + \left(\frac{D}{a}\right)^m\right)f(x) = \left(1 - \left(\frac{D}{a}\right)^{m+1}\right)f(x) = f(x)$$

に注意すると, 次の関係式が成立する.

$$\frac{1}{D-a}f(x) = -\frac{1}{a}\frac{1}{1 - \frac{D}{a}}f(x) = -\frac{1}{a}\left(1 + \frac{D}{a} + \cdots + \left(\frac{D}{a}\right)^m\right)f(x). \tag{6.15}$$

$f(x) = e^{ax}g(x)$ の場合 次の関係式を利用する．

$$\frac{1}{P(D)}\left(e^{ax}g(x)\right) = e^{ax}\frac{1}{P(D+a)}g(x) \tag{6.16}$$

これは (6.8)（a を $-a$ で置き換える）および定理 6.1 の **1** から導かれる

$$e^{-ax}P(D)(e^{ax}h(x)) = P(D+a)h(x)$$

の両辺を $g(x)$ とおいて $h(x)$ を $g(x)$ で 2 通りに表すことによって得られる．

例題 6.1 ───────────────────────────── 同次方程式 ─

$D = d/dx$ を用いて次の微分方程式を書き直し，一般解を求めよ．
(a) $y''' - 3y'' - y' + 3y = 0$ (b) $y^{(4)} - 6y'' + 9y = 0$
(c) $y^{(6)} + 3y^{(4)} + 3y'' + y = 0$

定理 6.2 を用いる．特性方程式の手法（例題 4.10 参照）と本質的に同じである．

[解 答] (a) D を用いて書き直すと，

$$(D^3 - 3D^2 - D + 3)y = (D+1)(D-1)(D-3)y = 0$$

と因数分解されるので一般解は

$$y = C_1 e^{-x} + C_2 e^x + C_3 e^{3x}.$$

(b) $(D^4 - 6D^2 + 9)y = (D^2 - 3)^2 y = (D + \sqrt{3})^2(D - \sqrt{3})^2 y = 0$ と因数分解されるので一般解は

$$y = (C_1 x + C_2)e^{-\sqrt{3}x} + (C_3 x + C_4)e^{\sqrt{3}x}.$$

(c) $(D^6 + 3D^4 + 3D^2 + 1)y = (D^2 + 1)^3 y = (D + i)^3 (D - i)^3 y = 0$ と因数分解されるので一般解は

$$y = (C_1 x^2 + C_2 x + C_3)\cos x + (C_4 x^2 + C_5 x + C_6)\sin x.$$

■ **問 題**

1.1 次の微分方程式を D を用いて表し，一般解を求めよ．
(a) $y^{(4)} - y'' - 2y = 0$
(b) $y^{(8)} - 16y^{(6)} + 96y^{(4)} - 256y'' + 256y = 0$

── 例題 6.2 ─────────────────────────── 非同次方程式 (1) ─

次の微分方程式の特解を 1 つ求めよ．
(a) $(D+1)(D-1)(D+3)y = e^{2x}$
(b) $(D+1)(D-1)(D+3)y = \cos x$
(c) $(D+1)(D-1)(D+3)y = \sin x$
(d) $(D+1)(D-1)(D+3)y = e^{-2x}\sin x$

【解 答】 $P(\lambda) := (\lambda+1)(\lambda-1)(\lambda+3)$ とする．

(a) $P(2) \neq 0$ より，特解の 1 つは
$$y = \frac{1}{P(D)}e^{2x} = \frac{1}{P(2)}e^{2x} = \frac{e^{2x}}{15}.$$

(b) オイラーの公式 $e^{ix} = \cos x + i\sin x$ より，特解の 1 つは $y = \frac{1}{P(D)}e^{ix}$ の実部．
$$y = \operatorname{Re}\frac{1}{P(D)}e^{ix} = \operatorname{Re}\frac{1}{P(i)}e^{ix} = \operatorname{Re}\frac{1}{(i+1)(i-1)(i+3)}e^{ix}$$
$$= \operatorname{Re}\frac{1}{20}(-3+i)(\cos x + i\sin x) = \frac{1}{20}(-3\cos x - \sin x).$$

(c) (b) 同様，特解の 1 つは $y = \frac{1}{P(D)}e^{ix}$ の虚部．
$$y = \operatorname{Im}\frac{1}{20}(-3+i)(\cos x + i\sin x) = \frac{1}{20}(\cos x - 3\sin x).$$

(d) $e^{-2x}\sin x = \operatorname{Im}e^{(-2+i)x}$ より特解の 1 つは
$$y = \operatorname{Im}\frac{1}{(-2+i+1)(-2-1+i)(-2+i+3)}e^{(-2+i)x}$$
$$= \operatorname{Im}\frac{1}{20}e^{-2x}(3+i)(\cos x + i\sin x) = \frac{1}{20}e^{-2x}(\cos x + 3\sin x).$$

【別 解】 本例題は部分分数分解を用いても解くことができる．(a) の場合は次の通りである．
$$y = \left(\frac{1}{8}\frac{1}{D-1} - \frac{1}{4}\frac{1}{D+1} + \frac{1}{8}\frac{1}{D+3}\right)e^{2x} = \left(\frac{1}{8} - \frac{1}{12} + \frac{1}{40}\right)e^{2x} = \frac{e^{2x}}{15}$$

■ 問 題

2.1 次の微分方程式の特解を 1 つ求めよ．
(a) $(D-1)(D-2)^2 y = e^{-x}$ (b) $(D-1)(D-2)^2 y = e^x \cos 2x$
(c) $(D-1)(D-2)^2 y = e^x \sin 2x$

---- 例題 6.3 ----   ---- 非同次方程式 (2) ----

次の微分方程式の特解を 1 つ求めよ．
(a) $(D+1)(D-2)^3 y = e^{-x}$ (b) $(D+1)(D-2)^3 y = e^{2x}$
(c) $(D^2+4)(D^2+1)y = \cos 2x$

非同次項が同次方程式の解であるとき，例題 6.2 と同様の手法で特解を求めようとすると $\frac{1}{0}$ の項が現れる．この場合は定理 6.3 を用いる．

【解 答】 (a) $P(\lambda) := (\lambda+1)(\lambda-2)^3$ とおく．$\frac{1}{P(D)} e^{-x}$ において特異性が現れる $1/(D+1)$ の計算を後回しにする．

$$y = \frac{1}{D+1}\left(\frac{1}{(D-2)^3} e^{-x}\right) = -\frac{1}{27}\frac{1}{D+1} e^{-x}$$

ここで定理 6.3 を用いると，

$$y = -\frac{1}{27} e^{-x} \int e^{x} e^{-x} dx = -\frac{1}{27} x e^{-x}.$$

(b) (a) とは逆に $1/(D-2)^3$ の計算を後回しにする．

$$y = \frac{1}{(D-2)^3}\left(\frac{1}{D+1} e^{2x}\right) = \frac{1}{3}\frac{1}{(D-2)^3} e^{2x} = \frac{1}{18} x^3 e^{2x}$$

(c) $Q(\lambda) := (\lambda^2+4)(\lambda^2+1)$ として，$\frac{1}{Q(D)} e^{2ix}$ の実部が求める特解である．

$$y = \operatorname{Re} \frac{1}{(D^2+4)(D^2+1)} e^{2ix} = \operatorname{Re} \frac{1}{D-2i}\left(\frac{1}{(D+2i)(D^2+1)} e^{2ix}\right)$$
$$= \operatorname{Re} \frac{i}{12} \frac{1}{D-2i} e^{2ix} = \operatorname{Re} \frac{i}{12} x e^{2ix} = -\frac{1}{12} x \sin 2x$$

【別 解】 (a) は部分分数分解を用いて解ける．

$$y = \frac{1}{27}\left(\frac{9}{(D-2)^3} - \frac{3}{(D-2)^2} + \frac{1}{D-2} - \frac{1}{D+1}\right) e^{-x}$$
$$= -\frac{1}{27} e^{-x} - \frac{1}{27} x e^{-x}$$

これは上記の解答と $-e^{-x}/27$ の分だけ異なる．しかしこの差は同次方程式 $P(D)y = 0$ の解であり，もとの方程式の一般解を書いたとき e^{-x} の項に取り込まれる．一般に $\frac{1}{P(D)} f(x)$ は同次方程式 $P(D)y = 0$ の解だけ不定性がある．

■ 問 題

3.1 次の微分方程式の特解を 1 つ求めよ．
(a) $(D+1)(D-1)^4 y = e^x$ (b) $(D^2-4D+5)^2 y = e^{2x}\cos x$

―― 例題 6.4 ―――――――――――――――――――― 非同次方程式 (3) ――

次の微分方程式の特解を 1 つ求めよ.
 (a) $(D-2)(D^2+1)y = x$ (b) $(D-2)(D^2+1)y = x^2+1$
 (c) $D^2(D-2)(D^2+1)y = 6x$

【解　答】 (a) 特解は
$$y = \frac{1}{(D-2)(D^2+1)}x = -\frac{1}{2}\frac{1}{(1-\frac{D}{2})(1+D^2)}x$$

である. 右辺を D についてベキ級数展開し, $D^m x = 0\ (m \geq 2)$ を用いると,
$$y = -\frac{1}{2}\left(1+\frac{D}{2}\right)x = -\frac{1}{2}x - \frac{1}{4}.$$

(b) (a) 同様今度は $D^m x^2 = 0\ (m \geq 3)$ であることに注意すると, 特解は
$$y = -\frac{1}{2}\left(1+\frac{D}{2}+\frac{D^2}{4}\right)(1-D^2)(x^2+1) = -\frac{1}{2}\left(1+\frac{D}{2}-\frac{3D^2}{4}\right)(x^2+1)$$
$$= -\frac{1}{2}x^2 - \frac{1}{2}x + \frac{1}{4}.$$

(c) $1/D^2$ は 2 回積分であることに注意すると, 特解は
$$y = \frac{6}{D^2}\frac{1}{(D-2)(D^2+1)}x = -\frac{3}{D^2}\frac{1}{(1-\frac{D}{2})(1+D^2)}x$$
$$= -\frac{3}{D^2}\left(1+\frac{D}{2}\right)x = -\frac{3}{D^2}\left(x+\frac{1}{2}\right) = -3\iint\left(x+\frac{1}{2}\right)dxdx$$
$$= -\frac{1}{2}x^3 - \frac{3}{4}x^2.$$

【別　解】 (c) で先に積分すると
$$y = \frac{1}{(D-2)(D^2+1)}\frac{1}{D^2}6x = \frac{1}{(D-2)(D^2+1)}x^3 = -\frac{1}{2}x^3 - \frac{3}{4}x^2 + \frac{9}{2}x + \frac{9}{8}$$

となる. 例題 6.3【別解】でも述べた通り, 2 つの特解の差 $\frac{9}{2}x + \frac{9}{8}$ は同次方程式 $D^2(D-2)(D^2+1)y = 0$ の解である.

■ 問　題 ■

4.1 次の微分方程式の特解を 1 つ求めよ.
 (a) $(D^2-3D-4)y = x$ (b) $(D^3-D^2+D-1)y = x^2$
 (c) $D(D+1)(D-1)y = 3x^2$ (d) $D^2(D+1)^2 y = 6x - 4$

─── 例題 6.5 ───────────────────────────── 非同次方程式 (4) ───

次の微分方程式の特解を 1 つ求めよ．
  (a) $D(D+1)(D-3)y = x^2 e^x$
  (b) $(D+1)(D+2)(D+3)y = e^{-2x}\sin x$

次の公式を用いる（公式 (6.16)）．

$$\frac{1}{P(D)}\bigl(e^{ax}g(x)\bigr) = e^{ax}\frac{1}{P(D+a)}g(x)$$

【解 答】 (a)

$$y = \frac{1}{D(D+1)(D-3)}(x^2 e^x) = e^x\frac{1}{(D+1)(D+2)(D-2)}x^2$$

$$= -\frac{1}{4}e^x\frac{1}{1+D}\frac{1}{1-\frac{1}{4}D^2}x^2 = -\frac{1}{4}e^x(1-D+D^2)\left(1+\frac{D^2}{4}\right)x^2$$

$$= -\frac{1}{4}e^x(1-D+D^2)\left(x^2+\frac{1}{2}\right)$$

$$= -\frac{1}{4}e^x\left(x^2-2x+\frac{5}{2}\right) = -\frac{1}{4}x^2 e^x + \frac{1}{2}xe^x - \frac{5}{8}e^x.$$

(b) $e^{-2x}\sin x = \operatorname{Im} e^{(-2+i)x}$ として代入する方法もあるが，ここでは (a) と同様の手法で特解を求める．

$$y = \frac{1}{(D+1)(D+2)(D+3)}(e^{-2x}\sin x) = e^{-2x}\frac{1}{(D^2-1)D}\sin x$$

ここで $\dfrac{1}{D}\sin x = \displaystyle\int \sin x\,dx = -\cos x$ より

$$y = e^{-2x}\frac{1}{1-D^2}\cos x = e^{-2x}\operatorname{Re}\frac{1}{1-D^2}e^{ix}$$

$$= e^{-2x}\operatorname{Re}\frac{1}{2}e^{ix} = \frac{1}{2}e^{-2x}\cos x.$$

■ 問 題

5.1 次の微分方程式の特解を 1 つ求めよ．
  (a) $(D+5)(D+3)(D+1)y = xe^{-2x}$
  (b) $(D+1)(D-2)^2 y = x^2 e^{2x}$
  (c) $(D+4)^2(D+1)y = e^{-3x}\cos 2x$

―― 例題 6.6 ―――――――――――――― 演算子法による連立微分方程式の解法 ―

演算子法を用いて次の連立微分方程式の一般解を求めよ．

$$\begin{cases} y_1' = y_1 - y_2 \\ y_2' = 2y_1 + 4y_2 + e^{2x} \end{cases}$$

演算子法を用いると，連立微分方程式を通常の連立方程式のように取り扱うことが可能である．

【解 答】 上の微分方程式は微分演算子 D を用いて次のように書ける．

$$\begin{cases} (D-1)y_1 + y_2 = 0 & \cdots (1) \\ -2y_1 + (D-4)y_2 = e^{2x} & \cdots (2) \end{cases}$$

$(D-4) \times (1) - (2)$ より，

$$((D-1)(D-4) + 2)y_1 = (D-2)(D-3)y_1 = -e^{2x}$$

を得る．これを解いて

$$\begin{aligned} y_1 &= -\frac{1}{(D-2)(D-3)}e^{2x} + C_1 e^{2x} + C_2 e^{3x} \\ &= xe^{2x} + C_1 e^{2x} + C_2 e^{3x}. \end{aligned}$$

(1) に代入して

$$y_2 = (-D+1)y_1 = -xe^{2x} - (C_1+1)e^{2x} - 2C_2 e^{3x}.$$

コメント 連立方程式を解く際，消去する順を変えると，一見異なる解が出ることが多い．本例題でも，$2 \times (1) + (D-1) \times (2)$ を計算して先に y_1 を消去すると同様の計算によって，

$$y_1 = xe^{2x} - (C_1+1)e^{2x} - \frac{C_2}{2}e^{3x}, \quad y_2 = -xe^{2x} + C_1 e^{2x} + C_2 e^{3x}$$

を得る．一見して「間違えた」と思ってはいけない．後者の結果で $C_1 \to -C_1-1,\ C_2 \to -2C_2$ と置き直すと前者に等しくなる．

■ 問 題

6.1 演算子法を用いて次の連立微分方程式の一般解を求めよ．

(a) $\begin{cases} y_1' = y_1 + 7y_2 \\ y_2' = -y_1 + 9y_2 \end{cases}$
(b) $\begin{cases} y_1'' - y_2' = e^x \\ y_1' + y_2' = 4y_1 + y_2 \end{cases}$

─ 例題 6.7 ─────────────────────────────── 連成振動 ─

連成振動の方程式（1.2 節例 1.5 参照）
$$m\ddot{u} = -ku + k(v-u), \quad m\ddot{v} = k(u-v) - kv \quad (\dot{\ } = d/dt)$$
は $\omega_0 := \sqrt{k/m} > 0$ とおいて次のようにも書ける．
$$(*) : \ddot{u} = \omega_0^2(-2u+v), \quad \ddot{v} = \omega_0^2(u-2v)$$
時刻 $t=0$ で左の質点を a だけ動かして静かに手を放したときの質点の運動を述べよ．言い換えれば微分方程式 $(*)$ を次の初期条件の下で解け．
$$u(0) = a, \ \dot{u}(0) = v(0) = \dot{v}(0) = 0$$

この連立微分方程式は従属変数 $u_0 = u, u_1 = \dot{u}, v_0 = v, v_1 = \dot{v}$ を導入して 4 元連立微分方程式に直して解くこともできるが，ここでは演算子法を用いて解く．

【解 答】 $D = d/dt$ とおいて，微分方程式 $(*)$ を次のように書き直す．
$$\begin{cases} (D^2 + 2\omega_0^2)u - \omega_0^2 v = 0 & \cdots (1) \\ \omega_0^2 u - (D^2 + 2\omega_0^2)v = 0 & \cdots (2) \end{cases}$$

$(D^2 + 2\omega_0^2) \times (1) - \omega_0^2 \times (2)$ を計算して整理すると，
$$\{(D^2 + 2\omega_0^2)^2 - \omega_0^4\}u = (D^2 + \omega_0^2)(D^2 + 3\omega_0^2)u = 0$$
$$u = C_1 \cos\omega_0 t + C_2 \sin\omega_0 t + C_3 \cos\sqrt{3}\,\omega_0 t + C_4 \sin\sqrt{3}\,\omega_0 t.$$

また (1) に代入して
$$v = (\omega_0^{-2}D^2 + 2)u$$
$$= C_1 \cos\omega_0 t + C_2 \sin\omega_0 t - C_3 \cos\sqrt{3}\,\omega_0 t - C_4 \sin\sqrt{3}\,\omega_0 t.$$

初期条件より
$$u(0) = a \ \Leftrightarrow \ C_1 + C_3 = a, \ \dot{u}(0) = 0 \ \Leftrightarrow \ C_2 + \sqrt{3}\,C_4 = 0,$$
$$v(0) = 0 \ \Leftrightarrow \ C_1 - C_3 = 0, \ \dot{v}(0) = 0 \ \Leftrightarrow \ C_2 - \sqrt{3}\,C_4 = 0.$$

これを解いて，$C_1 = C_3 = a/2, C_2 = C_4 = 0$．したがって
$$u(t) = \frac{a}{2}(\cos\omega_0 t + \cos\sqrt{3}\,\omega_0 t), \quad v(t) = \frac{a}{2}(\cos\omega_0 t - \cos\sqrt{3}\,\omega_0 t)$$

6.1 演算子法

> **コメント** 一般解は次のように書くこともできる.

$$\begin{bmatrix} u \\ v \end{bmatrix} = C_1 \cos(\omega_0 t + \delta_1) \begin{bmatrix} 1 \\ 1 \end{bmatrix} + C_2 \cos(\sqrt{3}\,\omega_0 t + \delta_2) \begin{bmatrix} 1 \\ -1 \end{bmatrix} \quad (C_1, C_2, \delta_1, \delta_2 \text{は任意定数})$$

この式から，2つの質点の振動は2つの角振動数 $\omega_1 := \omega_0$, $\omega_2 := \sqrt{3}\,\omega_0$（固有角振動数）から成ることがわかる．固有角振動数 ω_1, ω_2 に対応する**固有振動**は下図の通りであり，質点系の振動はこれらの固有振動の重ね合わせで書ける．

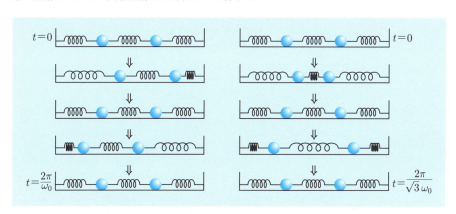

図 **6.1** （左図）$\omega_1 = \omega_0$ に対応する固有振動，（右図）$\omega_2 = \sqrt{3}\,\omega_0$ に対応する固有振動（左右の図で時間のスケールが違うことに注意）

【別 解】 $(*)$ の辺々和，差をとって，$u_1 := u+v$, $u_2 := u-v$ とおくと次の分離した2つの常微分方程式を得る．

$$\ddot{u}_1 = -\omega_0^2 u_1, \quad \ddot{u}_2 = -3\omega_0^2 u_2.$$

問 題

7.1 長さ l の糸に質量 m の質点 A をつるし，さらに質点 A に長さ l の糸で質量 m の質点 B をつるした2重振り子を考える．質点 A, B をつるした糸が鉛直方向と成す角度を θ_1, θ_2 とし，θ_1, θ_2 が微小であるとき，質点の運動は次の連立微分方程式にしたがう．

$$\begin{cases} ml\ddot{\theta}_1 = -2mg\theta_1 + mg\theta_2 \\ ml\ddot{\theta}_2 = 2mg\theta_1 - 2mg\theta_2. \end{cases}$$

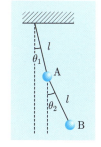

図 **6.2** 2重振り子

この微分方程式の一般解を求めよ．

6.2 ラプラス変換

ラプラス変換 区間 $[0, \infty)$ で定義された関数 $f(x)$ のラプラス変換 $F(s) = \mathcal{L}\{f(x)\}$ を次式で定義する．

$$F(s) = \mathcal{L}\{f(x)\} := \int_0^\infty e^{-sx} f(x) dx \tag{6.17}$$

ラプラス変換を表すのに対応する大文字を用いることが多い．例えば $f(x), g(x), y(x)$ のラプラス変換をそれぞれ $F(s), G(s), Y(s)$ と表す．

表 6.1 は代表的な関数のラプラス変換である．

表 6.1 ラプラス変換表

$f(x)$	$F(s)$
$\theta(x) := \begin{cases} 1 & (x \geq 0) \\ 0 & (x < 0) \end{cases}$	$\dfrac{1}{s}$
$x^n \quad (n = 0, 1, 2, \cdots)$	$\dfrac{n!}{s^{n+1}}$
$x^n e^{ax} \quad (s > a, \ n = 0, 1, 2, \cdots)$	$\dfrac{n!}{(s-a)^{n+1}}$
$\cos bx$	$\dfrac{s}{s^2 + b^2}$
$\sin bx$	$\dfrac{b}{s^2 + b^2}$
$e^{ax} \cos bx \quad (s > a)$	$\dfrac{s-a}{(s-a)^2 + b^2}$
$e^{ax} \sin bx \quad (s > a)$	$\dfrac{b}{(s-a)^2 + b^2}$

上の表で $\theta(x)$ を**ヘビサイドのステップ関数**または単に**ヘビサイド関数**と呼ぶ．

ラプラス逆変換 $F(s)$ が与えられたとき $f(x)$ を求める**ラプラス逆変換**の公式は複素積分

$$f(x) = \mathcal{L}^{-1}\{F(s)\} := \frac{1}{2\pi i} \int_{\alpha - i\infty}^{\alpha + i\infty} e^{sx} F(s) ds \tag{6.18}$$

で与えられる．ここで α は $e^{-\alpha x} f(x)$ が次式を満たすように十分大きくとる．

$$\int_0^\infty e^{-\alpha x} |f(x)| \, dx < \infty$$

6.2 ラプラス変換

ラプラス変換の公式　ラプラス変換表 6.1 と併せて以下の定理も非常に有用である．ラプラス変換表とこの定理とを組み合わせて，より広いクラスの関数のラプラス変換を求めることができる．

> **定理 6.4**　$f(x), g(x)$ のラプラス変換をそれぞれ $\mathcal{L}\{f(x)\} = F(s)$, $\mathcal{L}\{g(x)\} = G(s)$, a, b を定数とするとき以下が成立する．
> 1. $\mathcal{L}\{af(x) + bg(x)\} = aF(s) + bG(s)$
> 2. $\mathcal{L}\{f(ax)\} = \dfrac{1}{a} F\left(\dfrac{s}{a}\right) \quad (a > 0)$
> 3. $\mathcal{L}\{f(x-a)\theta(x-a)\} = e^{-as} F(s) \quad (a \geqq 0)$
> 4. $\mathcal{L}\{e^{ax} f(x)\} = F(s-a)$
> 5. $\mathcal{L}\{f'(x)\} = sF(s) - f(0)$
> 6. $\mathcal{L}\{f^{(n)}(x)\} = s^n F(s) - s^{n-1} f(0) - \cdots - f^{(n-1)}(0) \quad (n = 1, 2, \cdots)$
> 7. $\mathcal{L}\left\{\displaystyle\int_0^x f(y) dy\right\} = \dfrac{1}{s} F(s)$
> 8. $\mathcal{L}\{(-x)^n f(x)\} = F^{(n)}(s) \quad (n = 1, 2, \cdots)$
> 9. $\mathcal{L}\{f * g(x)\} = F(s) G(s), \quad f * g(x) := \displaystyle\int_0^x f(x-y) g(y) dy$ は合成積

微分方程式の初期値問題への応用　ラプラス変換を考える 1 つの理由は，定理 6.4 の 5, 6, 7 にある．これは f を微分，積分するという操作がラプラス変換の世界では F の s 倍または $1/s$ 倍という代数演算に置き換わることである．

次の初期値問題を考えよう．p, q は定数，$\{\alpha, \beta, f(x)\}$ は与えられたデータとする．

$$y'' + py' + qy = f(x), \quad y(0) = \alpha, \quad y'(0) = \beta \tag{6.19}$$

両辺をラプラス変換すると，微分方程式 (6.19) は $Y = Y(s) := \mathcal{L}\{y(x)\}$ に関する次の代数方程式に変形される．

$$(s^2 Y(s) - sy(0) - y'(0)) + p(sY(s) - y(0)) + qY(s) = F(s)$$
$$\Leftrightarrow Y(s) = \frac{F(s) + s\alpha + p\alpha + \beta}{s^2 + ps + q} \tag{6.20}$$

これをラプラス逆変換すると，(6.19) の解 $y = y(x)$ が求まる．ラプラス変換の手法は定数係数であれば高階や連立微分方程式にも適用可能である．

―― 例題 6.8 ―――――――――――――――――――――――― ラプラス変換 ――

次の関数のラプラス変換 $F(s) = \int_0^\infty e^{-sx} f(x) dx$ を定義にしたがって計算せよ．a, b は定数とする．

(a) x^n
(b) e^{ax} $(s > a)$
(c) $e^{ax} \cos bx$ $(s > a)$
(d) $e^{ax} \sin bx$ $(s > a)$

【解 答】 (a)
$$F(s) = \int_0^\infty x^n e^{-sx} dx = -\frac{1}{s} \left[x^n e^{-sx} \right]_{x=0}^\infty + \frac{n}{s} \int_0^\infty x^{n-1} e^{-sx} dx$$
$$= \frac{n}{s} \int_0^\infty x^{n-1} e^{-sx} dx = \cdots = \frac{n!}{s^n} \int_0^\infty e^{-sx} dx = n! s^{-n-1}$$

(b) $F(s) = \int_0^\infty e^{-(s-a)x} dx = -\frac{1}{s-a} \left[e^{-(s-a)x} \right]_0^\infty = \frac{1}{s-a}$

(c) $F(s) = \int_0^\infty e^{-(s-a)x} \cos bx \, dx$
$$= -\frac{1}{s-a} \left[e^{-(s-a)x} \cos bx \right]_0^\infty - \frac{b}{s-a} \int_0^\infty e^{-(s-a)x} \sin bx \, dx$$
$$= \frac{1}{s-a} + \frac{b}{(s-a)^2} \left[e^{-(s-a)x} \sin bx \right]_0^\infty$$
$$- \frac{b^2}{(s-a)^2} \int_0^\infty e^{-(s-a)x} \cos bx \, dx = \frac{1}{s-a} - \frac{b^2}{(s-a)^2} F(s)$$

$F(s)$ について解いて $F(s) = \dfrac{s-a}{(s-a)^2 + b^2}$

(d) (c) の結果を用いる．
$$F(s) = \int_0^\infty e^{-(s-a)x} \sin bx \, dx$$
$$= \frac{1}{b} \left(1 - (s-a) \int_0^\infty e^{-(s-a)x} \cos bx \, dx \right)$$
$$= \frac{1}{b} \left(1 - \frac{(s-a)^2}{(s-a)^2 + b^2} \right) = \frac{b}{(s-a)^2 + b^2}$$

■ 問 題

8.1 次の関数のラプラス変換を定義にしたがって計算せよ．a は定数，$\theta(x)$ はヘビサイド関数である．

(a) xe^{ax} $(s > a)$
(b) $\theta(x - a)$ $(a \geqq 0)$

―― 例題 6.9 ――――――――――――――――― ラプラス変換の性質 ――

$f(x)$ のラプラス変換を $F(s)$ とする．次の関数のラプラス変換を $F(s)$ を用いて表せ．ただし，$f(x)$ は (b) では条件 $\lim_{x\to\infty} e^{-sx}f(x) = 0$ を，(c) では条件 $\lim_{x\to\infty} e^{-sx}f^{(k)}(x) = 0$ $(k=0,1,\cdots,n-1)$ を満たすと仮定する．また，(d) で $\theta(x)$ はヘビサイド関数である．

(a) $e^{-ax}f(x)$ 　　　　　　　　(b) $f'(x)$
(c) $f^{(n)}(x)$ 　　　　　　　　(d) $f(x-a)\theta(x-a)$ 　$(a \geqq 0 : 定数)$

【解　答】 ラプラス変換の定義にしたがって計算する．

(a) $\displaystyle \int_0^\infty e^{-sx}e^{-ax}f(x)dx = \int_0^\infty e^{-(s+a)x}f(x)dx = F(s+a)$

(b) $\displaystyle \int_0^\infty e^{-sx}f'(x)dx = \left[e^{-sx}f(x)\right]_0^\infty + s\int_0^\infty e^{-sx}f(x)dx$
$\displaystyle = sF(s) - f(0)$ 　（仮定より $\lim_{x\to\infty}e^{-sx}f(x) = 0$）

(c) $\displaystyle \int_0^\infty e^{-sx}f^{(n)}(x)dx = \left[e^{-sx}f^{(n-1)}(x)\right]_0^\infty + s\int_0^\infty e^{-sx}f^{(n-1)}(x)dx$
$\displaystyle = -f^{(n-1)}(0) + s\left[e^{-sx}f^{(n-2)}(x)\right]_0^\infty + s^2\int_0^\infty e^{-sx}f^{(n-2)}(x)dx$
$\displaystyle = -f^{(n-1)}(0) - sf^{(n-2)}(0) + s^2\int_0^\infty e^{-sx}f^{(n-2)}(x)dx = \cdots$
$\displaystyle = -f^{(n-1)}(0) - sf^{(n-2)}(0) - \cdots - s^{n-1}f(0) + s^n\int_0^\infty e^{-sx}f(x)dx$
$\displaystyle = -f^{(n-1)}(0) - sf^{(n-2)}(0) - \cdots - s^{n-1}f(0) + s^nF(s)$

(d) $\displaystyle \int_0^\infty f(x-a)\theta(x-a)e^{-sx}dx = \int_a^\infty f(x-a)e^{-sx}dx$
$\displaystyle = \int_0^\infty f(t)e^{-s(t+a)}dt = e^{-as}F(s)$

■ 問　題 ■

9.1 $f(x), g(x)$ のラプラス変換をそれぞれ $F(s), G(s)$ とする．次の関数のラプラス変換を $F(s), G(s)$ を用いて表せ．

(a) $f(ax)$ 　$(a > 0 : 定数)$ 　　　(b) $\displaystyle \int_0^x f(t)dt$
(c) $\displaystyle f*g(x) = \int_0^x f(x-y)g(y)dy$

例題 6.10 — ラプラス逆変換

次の関数のラプラス逆変換を求めよ．

(a) $\dfrac{1}{s^2-2s-3}$　　　(b) $\dfrac{1}{s^3+s^2-5s+3}$

(c) $\dfrac{1}{s(s^2+1)}$　　　(d) $\dfrac{1}{s^4+4}$

ラプラス逆変換の公式を用いるのは複素関数の知識を必要とする．ここでは部分分数分解とラプラス変換表 6.1 および定理 6.4 を用いてラプラス逆変換を求める．

[解 答] (a) $\dfrac{1}{s^2-2s-3} = \dfrac{1}{(s+1)(s-3)} = \dfrac{1}{4(s-3)} - \dfrac{1}{4(s+1)}$ より，

$$\mathcal{L}^{-1}\left\{\dfrac{1}{4(s-3)} - \dfrac{1}{4(s+1)}\right\} = \dfrac{1}{4}e^{3x} - \dfrac{1}{4}e^{-x}.$$

(b) $\dfrac{1}{s^3+s^2-5s+3} = \dfrac{1}{(s-1)^2(s+3)} = \dfrac{1}{4(s-1)^2} - \dfrac{1}{16(s-1)} + \dfrac{1}{16(s+3)}$ より，

$$\mathcal{L}^{-1}\left\{\dfrac{1}{4(s-1)^2} - \dfrac{1}{16(s-1)} + \dfrac{1}{16(s+3)}\right\} = \dfrac{1}{4}xe^x - \dfrac{1}{16}e^x + \dfrac{1}{16}e^{-3x}.$$

(c) $\dfrac{1}{s(s^2+1)} = \dfrac{1}{s} - \dfrac{s}{s^2+1}$ より，

$$\mathcal{L}^{-1}\left\{\dfrac{1}{s} - \dfrac{s}{s^2+1}\right\} = 1-\cos x.$$

(d) $\dfrac{1}{s^4+4} = \dfrac{-s+2}{8(s^2-2s+2)} + \dfrac{s+2}{8(s^2+2s+2)} = \dfrac{1-(s-1)}{8\{(s-1)^2+1\}} + \dfrac{1+(s+1)}{8\{(s+1)^2+1\}}$

より，

$$\mathcal{L}^{-1}\left\{\dfrac{1-(s-1)}{8\{(s-1)^2+1\}} + \dfrac{1+(s+1)}{8\{(s+1)^2+1\}}\right\}$$
$$= \dfrac{1}{8}e^x\sin x - \dfrac{1}{8}e^x\cos x + \dfrac{1}{8}e^{-x}\sin x + \dfrac{1}{8}e^{-x}\cos x.$$

問 題

10.1 次の関数のラプラス逆変換を求めよ．

(a) $\dfrac{1}{s^3-4s^2+4s}$　　　(b) $\dfrac{1}{s^3+3s^2+s+3}$

── 例題 6.11 ──────────────── ラプラス変換を用いた初期値問題の解法 ──

ラプラス変換を用いて次の初期値問題を解け.
(a) $y'' - 7y' + 12y = e^x,\ y(0) = y'(0) = 0$
(b) $\begin{cases} y_1' = y_1 - y_2 + \sin x, \\ y_2' = y_1 + y_2 + 2\sin x, \end{cases}\ y_1(0) = y_2(0) = 0$

【解答】(a) $\mathcal{L}\{y(x)\} =: Y(s)$ とおいて両辺のラプラス変換をとると,

$$s^2 Y(s) - sy(0) - y'(0) - 7(sY(s) - y(0)) + 12Y(s) = \frac{1}{s-1}.$$

初期条件より
$$(s^2 - 7s + 12)Y(s) = \frac{1}{s-1}$$

$$Y(s) = \frac{1}{(s-1)(s-3)(s-4)} = \frac{1}{6(s-1)} - \frac{1}{2(s-3)} + \frac{1}{3(s-4)}.$$

ラプラス逆変換して, $y = \frac{1}{6}e^x - \frac{1}{2}e^{3x} + \frac{1}{3}e^{4x}.$

(b) $\mathcal{L}\{y_i(x)\} =: Y_i(s)\ (i=1,2)$ とおいて両辺のラプラス変換をとり初期条件を考慮すると,

$$sY_1(s) = Y_1(s) - Y_2(s) + \frac{1}{s^2+1},\quad sY_2(s) = Y_1(s) + Y_2(s) + \frac{2}{s^2+1}.$$

これを解いて部分分数分解すると

$$\begin{cases} Y_1(s) = \dfrac{s-3}{(s^2+1)(s^2-2s+2)} = \dfrac{-s-1}{s^2+1} + \dfrac{s-1}{s^2-2s+2} \\ Y_2(s) = \dfrac{2s-1}{(s^2+1)(s^2-2s+2)} = \dfrac{-1}{s^2+1} + \dfrac{1}{s^2-2s+2}. \end{cases}$$

ラプラス逆変換して,

$$\begin{cases} y_1 = -\cos x - \sin x + e^x \cos x \\ y_2 = -\sin x + e^x \sin x. \end{cases}$$

■ 問 題

11.1 ラプラス変換を用いて次の初期値問題を解け.
(a) $y^{(4)} - 5y'' + 4y = 0,\ y(0) = y'(0) = y''(0) = 0,\ y'''(0) = 1$
(b) $\begin{cases} y_1' = 2y_1 + y_2 + e^x, \\ y_2' = -y_1 + 4y_2, \end{cases}\ y_1(0) = 0,\ y_2(0) = 1$

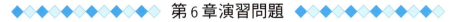 第6章演習問題

1. $D = d/dx$ とするとき，次の微分方程式の一般解を求めよ．
   (a) $(D-1)^2(D+3)y = 0$　　(b) $(D^3 + D^2 + D + 1)y = 0$
   (c) $(D^3 - 1)^3 y = 0$　　(d) $(D^4 + 4)^2 y = 0$

2. $D = d/dx$ とするとき，次の微分方程式の特解を1つ求めよ．
   (a) $(D+2)^2(D-4)^2 y = e^x$　　(b) $(D+2)^2(D-4)^2 y = e^{-2x} + e^{4x}$
   (c) $(D+2)^2(D-4)^2 y = \cos 2x$　　(d) $(D+2)^2(D-4)^2 y = e^x \sin 3x$
   (e) $(D^4 - 1)y = \cos x$　　(f) $(D^2 + 6D + 10)^3 y = e^{-3x} \sin x$
   (g) $(D^3 - D^2 + D - 1)y = x^2$　　(h) $(D+1)^4(D-1)^4 y = x^2 + x + 1$
   (i) $(D-1)^2 y = \dfrac{e^x}{1+x^2}$　　(j) $(D+3)^2 y = e^{-3x} \log x$

3. ラプラス変換を利用して次の微分方程式の初期値問題を解け．
   (a) $y''' + 3y'' - y' - 3y = e^x \quad (y(0) = 0, y'(0) = 1, y''(0) = 0)$
   (b) $y^{(4)} + 4y = 1 \quad (y(0) = y'(0) = y''(0) = 0, y'''(0) = 1)$
   (c) $y_1' = 3y_1 + 4y_2,\ y_2' = 4y_1 - 3y_2 + 25x \quad (y_1(0) = y_2(0) = 0)$
   (d) $y_1' = y_2 + y_3,\ y_2' = y_1 + y_3,\ y_3' = y_1 + y_2$
   $(y_1(0) = 1, y_2(0) = 0, y_3(0) = 0)$

4. y軸方向の電場 $\boldsymbol{E} = [0, E, 0]^{\mathrm{T}}$ および z 軸方向の磁場 $\boldsymbol{H} = [0, 0, H]^{\mathrm{T}}$ の作用の下での，質量 m，電荷 $-e\ (e > 0)$ の電子の xy 平面内での運動は微分方程式
$$m\ddot{x} + eH\dot{y} = 0, \quad m\ddot{y} - eH\dot{x} = -eE$$
にしたがう．初期条件を $x(0) = \dot{x}(0) = y(0) = \dot{y}(0) = 0$ として，この微分方程式の初期値問題をラプラス変換を用いて解け．ここで E, H, m, e は定数である．

5.* 次式で定義される関数 $\delta_\varepsilon(t)$ について以下の問に答えよ．
$$\delta_\varepsilon(t) := \begin{cases} 1/\varepsilon & (0 < t < \varepsilon) \\ 0 & (t < 0,\ t > \varepsilon) \end{cases} \tag{1}$$

(a) (a, b) を $(0, \varepsilon)$ を含む任意の区間とし，$f(t)$ を (a, b) で連続な任意の関数とする．このとき，次式が成り立つことを示せ．
$$\lim_{\varepsilon \to 0} \int_a^b \delta_\varepsilon(t) f(t) dt = f(0) \tag{2}$$

(b) 関数 $\delta_\varepsilon(t)$ のラプラス変換を計算し，その結果から次式が成り立つことを示せ．
$$\lim_{\varepsilon\to 0}\mathcal{L}\{\delta_\varepsilon(t)\} = \lim_{\varepsilon\to 0}\int_0^\infty \delta_\varepsilon(t)e^{-st}dt = 1 \qquad(3)$$
これは上記の (2) 式とも一致していることに注意しよう．

(c) 次の微分方程式の初期値 $y(0)=\dot{y}(0)=0$ に対する初期値問題の解をラプラス変換を使って求めよ．さらに，その解の $\varepsilon\to 0$ における極限を求めよ．
$$\ddot{y}+y=\delta_\varepsilon(t) \qquad(4)$$

(d) ε を小さくすると，$\delta_\varepsilon(t)$ は幅が狭くなり，関数値は積分値を 1 に保ったまま大きくなる．$\lim_{\varepsilon\to 0}\delta_\varepsilon(t)$ は通常の関数としては存在しないが，直観的には 1 点に作用する単位の大きさのパルスとしてイメージできる．数学的にも超関数として確立されており，超関数の意味での極限を $\delta(t)$ と書くと，上記の (2), (3) 式で積分と極限の順序を交換できて
$$\int_I \delta(t)f(t)dt = f(0), \quad \mathcal{L}\{\delta(t)\}=1 \qquad(5)$$
が成り立つ．ここで $I\subset\mathbb{R}$ は $t=0$ を含む任意の区間，$f(t)$ は（$t=0$ の近傍で連続な）任意の関数である．パルスが $t=a$ で作用する場合を考えれば (5) は
$$\int_I \delta(t-a)f(t)dt = f(a), \quad \mathcal{L}\{\delta(t-a)\}=e^{-sa} \qquad(6)$$
と一般化される．ただし $I\subset\mathbb{R}$ は $t=a$ を含む任意の区間，第 2 式では $a>0$ である．$\delta(t),\delta(t-a)$ は**デルタ関数**と呼ばれる．デルタ関数のこれらの性質を使って，初期条件 $y(0)=\dot{y}(0)=0$ にしたがう
$$\ddot{y}+y=\delta(t-a) \quad (a>0) \qquad(7)$$
の解を求めよ．これは静止していた調和振動子に時刻 $t=a$ で大きさ 1 の衝撃が加わったときの調和振動子の運動方程式である．この解の $a\to +0$ における極限（$=:y_i(t)$ とおく）と (c) の結果とを比較せよ．また，同じ初期条件にしたがう
$$\ddot{y}+y=f(t) \qquad(8)$$
の解 $y(t)$ を $f(t)$ と (7) の解の $a\to +0$ での極限（解の具体的な形ではなく）$y_i(t)$ を用いて表せ．さらに，この結果の任意階数の定数係数常微分方程式の場合への一般化を考えよ．

7 変数係数線形常微分方程式と級数解

本章では線形常微分方程式のうち係数が独立変数に依存する変数係数線形常微分方程式を扱う．7.1 節では，定数係数および変数係数の線形常微分方程式に共通して成り立つ性質を簡単にまとめた後，一般解を具体的に求めることのできる微分方程式の例を紹介する．7.2, 7.3 節では変数係数の微分方程式を扱う上で強力な手法である級数解法について述べる．

7.1 変数係数線形常微分方程式

$p_1(x), \cdots, p_n(x), f(x)$ を与えられた関数として，変数係数 n 階線形常微分方程式
$$y^{(n)} + p_1(x)y^{(n-1)} + \cdots + p_{n-1}(x)y' + p_n(x)y = f(x) \tag{7.1}$$
を考える．特殊な場合を除き，解の具体形を求めるのは困難である．しかし定数係数の場合と同様の定理がそのまま変数係数の場合にも当てはまることが多い．第 4 章で述べた重ね合わせの原理は変数係数の場合にも適用可能であり，次の定理が成立する．

定理 7.1 n 階同次常微分方程式
$$y^{(n)} + p_1(x)y^{(n-1)} + \cdots + p_{n-1}(x)y' + p_n(x)y = 0 \tag{7.2}$$
の基本解を $\{y_1(x), y_2(x), \cdots, y_n(x)\}$ とおくと，(7.2) の一般解は
$$y = C_1 y_1(x) + C_2 y_2(x) + \cdots + C_n y_n(x) \quad (C_1, \cdots, C_n は任意定数) \tag{7.3}$$
で与えられる．

また 4.2 節の定理 4.4 を n 階変数係数に拡張した次の定理が成立する．

定理 7.2 非同次微分方程式 (7.1) の特解の 1 つは同次微分方程式 (7.2) の基本解 $y_1(x), \cdots, y_n(x)$ を用いて次のように書ける．
$$y = \sum_{i=1}^{n} (-1)^{n+i} y_i(x) \int \frac{f(x) W_i(x)}{W(x)} dx \tag{7.4}$$
ここで $W(x)$ は基本解 $y_1(x), y_2(x), \cdots, y_n(x)$ に対するロンスキ行列式

である.

$$W(x) := \begin{vmatrix} y_1 & \cdots & y_n \\ y_1' & \cdots & y_n' \\ \vdots & & \vdots \\ y_1^{(n-1)} & \cdots & y_n^{(n-1)} \end{vmatrix}$$

である. $W_i(x)$ は $W(x)$ から第 n 行, 第 i 列を取り除いてできる行列式である.

$$W_i(x) := \begin{vmatrix} y_1 & \cdots & y_{i-1} & y_{i+1} & \cdots & y_n \\ y_1' & \cdots & y_{i-1}' & y_{i+1}' & \cdots & y_n' \\ \vdots & & \vdots & \vdots & & \vdots \\ y_1^{(n-2)} & \cdots & y_{i-1}^{(n-2)} & y_{i+1}^{(n-2)} & \cdots & y_n^{(n-2)} \end{vmatrix}.$$

オイラー型微分方程式 $p_1, p_2, \cdots, p_n$ を与えられた実定数, $f(x)$ を与えられた関数として, 次の形の変数係数線形常微分方程式を**オイラー型微分方程式**と呼ぶ.

$$x^n y^{(n)} + p_1 x^{n-1} y^{(n-1)} + \cdots + p_{n-1} x y' + p_n y = f(x)$$

以後, $n=2$ の場合

$$x^2 y'' + p x y' + q y = f(x) \quad (p, q \text{ は実定数}) \tag{7.5}$$

を扱うが, 3 階以上も同様の操作で一般解を求めることができる. オイラー方程式 (7.5) は $x > 0$ として, **独立変数変換**

$$x = e^t \quad (t = \log x)$$

によって次の定数係数線形常微分方程式に変換される.

$$\ddot{y} + (p-1)\dot{y} + q y = f(e^t) \quad \left(\dot{} = \frac{d}{dt} \right) \tag{7.6}$$

$x > 0$ として微分方程式 (7.5) の同次方程式

$$x^2 y'' + p x y' + q y = 0$$
$$\Leftrightarrow \ddot{y} + (p-1)\dot{y} + q y = 0 \quad (x = e^t) \tag{7.7}$$

の一般解は特性方程式

$$\mu^2 + (p-1)\mu + q = 0 \tag{7.8}$$

の解にしたがって次の通りである.

> **定理 7.3** $x > 0$ とする．オイラー型同次微分方程式 (7.7) の一般解は特性方程式 (7.8) の解に応じて以下のようになる．
>
> 1. (7.8) が異なる 2 実数解 $\mu = \mu_1, \mu_2$ をもつ場合，
> $$y = C_1 x^{\mu_1} + C_2 x^{\mu_2}.$$
>
> 2. 重解 $\mu = \mu_1$ をもつ場合，
> $$y = C_1 x^{\mu_1} + C_2 x^{\mu_1} \log x.$$
>
> 3. 共役複素数解 $\mu = \alpha \pm \beta i$ をもつ場合，
> $$y = C_1 x^\alpha \cos(\beta \log x) + C_2 x^\alpha \sin(\beta \log x).$$

参考 上の定理の **3** において次の公式を用いた．
$$\begin{aligned} x^{\alpha \pm \beta i} &= x^\alpha x^{\pm \beta i} \\ &= x^\alpha \exp(\pm i\beta \log x) \\ &= x^\alpha \{\cos(\beta \log x) \pm i \sin(\beta \log x)\} \end{aligned}$$

コメント $x < 0$ の場合，独立変数変換 $x = -e^t$ を用いる．定理 7.3 の解の公式においては，x を $|x|$ で置き換えればよい．

【別 解】 独立変数変換を経由せずに，解の候補として $y = x^\mu$ を直接 (7.7) に代入する方法もある．その場合，μ に関する (7.8) と同様の特性方程式を得る．

ダランベールの階数低下法

以下，主として 2 階変数係数線形常微分方程式を考える．
$$y'' + p(x)y' + q(x)y = 0 \tag{7.9}$$

微分方程式 (7.9) の 1 つの解 $y = y_1(x)$ が何らかの方法で分かったとき，$y = u(x)y_1(x)$ を代入して，
$$y'' + p(x)y' + q(x)y = y_1 u'' + (2y_1' + p(x)y_1)u' = 0 \tag{7.10}$$

を得る．これは $v(x) := u'(x)$ に関する 1 階微分方程式である．この方法を**ダランベールの階数低下法**と呼ぶ．(7.10) を解いて $y_1(x)$ と 1 次独立な解は次式で与えられる．
$$\begin{aligned} y_2(x) &= y_1(x) \int \frac{\exp(-P(x))}{\{y_1(x)\}^2} dx \\ P(x) &:= \int p(x) dx. \end{aligned} \tag{7.11}$$

7.1 変数係数線形常微分方程式

例題 7.1 ─────────────── オイラー型微分方程式 ─

$x > 0$ として，次のオイラー型微分方程式の一般解を求めよ．
 (a) $x^2 y'' + xy' - y = 0$ 　　(b) $x^2 y'' - xy' + y = 0$
 (c) $x^2 y'' - xy' + 3y = 0$ 　(d) $x^2 y'' + xy' - y = x^2$
 (e) $x^2 y'' + xy' - y = (\log x)^2$ 　(f) $x^2 y'' - xy' + y = x$

【解　答】 独立変数変換 $x = e^t$ ($t = \log x$) として

$$\frac{dy}{dx} = \frac{dt}{dx}\frac{dy}{dt} = \frac{1}{x}\frac{dy}{dt}$$

$$\frac{d^2 y}{dx^2} = \frac{1}{x}\frac{d}{dx}\frac{dy}{dt} - \frac{1}{x^2}\frac{dy}{dt} = \frac{1}{x^2}\left(\frac{d^2 y}{dt^2} - \frac{dy}{dt}\right)$$

をそれぞれ方程式に代入する．以後 d/dt を $\cdot$ で表す．

(a) $\ddot{y} - y = 0$ より，一般解は $y = C_1 e^{-t} + C_2 e^t = \dfrac{C_1}{x} + C_2 x$.

(b) $\ddot{y} - 2\dot{y} + y = 0$ より，一般解は $y = C_1 e^t + C_2 t e^t = C_1 x + C_2 x \log x$.

(c) $\ddot{y} - 2\dot{y} + 3y = 0$ より，一般解は

$y = C_1 e^t \cos\sqrt{2}\,t + C_2 e^t \sin\sqrt{2}\,t = C_1 x \cos(\sqrt{2}\,\log x) + C_2 x \sin(\sqrt{2}\,\log x)$.

(d) $\ddot{y} - y = e^{2t}$ より，特解は $y = \dfrac{e^{2t}}{3} = \dfrac{x^2}{3}$. 余関数は (a) の一般解であるので，一般解は $y = \dfrac{x^2}{3} + \dfrac{C_1}{x} + C_2 x$.

(e) $\ddot{y} - y = t^2$ より，特解は $y = -t^2 - 2 = -(\log x)^2 - 2$. 余関数は (a) の一般解であるので，一般解は $y = -(\log x)^2 - 2 + \dfrac{C_1}{x} + C_2 x$.

(f) $\ddot{y} - 2\dot{y} + y = e^t$ より，特解は $y = \dfrac{t^2 e^t}{2} = \dfrac{x(\log x)^2}{2}$. 余関数は (b) の一般解であるので，一般解は $y = \dfrac{x(\log x)^2}{2} + C_1 x + C_2 x \log x$.

コメント 独立変数変換 $x = e^t$ を行うと，$y(x) = y(e^t)$ は t の関数としては y とは別の関数である．本来なら $\tilde{y}(t) = y(e^t)$ などと書くべきであるが記法が煩雑になるので同じ y を用いる．

■ 問　題

1.1 $x > 0$ とする．次の微分方程式の一般解を求めよ．
 (a) $x^2 y'' + 3xy' + y = 0$ 　　(b) $x^2 y'' + 3xy' + y = x^2$
 (c) $x^2 y'' + 3xy' + y = \dfrac{1}{x}$ 　(d) $x^3 y''' + 4x^2 y'' + xy' - y = 0$

例題 7.2 ────────────────── ダランベールの階数低下法 ─

y についての微分方程式

$$(*) : xy'' - (3x+2)y' + (2x+2)y = 0$$

について，以下の問に答えよ．
(a) $y = e^x$ は微分方程式 $(*)$ の解であることを確かめよ．
(b) $y = u(x)e^x$ とおいて，$u = u(x)$ についての微分方程式を導け．
(c) 微分方程式 $(*)$ の一般解を求めよ．

[解 答] (a) $y = e^x$ を $(*)$ に代入．(左辺)$= xe^x - (3x+2)e^x + (2x+2)e^x = 0$．
(b) $y = ue^x$, $y' = (u'+u)e^x$, $y'' = (u''+2u'+u)e^x$ を代入して，

$$x(u''+2u'+u) - (3x+2)(u'+u) + (2x+2)u = xu'' - (x+2)u' = 0.$$

したがって $u = u(x)$ に関する次の微分方程式を得る．

$$xu'' - (x+2)u' = 0.$$

(c) $v(x) := u'(x)$ とおくと，(b) で得た方程式は $v = v(x)$ に関する次の 1 階微分方程式に等価である．

$$xv' - (x+2)v = 0 \quad \Leftrightarrow \quad \frac{dv}{v} = \left(1 + \frac{2}{x}\right)dx$$

$$\log v = x + 2\log x + C$$

$$v = u' = C_1 x^2 e^x \quad (C_1 = e^C)$$

$$u = \int C_1 x^2 e^x \, dx + C_2$$

$$= C_1(x^2 - 2x + 2)e^x + C_2.$$

よって $(*)$ の一般解は

$$y = e^x u = C_1(x^2 - 2x + 2)e^{2x} + C_2 e^x.$$

■ 問 題

2.1 次の微分方程式が $y = \sin x$ を解としてもつことを確認して，ダランベールの階数低下法を用いて一般解を求めよ．

$$y''\sin^2 x - 4y'\sin x \cos x + (3\cos^2 x + 1)y = 0$$

7.2 正則点と整級数解

前節定理 7.1 で述べた通り，n 階線形常微分方程式
$$y^{(n)} + p_1(x)y^{(n-1)} + \cdots + p_n(x)y = 0 \tag{7.12}$$
の一般解は基本解 $y = y_1(x), \cdots, y_n(x)$ の 1 次結合 $y = C_1 y_1(x) + \cdots + C_n y_n(x)$ で与えられる．本節，次節では基本解を求めるための一手法として，与えられた点 $x = a$ の周りでの級数解を求める手法を解説する．

> **定義 7.1** 微分方程式 (7.12) においてすべての $p_j(x)$ が $x = a$ で解析的であるとき $x = a$ は (7.12) の**正則点**であるという．ここで関数 $f(x)$ が $x = a$ で**解析的**であるとは，$x = a$ のある近傍で次の**整級数**（または**ベキ級数**）の形に展開されることをいう．
> $$f(x) = \sum_{n=0}^{\infty} a_n (x-a)^n = a_0 + a_1(x-a) + \cdots + a_n(x-a)^n + \cdots$$

> **定理 7.4** $x = a$ を (7.12) の正則点とする．このとき (7.12) は次の形の**整級数解**（または**ベキ級数解**）をもつ．
> $$y = \sum_{n=0}^{\infty} A_n (x-a)^n = A_0 + A_1(x-a) + \cdots + A_n(x-a)^n + \cdots \tag{7.13}$$
> 整級数解を求めるには (7.13) を (7.12) に代入して，$(x-a)$ のベキ乗の各係数を 0 とおいて得られる漸化式から，A_n を順次決定すればよい（**未定係数法**）．

注意 級数解を求めた後，収束半径 R（極限値 $\lim_{n \to \infty} \left| \dfrac{a_n}{a_{n+1}} \right|$ が存在するか ∞ であるとき，これが R を与える）を考察する必要があるが，本章では必要に応じて触れるにとどめる．

参考 以下に，初等関数の $x = 0$ の周りにおけるテイラー展開をまとめる．なお，$\log(1+x)$, $(1+x)^a$ のテイラー展開の収束半径は 1 である．

$$e^x = \sum_{n=0}^{\infty} \frac{1}{n!} x^n, \quad \cosh x = \sum_{n=0}^{\infty} \frac{1}{(2n)!} x^{2n}, \quad \sinh x = \sum_{n=0}^{\infty} \frac{1}{(2n+1)!} x^{2n+1},$$

$$\cos x = \sum_{n=0}^{\infty} \frac{(-1)^n}{(2n)!} x^{2n}, \quad \sin x = \sum_{n=0}^{\infty} \frac{(-1)^n}{(2n+1)!} x^{2n+1},$$

$$\log(1+x) = \sum_{n=0}^{\infty} \frac{(-1)^n}{n+1} x^{n+1}, \quad (1+x)^a = \sum_{n=0}^{\infty} \binom{a}{n} x^n.$$

$\binom{a}{n} = \frac{a(a-1)\cdots(a-n+1)}{n!}$ $(n \geq 1)$, 1 $(n = 0)$ は 2 項係数である．

例題 7.3 ─────────────── **1 階微分方程式の整級数解（正則点）**

次の微分方程式の初期値問題を $x=0$ の周りの整級数解を仮定して解け．また整級数解の収束半径を求めよ．

$$(*) : (x+1)y' - y = x, \ y(0) = 1$$

【解　答】 $x=0$ は正則点であるので，$y = \sum_{n=0}^{\infty} A_n x^n$ の形の整級数解をもつ．初期条件 $y(0) = 1$ より $A_0 = 1$．また導関数は $y' = \sum_{n=1}^{\infty} n A_n x^{n-1} = \sum_{n=0}^{\infty} (n+1) A_{n+1} x^n$ なので，$(*)$ に代入して，

$$(x+1)y' - y = \sum_{n=0}^{\infty} ((n-1)A_n + (n+1)A_{n+1})x^n = x.$$

係数を比較して $-A_0 + A_1 = 0,\ 2A_2 = 1,\ A_{n+1} = -\frac{n-1}{n+1}A_n \ (n \geqq 2)$．
これを解いて，

$$A_1 = A_0 = 1, \quad A_2 = \frac{1}{2},$$
$$A_n = (-1)^{n-2}\frac{n-2}{n}\frac{n-3}{n-1}\cdots\frac{1}{3}A_2 = \frac{(-1)^n}{n(n-1)} \quad (n \geq 2).$$

したがって初期値問題の整級数解は次の通りである．

$$y = 1 + x + \sum_{n=2}^{\infty} \frac{(-1)^n}{n(n-1)}x^n$$

また $\lim_{n\to\infty}\left|\frac{A_n}{A_{n+1}}\right| = \lim_{n\to\infty}\frac{n+1}{n-1} = 1$ より，この級数の収束半径は 1 である．

コメント　$|x| < 1$ のとき解は $y = 1 + (1+x)\log(1+x)$ とも書ける．整級数解が意味をもつのは $|x| < 1$ の範囲に限られるが，対数関数による表現は収束域を超えた $x \geqq 1$ においても微分方程式の正しい解を与える．これは関数論における一致の定理の一例である．

■ **問 題**

3.1 次の微分方程式の初期値問題を $x=0$ の周りの整級数解を仮定して解け．また整級数解の収束半径を求めよ．

(a) $(x+1)y' + ay = 0, \ y(0) = 1$ （a は定数）
(b) $y' = y^2, \ y(0) = 1$

7.2 正則点と整級数解

---── 例題 **7.4** ──────────── 2階微分方程式の整級数解（正則点）(1) ──

次の微分方程式の一般解を，$x=0$ の周りの整級数解を仮定して求めよ．
$$(*) \ : \ (1-x^2)y'' - 2xy' + 2y = 0$$

【解　答】 $x=0$ は正則点であるので，$y = \sum_{n=0}^{\infty} A_n x^n$ の形の整級数解をもつ．

$$y' = \sum_{n=0}^{\infty} nA_n x^{n-1} \text{ より}, \ xy' = \sum_{n=0}^{\infty} nA_n x^n,$$

$$y'' = \sum_{n=0}^{\infty} n(n-1)A_n x^{n-2} \text{ より}, \ x^2 y'' = \sum_{n=0}^{\infty} n(n-1)A_n x^n.$$

また，

$$y'' = \sum_{n=2}^{\infty} n(n-1)A_n x^{n-2} = \sum_{n=0}^{\infty} (n+2)(n+1)A_{n+2} x^n$$

とも書けるので，係数を比較して，$A_2 = -A_0$, $A_3 = 0$, $A_{n+2} = \dfrac{n-1}{n+1} A_n$ より

$$A_3 = A_5 = \cdots = A_{2n+1} = 0, \quad A_{2n} = -\frac{1}{2n-1} A_0 \quad (n \geqq 1).$$

一般解は

$$y = A_0 \left(1 - \sum_{n=1}^{\infty} \frac{1}{2n-1} x^{2n}\right) + A_1 x.$$

コメント 　求めた級数の収束域は $|x| < 1$ である．ここで，同じ収束域をもつ級数 $\sum_{n=1}^{\infty} x^{2n-2}$ を項別積分すれば，

$$\int_0^x \sum_{n=1}^{\infty} t^{2n-2} dt = \int_0^x \frac{dt}{1-t^2} = \frac{1}{2} \log \frac{1+x}{1-x}$$

$$= \sum_{n=1}^{\infty} \int_0^x t^{2n-2} dt = \sum_{n=1}^{\infty} \frac{1}{2n-1} x^{2n-1}$$

であるので，一般解は $y = A_0 \left(1 - \dfrac{x}{2} \log \dfrac{1+x}{1-x}\right) + A_1 x$ とも書ける．

問　題

4.1 次の微分方程式の初期値問題を $x=0$ の周りの整級数解を仮定して解け．
$$y'' - xy' - y = 0, \quad y(0) = 1, \quad y'(0) = 0$$

---例題 7.5--------------------2階微分方程式の整級数解（正則点）(2)---

次の微分方程式の一般解を，$x=1$ の周りの整級数解を仮定して $(x-1)^5$ の項まで求めよ．

$$(*) : y'' + xy' + y = 0$$

[解 答] $x=1$ は正則点なので，$y = \sum_{n=0}^{\infty} A_n(x-1)^n$ の形の解をもつ．ここで $t = x-1$ とおくと，$\frac{dy}{dx} = \frac{dy}{dt}$, $\frac{d^2y}{dx^2} = \frac{d^2y}{dt^2}$ より，微分方程式は

$$(\#) : \frac{d^2y}{dt^2} + (t+1)\frac{dy}{dt} + y = 0$$

と書ける．$y = \sum_{n=0}^{\infty} A_n(x-1)^n = \sum_{n=0}^{\infty} A_n t^n$ を (#) に代入して整理すると，

$$\sum_{n=0}^{\infty} (n+1)(A_n + A_{n+1} + (n+2)A_{n+2})t^n = 0$$

を得る．$A_{n+2} = -\frac{1}{n+2}(A_n + A_{n+1})$ を $n = 0, 1, 2, \cdots$ について順次解いて，

$$A_2 = -\frac{A_0}{2} - \frac{A_1}{2}, \ A_3 = \frac{A_0}{6} - \frac{A_1}{6}, \ A_4 = \frac{A_0}{12} + \frac{A_1}{6}, \ A_5 = -\frac{A_0}{20}, \cdots$$

したがって，$x=1$ の周りの整級数解は

$$y = A_0\left(1 - \frac{1}{2}(x-1)^2 + \frac{1}{6}(x-1)^3 + \frac{1}{12}(x-1)^4 - \frac{1}{20}(x-1)^5 + \cdots\right)$$
$$+ A_1\left(x - 1 - \frac{1}{2}(x-1)^2 - \frac{1}{6}(x-1)^3 + \frac{1}{6}(x-1)^4 - \cdots\right)$$

コメント 1. 本例題で，A_n の一般項を求めるのは難しいが，漸化式を用いて計算機で A_n の値を逐次計算すれば，y の近似値を求め，グラフを描くのは可能である．
2. $t = 1 - x$ と独立変数変換してもよい．

■ 問 題

5.1 微分方程式 $xy'' - (x+1)y' - y = 0$ について，以下の初期条件下での解を $x = -1$ の周りの整級数解を仮定して $(x+1)^5$ の項まで求めよ．

(a) $y(-1) = 1, \ y'(-1) = 0$ (b) $y(-1) = 0, \ y'(-1) = 1$

7.3 確定特異点

> **定義 7.2** 微分方程式
> $$y^{(n)} + p_1(x)y^{(n-1)} + \cdots + p_n(x)y = 0 \tag{7.14}$$
> で $p_j(x)$ $(j=1,\cdots,n)$ の少なくとも 1 つが $x=a$ で解析的でないとき, $x=a$ を (7.14) の**特異点**, また特異点 $x=a$ において, $(x-a)p_1(x)$, $(x-a)^2 p_2(x)$, $\cdots$, $(x-a)^n p_n(x)$ がすべて解析的であるとき, $x=a$ を**確定特異点**と呼ぶ. 確定特異点でない特異点を**不確定特異点**と呼ぶ.

> **定理 7.5** $x=a$ を微分方程式 (7.14) の確定特異点とする. (7.14) は次の形の**級数解**をもつ.
> $$y = \sum_{n=0}^{\infty} A_n(x-a)^{n+r} \quad (r \text{ は実数}) \tag{7.15}$$

本節では 2 階常微分方程式に話をしぼる.
$$y'' + p(x)y' + q(x)y = 0 \tag{7.16}$$
$x=a$ を微分方程式 (7.16) の確定特異点として, 級数解 (7.15) を (7.16) に代入すると, $(x-a)$ の最低次の項から r についての 2 次方程式 (**決定方程式**) が得られる.

$$r(r-1) + p_0 r + q_0 = 0, \tag{7.17}$$
$$p_0 := \lim_{x \to a}(x-a)p(x), \quad q_0 := \lim_{x \to a}(x-a)^2 q(x).$$

> **定理 7.6** 決定方程式 (7.17) が 2 実数解 $r = r_1, r_2$ $(r_1 \geqq r_2)$ をもつとき, $r_1 - r_2$ の値によって, (7.16) は以下の形の基本解 $\{y_1(x), y_2(x)\}$ をもつ.
> 1. $r_1 - r_2$ が非整数の場合:
> $$y_1(x) = \sum_{n=0}^{\infty} A_n(x-a)^{n+r_1}, \quad y_2(x) = \sum_{n=0}^{\infty} B_n(x-a)^{n+r_2}. \tag{7.18}$$
> 2. $r_1 - r_2 = 0$ の場合:
> $$y_1(x) = \sum_{n=0}^{\infty} A_n(x-a)^{n+r_1}, \tag{7.19}$$
> $$y_2(x) = y_1(x) \log|x-a| + \sum_{n=0}^{\infty} B_n(x-a)^{n+r_1}. \tag{7.20}$$

3. $r_1 - r_2$ が自然数の場合：

$$y_1(x) = \sum_{n=0}^{\infty} A_n (x-a)^{n+r_1}, \tag{7.21}$$

$$y_2(x) = c y_1(x) \log|x-a| + \sum_{n=0}^{\infty} B_n (x-a)^{n+r_2} \quad (c=0 \text{ または } 1). \tag{7.22}$$

係数 A_n, B_n は $y_1(x), y_2(x)$ を (7.16) に代入，係数を比較することによって決定される．

── 例題 7.6 ──────────── 確定特異点周りの 1 階微分方程式の級数解 ─

$y = y(x)$ に関する次の微分方程式について以下の問に答えよ．

$$(*) : xy' + y = 0$$

(a) 整級数解 $y = \sum_{n=0}^{\infty} A_n x^n$ を仮定して，微分方程式を解くとどうなるか？

(b) $y = \sum_{n=0}^{\infty} A_n x^{n+r}$ $(A_0 \neq 0)$ を仮定して，$(*)$ の一般解を求めよ．

微分方程式 $(*)$ は $y' + \frac{1}{x} y = 0$ と変形され，$x=0$ は確定特異点である．この場合前節同様整級数解を仮定して代入すると，自明解 $y \equiv 0$ しか得られない場合が生じる．

[解 答] (a) $y = \sum_{n=0}^{\infty} A_n x^n$, $y' = \sum_{n=1}^{\infty} n A_n x^{n-1}$ を $(*)$ に代入すると，$A_0 + \sum_{n=1}^{\infty} (n+1) A_n x^n = 0$. 係数を比較して $A_0 = A_1 = A_2 = \cdots = 0$. つまり自明解 $y \equiv 0$ しか得られない．

(b) $y = \sum_{n=0}^{\infty} A_n x^{n+r}$, $y' = \sum_{n=0}^{\infty} (n+r) A_n x^{n+r-1}$ を $(*)$ に代入すると，$\sum_{n=0}^{\infty} (n+r+1) A_n x^{n+r} = 0$. $A_0 \neq 0$ より $r = -1$. また x^n $(n=1,2,\cdots)$ の係数を比較して $A_1 = A_2 = \cdots = 0$. したがって一般解は $y = A_0/x$.

■ 問 題 ■

6.1 初期値問題 $3xy' - (3x+1)y = 0$ の一般解を，$x=0$ の周りの級数解 $y = \sum_{n=0}^{\infty} A_n x^{n+r}$ $(A_0 \neq 0)$ を仮定して求めよ．

7.3 確定特異点

例題 7.7 ─────── 確定特異点（決定方程式の解の差が非整数の場合）

次の微分方程式の一般解を $x=0$ の周りの級数解を仮定して求めよ．

$$(*) : 2xy'' + y' - y = 0$$

【解　答】 $(*) \Leftrightarrow y'' + \frac{1}{2x}y' - \frac{1}{2x}y = 0$ なので $x=0$ は確定特異点である．このとき，級数解を $y = \sum_{n=0}^{\infty} A_n x^{n+r}$ と仮定，$(*)$ に代入，整理すると，

$$\sum_{n=0}^{\infty} A_n(n+r)(2n+2r-1)x^{n+r-1} - \sum_{n=0}^{\infty} A_n x^{n+r} = 0.$$

x^{r-1} の係数より，(1) : $A_0 r(2r-1) = 0$ （**決定方程式**），
x^{n+r} の係数より，漸化式 (2) : $A_{n+1}(n+r+1)(2n+2r+1) - A_n = 0$ $(n \geqq 0)$
を得る．決定方程式 (1) より $r = 0, 1/2$．その差は非整数である．

(i) $r=0$ のとき (2) より $A_n = \frac{1}{n(2n-1)}A_{n-1} = \frac{2}{2n(2n-1)}A_{n-1} = \frac{2^n}{(2n)!}A_0$.

$$\text{基本解は} \quad y = y_1(x) = \sum_{n=0}^{\infty} \frac{(2x)^n}{(2n)!}.$$

(ii) $r=1/2$ のとき (2) より $A_n = \frac{1}{(2n+1)n}A_{n-1} = \frac{2}{(2n+1)2n}A_{n-1} = \frac{2^n}{(2n+1)!}A_0$.

$$\text{基本解は} \quad y = y_2(x) = \sum_{n=0}^{\infty} \frac{(2x)^{n+1/2}}{(2n+1)!}.$$

(i), (ii) より一般解は次式で与えられる．また収束半径は ∞ である．

$$y = C_1 y_1(x) + C_2 y_2(x) = C_1 \sum_{n=0}^{\infty} \frac{(2x)^n}{(2n)!} + C_2 \sum_{n=0}^{\infty} \frac{(2x)^{n+1/2}}{(2n+1)!}$$

コメント　この一般解は次の通り双曲線関数（$x<0$ の場合は三角関数）を用いて表される．

$$y = C_1 \cosh\sqrt{2x} + C_2 \sinh\sqrt{2x}.$$

■ 問　題

7.1 $2x^2 y'' + xy' + (x-1)y = 0$ の一般解を $x=0$ の周りの級数解を仮定して求めよ．

例題 7.8* —————— 確定特異点（決定方程式が重解をもつ場合）

次の微分方程式の一般解を $x=0$ の周りの級数解を仮定して求めよ．

$$(*) : xy'' + y' - y = 0$$

【解答】 $(*)$ は $y'' + \frac{1}{x}y' - \frac{1}{x}y = 0$ と書けるので，$x=0$ は確定特異点である．そこで $y = \sum_{n=0}^{\infty} A_n x^{n+r}$ を $(*)$ に代入，整理すると，

$$r^2 A_0 x^{r-1} + \sum_{n=0}^{\infty} \{(n+r+1)^2 A_{n+1} - A_n\} x^{n+r} = 0.$$

係数を比較して

$$(1): r^2 A_0 = 0, \quad (2): (n+r+1)^2 A_{n+1} - A_n = 0 \ (n \geqq 0).$$

(1) より決定方程式 $r^2 = 0$ を解いて $r=0$ （重解）．

(i) $r=0$ のとき (2) より $A_n = \frac{1}{n^2} A_{n-1} = \frac{1}{(n!)^2} A_0$. したがって基本解の 1 つは

$$y = y_1(x) = \sum_{n=0}^{\infty} \frac{1}{(n!)^2} x^n.$$

(ii) もう 1 つの基本解を求めるために，漸化式 (2) を <u>r を残したまま解く</u>.

$$A_n = A_n(r) = \frac{1}{(r+1)^2 (r+2)^2 \cdots (r+n)^2} A_0$$

上で求めた $\{A_n(r)\}_{n=0,1,2,\cdots}$ に対して，

$$y = y(x,r) := \sum_{n=0}^{\infty} A_n(r) x^{n+r}$$

を微分方程式 $(*)$ に代入する．$A_n(r)$ は漸化式 (2) を満たすので，x^{n+r} （$n=0,1,2,\cdots$）の係数は 0 になることに注意すると，

$$xy''(x,r) + y'(x,r) - y(x,r) = r^2 A_0 x^{r-1}.$$

両辺を r で偏微分して，$r=0$ とおくと，

$$x(y_r(x,0))'' + (y_r(x,0))' - y_r(x,0) = A_0 x^{r-1}(2r + r^2 \log x) \Big|_{r=0} = 0.$$

これは，$y = y_r(x,0)$ が $(*)$ の基本解 $y_2(x)$ であることを意味する．以下これを計算する．

7.3 確定特異点

$$y_r(x,r) = \sum_{n=0}^{\infty} A_n'(r) x^{n+r} + \sum_{n=0}^{\infty} A_n(r) x^{n+r} \log|x|$$

$$y_2(x) = y_r(x,0) = \sum_{n=0}^{\infty} A_n'(0) x^n + \sum_{n=0}^{\infty} A_n(0) x^n \log|x|$$

2 項目は $r=0$ を代入すると，$y_1(x)\log|x|$ に等しい．第 1 項目の $A_n'(r)$ は対数微分法により，

$$(\log A_n(r))' = \frac{A_n'(r)}{A_n(r)} = -2 \sum_{k=1}^{n} \frac{1}{r+k}.$$

両辺に $A_n(r)$ を乗じて，$r=0$ を代入すると，

$$A_n'(0) = -\frac{2}{(n!)^2} \sum_{k=1}^{n} \frac{1}{k}.$$

したがってもう 1 つの基本解 $y = y_2(x)$ は

$$y_2(x) = y_1(x) \log|x| - 2 \sum_{n=1}^{\infty} \frac{1}{(n!)^2} \left(\sum_{k=1}^{n} \frac{1}{k} \right) x^n.$$

(i), (ii) より微分方程式 (∗) の一般解は

$$y = C_1 y_1(x) + C_2 y_2(x)$$
$$= C_1 \sum_{n=0}^{\infty} \frac{1}{(n!)^2} x^n + C_2 \left\{ \left(\sum_{n=0}^{\infty} \frac{1}{(n!)^2} x^n \right) \log|x| - 2 \sum_{n=1}^{\infty} \frac{1}{(n!)^2} \left(\sum_{k=1}^{n} \frac{1}{k} \right) x^n \right\}.$$

コメント **1.** 以後，決定方程式が重解 $r=r_1$ をもつ場合は，2 つ目の基本解 $y_2(x)$ として，以下の形を仮定して解いてもよい．

$$y_2(x) = y_1(x) \log|x| + \sum_{n=0}^{\infty} B_n x^{n+r_1}$$

2. 問題によっては $y_1(x)$ が初等関数で表される場合がある．この場合，もう 1 つの基本解を $y_2(x) = u(x) y_1(x)$ とおいて $u(x)$ についての本質的に 1 階の微分方程式に変換するダランベールの階数低下法（例題 7.2 参照）が有効な場合もある．

問題

8.1∗ $x(x+1)y'' + (3x+1)y' + y = 0$ の一般解を $x=0$ の周りの級数解を仮定して求めよ．

---例題 7.9*--------------確定特異点（決定方程式の解の差が自然数の場合）---

次の微分方程式の一般解を $x=0$ の周りの級数解を仮定して求めよ.

$$(*) : xy'' - y = 0$$

決定方程式の解の差が自然数の場合は最も難しい. 1つ目の基本解を $y = y_1(x)$ として, 2つ目の基本解は対数項 $y_1(x)\log|x|$ を含むことも含まないこともある. 最初に含まない場合を計算して, うまくいかなければ対数項を入れた形で計算すればよい.

【解　答】 $(*)$ は $y'' - \frac{1}{x}y = 0$ と変形されるので, $x=0$ は確定特異点である. そこでベキ級数解 $y = \sum_{n=0}^{\infty} A_n x^{n+r}$ を $(*)$ に代入, 整理すると

$$xy'' - y = A_0 r(r-1) x^{r-1} + \sum_{n=0}^{\infty} ((n+r)(n+r+1)A_{n+1} - A_n) x^{n+r} = 0$$

を得る. 係数を比較して

$$(1) : r(r-1)A_0 = 0, \quad (2) : (n+r)(n+r+1)A_{n+1} = A_n \quad (n \geq 0)$$

(1) より決定方程式 $r(r-1) = 0$ の解は $r = 0, 1$ でその差は自然数である.

(i) $r=1$ のとき (2) より $A_n = \frac{1}{n(n+1)} A_{n-1} = \frac{1}{n!(n+1)!} A_0$. 基本解の1つは

$$y = y_1(x) = \sum_{n=0}^{\infty} \frac{x^{n+1}}{n!(n+1)!}$$

(ii) $r=0$ のとき対応する解を $y = \sum_{n=0}^{\infty} B_n x^n$ の形に仮定して, $(*)$ に代入して係数を比較すると

$$n(n+1)B_{n+1} = B_n \quad \text{よって} \quad B_0 = 0, \quad B_n = \frac{1}{(n-1)!\,n!} B_1$$

このとき得られる解 $y = y_2(x)$ は

$$y_2(x) = \sum_{n=1}^{\infty} \frac{1}{(n-1)!\,n!} x^n = \sum_{n=0}^{\infty} \frac{1}{n!(n+1)!} x^{n+1} = y_1(x)$$

より $y_1(x)$ と1次独立ではない. この場合は代わりに解の形を

$$y = y_1(x) \log|x| + \sum_{n=0}^{\infty} B_n x^n$$

7.3 確定特異点

に仮定して $(*)$ に代入，整理すると

$$xy'' - y = (xy_1''(x) - y_1(x))\log|x| + 2y_1'(x) - \frac{1}{x}y_1(x)$$
$$+ \sum_{n=0}^{\infty} n(n-1)B_n x^{n-1} - \sum_{n=0}^{\infty} B_n x^n = 0.$$

ここで $xy_1''(x) - y_1(x) = 0$ に注意すると，

$$\sum_{n=0}^{\infty}\left(\frac{2}{(n!)^2} - \frac{1}{n!\,(n+1)!}\right)x^n + \sum_{n=0}^{\infty}(n(n+1)B_{n+1} - B_n)x^n = 0$$

を得る．係数を比較して

$$B_0 = 1, \quad n(n+1)B_{n+1} - B_n = -\frac{(2n+1)}{n!\,(n+1)!} \quad (n=1,2,\cdots).$$

漸化式の両辺を $(n-1)!\,n!$ 倍して $\tilde{B}_n = (n-1)!\,n!\,B_n$ とおくと，

$$\tilde{B}_{n+1} - \tilde{B}_n = -\frac{2n+1}{n(n+1)} \quad (n=1,2,\cdots).$$

これを解いて $\tilde{B}_n = -\sum_{k=1}^{n-1}\frac{2k+1}{k(k+1)} + \tilde{B}_1$．さらに $\tilde{B}_1 = B_1 = 0$ にとると，

$$B_n = -\frac{1}{n!\,(n-1)!}\sum_{k=1}^{n-1}\frac{2k+1}{k(k+1)} \quad (n=2,3,\cdots).$$

したがってもう 1 つの基本解は

$$y = y_2(x) = y_1(x)\log|x| + 1 - \sum_{n=1}^{\infty}\left(\sum_{k=1}^{n}\frac{2k+1}{k(k+1)}\right)\frac{x^{n+1}}{n!\,(n+1)!}.$$

(i), (ii) より一般解は

$$y = C_1 y_1(x) + C_2 y_2(x) = C_1 \sum_{n=0}^{\infty}\frac{x^{n+1}}{n!\,(n+1)!}$$
$$+ C_2\left\{\left(\sum_{n=0}^{\infty}\frac{x^{n+1}}{n!\,(n+1)!}\right)\log|x| + 1 - \sum_{n=1}^{\infty}\left(\sum_{k=1}^{n}\frac{2k+1}{k(k+1)}\right)\frac{x^{n+1}}{n!\,(n+1)!}\right\}.$$

■ 問題

9.1* $x^2 y'' + (x+x^2)y' - y = 0$ の一般解を $x=0$ の周りの級数解を仮定して求めよ．

第7章演習問題

1. 次の微分方程式の一般解を括弧内の特解を利用して求めよ．
   (a) $xy'' + (x+1)y' + y = 0$ $(y = e^{-x})$
   (b) $y''\cos^2 x + 2y'\cos x \sin x - 4y = 0$ $(y = \tan x)$

2. $x > 0$ のとき，次の微分方程式の一般解を求めよ．
   (a) $3x^2 y'' - 2xy' + 2y = 0$
   (b) $x^2 y'' - 5xy' + 12y = 0$
   (c) $x^2 y'' - 3xy' + 4y = 0$
   (d) $x^2 y'' - 3xy' + 4y = \log x$
   (e) $x^2 y'' - 3xy' + 4y = x$
   (f) $x^2 y'' - 3xy' + 4y = x^2$
   (g) $2x^3 y''' + 3x^2 y'' - xy' + y = \sqrt{x}$
   (h) $2x^3 y''' + 3x^2 y'' - xy' + y = x$

3. 次の初期値問題を，$x = 0$ の周りの級数解を仮定して，0 でないはじめの 4 項まで求めよ．
   (a) $y' + (x^2 + 1)y = 0$ $(y(0) = 1)$
   (b) $y' = y^2 - 1$ $(y(0) = 0)$
   (c) $y'' + xy = 0$ $(y(0) = 1,\ y'(0) = 0)$

4. 次の微分方程式の一般解を $x = 0$ の周りの級数解を仮定して求めよ．
   (a) $xy' + (x^2 + 1)y = 0$
   (b) $2x^2 y'' + (x - 2x^2)y' - y = 0$
   (c)* $9x^2 y'' + 6xy' + (9x^2 - 2)y = 0$
   (d)* $4x^2 y'' + (4x^2 + 1)y = 0$

5. μ を定数とする．$y(x) := \sin(\mu \arcsin x)$ として以下の問に答えよ．
   (a) $y = y(x)$ は微分方程式 $(1 - x^2)y'' - xy' + \mu^2 y = 0$ を満たすことを示せ．
   (b) $y = y(x)$ の $x = 0$ の周りのテイラー展開を求めよ．

6.* 次の微分方程式について以下の問に答えよ．

$$(*) : x^4 y'' + y = 0$$

   (a) 独立変数変換 $x = 1/\xi$ によって，上の微分方程式を書き換えよ．
   (b) $\xi = 0$ は (a) で得られた微分方程式の確定特異点である（言い換えると $x = \infty$ は (*) の確定特異点である）ことを示し，(a) の一般解を $\xi = 0$ の周りの級数解を仮定して求めよ（$\xi = 1/x$ と置き直すと，これは元の微分方程式 (*) の無限点周りの級数解である）．

8 特殊関数

本章ではさまざまな変数係数 2 階常微分方程式を級数解を仮定して解く際に現れる数学上かつ応用上重要な**特殊関数**を議論する．

8.1 直交多項式

本節では直交多項式と呼ばれるクラスに属する多項式の例をいくつか挙げる．以後 n を非負の整数とする．

ルジャンドル多項式　ルジャンドルの微分方程式

$$((1-x^2)y')' + n(n+1)y = (1-x^2)y'' - 2xy' + n(n+1)y = 0 \tag{8.1}$$

において，基本解の 1 つは n 次多項式

$$y = P_n(x) := \frac{1}{2^n n!}\left(\frac{d}{dx}\right)^n \{(x^2-1)^n\} \tag{8.2}$$

で与えられる．これを**ルジャンドル多項式**と呼ぶ．

チェビシェフ多項式　チェビシェフの微分方程式

$$\sqrt{1-x^2}\left(\sqrt{1-x^2}y'\right)' + n^2 y = (1-x^2)y'' - xy' + n^2 y = 0 \tag{8.3}$$

において，基本解の 1 つは

$$\begin{aligned}y = T_n(x) &:= \cos(n \arccos x) \\ \Leftrightarrow \cos n\theta &= T_n(\cos\theta)\end{aligned} \tag{8.4}$$

で与えられる．$T_n(x)$ は x についての n 次多項式で，**チェビシェフ多項式**と呼ばれる．

一方，次式で与えられる関数 $U_n(x)$ $(n = 0, 1, 2, \cdots)$ も x についての n 次多項式で，**第 2 種チェビシェフ多項式**と呼ばれる．

$$\begin{aligned}U_n(x) &:= \frac{\sin\{(n+1)\arccos x\}}{\sqrt{1-x^2}} \\ \Leftrightarrow \frac{\sin(n+1)\theta}{\sin\theta} &= U_n(\cos\theta)\end{aligned} \tag{8.5}$$

エルミート多項式 エルミートの微分方程式

$$y'' - 2xy' + 2ny = 0 \tag{8.6}$$

において，基本解の 1 つは

$$y = H_n(x) := (-1)^n e^{x^2} \left(\frac{d}{dx}\right)^n (e^{-x^2}) \tag{8.7}$$

で与えられる．$H_n(x)$ は x についての n 次多項式で，**エルミート多項式**と呼ばれる．

ラゲール多項式 ラゲールの微分方程式

$$xy'' + (1-x)y' + ny = 0 \tag{8.8}$$

において，基本解の 1 つは

$$y = L_n(x) := e^x \left(\frac{d}{dx}\right)^n (x^n e^{-x}) \tag{8.9}$$

で与えられる．$L_n(x)$ は x についての n 次多項式で，**ラゲール多項式**と呼ばれる．

直交多項式 ルジャンドル多項式，チェビシェフ多項式，エルミート多項式，ラゲール多項式は**直交多項式**と呼ばれるカテゴリに属する多項式の代表的な例である．

$I = [a, b]$ を与えられた区間（ただし $a = -\infty$，$b = \infty$ も許す）とする．$w(x)$ を I 上で積分可能な正値連続関数とする．区間 I で定義された複素数値連続関数 $f(x), g(x)$ に対して，

$$(f, g) := \int_a^b f(x) \overline{g(x)} w(x) dx \tag{8.10}$$

を（**重み関数** $w(x)$ に関する）**内積**という．ここで $\overline{g(x)}$ は $g(x)$ の複素共役を表す．また，$\|f\| := \sqrt{(f, f)}$ を f の**ノルム**という．このとき関数列 $\{p_n(x)\}_{n=0,1,\ldots}$ が直交条件

$$(p_n, p_m) = \int_a^b p_n(x) \overline{p_m(x)} w(x) dx = 0 \quad (m \neq n) \tag{8.11}$$

を満たすとき，$\{p_n(x)\}_{n=0,1,\ldots}$ は重み関数 $w(x)$ に関して**直交関数系**を成すという．特に各 $p_n(x)$ が n 次多項式であるとき，$\{p_n(x)\}_{n=0,1,\ldots}$ は**直交多項式系**を成すという．

コメント 本節では実数値関数のみ取り扱うので，内積の定義 (8.10) において，複素共役の記号 ‾ は省略可能である．

8.1 直交多項式

表 8.1 は直交多項式と区間，重み関数，ノルム（の 2 乗）のリストである．

表 8.1 直交多項式系

多項式	区間	重み関数	ノルム $\|p_n\|^2$
ルジャンドル多項式 $P_n(x)$	$[-1,1]$	1	$2/(2n+1)$
チェビシェフ多項式 $T_n(x)$	$[-1,1]$	$1/\sqrt{1-x^2}$	$\pi \quad (n=0)$ $\pi/2 \quad (n \geqq 1)$
第 2 種チェビシェフ多項式 $U_n(x)$	$[-1,1]$	$\sqrt{1-x^2}$	$\pi/2$
エルミート多項式 $H_n(x)$	$(-\infty, \infty)$	e^{-x^2}	$2^n n! \sqrt{\pi}$
ラゲール多項式 $L_n(x)$	$[0, \infty)$	e^{-x}	$(n!)^2$

直交多項式の性質 直交多項式について次の一般的な定理が成立する．

> **定理 8.1** $\{p_n(x)\}$ を区間 $[a,b]$ において重み関数 $w(x)$ に対する直交多項式系とする．ここで各 $p_n(x)$ は n 次多項式である．このとき以下が成立する．
>
> 1. 任意の n 次多項式 $f(x)$ は，適当な定数 $a_0, a_1, \cdots, a_n$ によって
>
> $$f(x) = a_0 p_0(x) + a_1 p_1(x) + \cdots + a_n p_n(x)$$
>
> と一意的に表現できる．
>
> 2. $g(x)$ を $n-1$ 次以下の多項式とするとき
>
> $$(p_n, g) = \int_a^b p_n(x) \overline{g(x)} w(x) dx = 0$$
>
> が成立する．すなわち $p_n(x)$ は任意の $n-1$ 次以下の多項式と重み関数 $w(x)$ に関して直交する．
>
> 3. $g(x)$ を n 次以下の多項式とする．$g(x)$ が $p_0(x), \cdots, p_{n-1}(x)$ と重み関数 $w(x)$ に関して直交すれば，$g(x)$ は $p_n(x)$ の定数倍である．

――例題 8.1 ――――――――――――――――――――――――ルジャンドル多項式――

α を定数とする．ルジャンドルの微分方程式

(L)：$((1-x^2)y')' + \alpha(\alpha+1)y = (1-x^2)y'' - 2xy' + \alpha(\alpha+1)y = 0$

の一般解を $x=0$ の周りの級数解を仮定して求めよ．特に α が非負の整数であるとき，微分方程式 (L) は多項式解をもつことを示せ．

【解　答】$x=0$ は正則点なので，整級数解 $y = \sum_{n=0}^{\infty} A_n x^n$ を (L) に代入すると

$$\sum_{n=0}^{\infty}\{(n+1)(n+2)A_{n+2} - n(n-1)A_n - 2nA_n + \alpha(\alpha+1)A_n\}x^n = 0.$$

係数を比較して漸化式 $A_{n+2} = -\dfrac{(\alpha-n)(\alpha+n+1)}{(n+1)(n+2)}A_n$ $(n \geqq 0)$ を得る．これから

$$A_{2n} = (-1)^n \frac{\alpha(\alpha-2)\cdots(\alpha-2n+2)(\alpha+1)(\alpha+3)\cdots(\alpha+2n-1)}{(2n)!}A_0$$

$$A_{2n+1} = (-1)^n \frac{(\alpha+2)\cdots(\alpha+2n)(\alpha-1)(\alpha-3)\cdots(\alpha-2n+1)}{(2n+1)!}A_1.$$

A_0, A_1 は任意にとれるので，A_0, A_1 について整理すると，一般解は次の通りである．

$(*)$：$y = A_0 y_0(x) + A_1 y_1(x)$

$$y_0(x) = 1 + \sum_{n=1}^{\infty}(-1)^n \frac{\alpha(\alpha-2)\cdots(\alpha-2n+2)(\alpha+1)(\alpha+3)\cdots(\alpha+2n-1)}{(2n)!}x^{2n}$$

$$y_1(x) = x + \sum_{n=1}^{\infty}(-1)^n \frac{(\alpha+2)\cdots(\alpha+2n)(\alpha-1)(\alpha-3)\cdots(\alpha-2n+1)}{(2n+1)!}x^{2n+1}.$$

次に α が非負の整数のとき多項式解をもつことを示す．以後 m を非負の整数とする．

(i) $\alpha = 2m$ のとき，解の公式 $(*)$ で $A_0 = 1, A_1 = 0$ つまり $y = y_0(x)$ とおく．このとき $A_{2k+1} = 0$ $(k=0,1,2,\cdots)$ および $A_{2m+2} = A_{2m+4} = \cdots = 0$ となるので，基本解 $y_0(x)$ は $2m$ 次多項式になる．

(ii) $\alpha = 2m+1$ のとき，解の公式 $(*)$ で $A_0=0, A_1=1$ つまり $y=y_1(x)$ とおく．このとき $A_{2k} = 0$ $(k=0,1,2,\cdots)$ および $A_{2m+3} = A_{2m+5} = \cdots = 0$ となるので，基本解 $y_1(x)$ は $2m+1$ 次多項式になる．

8.1 直交多項式

> **コメント** α が非負の整数のとき,多項式解をもつ.ここで定数 A_0, A_1 を $x=1$ において $y=1$ となるようにとる $\left(\text{具体的には } \alpha = 2m \text{ のとき } A_0 = \dfrac{(-1)^m (2m)!}{2^{2m}(m!)^2},\ \alpha = 2m+1 \text{ のとき } A_1 = \dfrac{(-1)^m (2m+1)!}{2^{2m}(m!)^2} \text{ ととる}\right)$ と,次のロドリーグの公式で定義される**ルジャンドル多項式**になる.

$$P_n(x) := \frac{1}{2^n n!} \left(\frac{d}{dx}\right)^n (x^2-1)^n$$

n が小さいときルジャンドル多項式の具体形は次の通りである.

$$P_0(x) = 1,\quad P_1(x) = x,\quad P_2(x) = \frac{3}{2}x^2 - \frac{1}{2},\quad P_3(x) = \frac{5}{2}x^3 - \frac{3}{2}x,\ \cdots$$

> **発展** $\alpha = n$ のとき微分方程式 (L) の1つの基本解はルジャンドル多項式 $P_n(x)$ であるが,もう1つの基本解は**第2種ルジャンドル関数**と呼ばれる関数 $Q_n(x)$ である.多項式ではなく $x \to \pm 1$ で対数的に発散する.n が小さいときの具体形は次の通りである.

$$Q_0(x) = \frac{1}{2}\log\frac{1+x}{1-x},\quad Q_1(x) = -1 + \frac{x}{2}\log\frac{1+x}{1-x},$$
$$Q_2(x) = -\frac{3}{2}x + \frac{3x^2-1}{2}\log\frac{1+x}{1-x},\ \cdots$$

α が非整数の場合,基本解 $y_1(x), y_2(x)$ は無限級数で表され,$x = \pm 1$ で発散する(本章問題 3.2 参照).

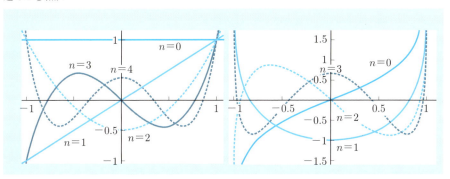

図 **8.1** (左側)ルジャンドル多項式 $P_n(x)$ ($n = 0, 1, 2, 3, 4$),
(右側)第2種ルジャンドル関数 $Q_n(x)$ ($n = 0, 1, 2, 3$)

■ 問題

1.1 n を非負の整数とする.次の**チェビシェフの微分方程式**の一般解を $x = 0$ の周りの級数解を仮定して求めよ.また (C) は多項式解をもつことを示せ.

$$\text{(C)}\ :\ (1-x^2)y'' - xy' + n^2 y = 0$$

―― 例題 8.2 ――――――――――――――――――――――――― エルミート多項式 ――

α を定数とする．エルミートの微分方程式

$$(\mathrm{H}) \ : \ y'' - 2xy' + 2\alpha y = 0$$

の一般解を $x=0$ の周りの級数解を仮定して求めよ．また α が非負の整数であるとき，(H) は多項式解をもつことを示せ．

【解　答】 $x=0$ は正則点であるので，整級数解 $y = \sum_{n=0}^{\infty} A_n x^n$ を (H) に代入する．

$$\sum_{n=0}^{\infty} \{(n+2)(n+1)A_{n+2} - 2(n-\alpha)A_n\}x^n = 0$$

係数を比較して，漸化式 $A_{n+2} = -\dfrac{2(\alpha-n)}{(n+1)(n+2)}A_n$ を得る．これを解いて

$$A_{2n} = (-1)^n 2^n \frac{\alpha(\alpha-2)\cdots(\alpha-2n+2)}{(2n)!} A_0$$

$$A_{2n+1} = (-1)^n 2^n \frac{(\alpha-1)(\alpha-3)\cdots(\alpha-2n+1)}{(2n+1)!} A_1.$$

したがって一般解は

$$(*) \ : \ y(x) = A_0 y_0(x) + A_1 y_1(x)$$

$$y_0(x) = 1 + \sum_{n=1}^{\infty} \frac{(-2)^n \alpha(\alpha-2)\cdots(\alpha-2n+2)}{(2n)!} x^{2n}$$

$$y_1(x) = x + \sum_{n=1}^{\infty} \frac{(-2)^n (\alpha-1)(\alpha-3)\cdots(\alpha-2n+1)}{(2n+1)!} x^{2n+1}.$$

次に α が非負の整数であるとき，(H) が多項式解をもつことを示す．

(i) $\alpha = 2m$ (m は非負の整数) のとき，解の公式 $(*)$ において $A_0 = 1, A_1 = 0$ つまり $y = y_0(x)$ とおくと，$A_{2k+1} = 0$ $(k=0,1,2,\cdots)$ および $A_{2m+2} = A_{2m+4} = \cdots = 0$ が成り立つので $y = y_0(x)$ は $2m$ 次多項式である．

(ii) $\alpha = 2m+1$ (m は非負の整数) のとき，解の公式 $(*)$ において $A_0 = 0, A_1 = 1$ つまり $y = y_1(x)$ とおくと，$A_{2k} = 0$ $(k=0,1,2,\cdots)$ および $A_{2m+3} = A_{2m+5} = \cdots = 0$ が成り立つので $y = y_1(x)$ は $2m+1$ 次多項式である．

コメント 1. 上述の通り，$\alpha = n$ (n は非負の整数) のとき多項式解をもつ．この多項式解で x^n の係数が 2^n となるように A_0 または A_1 を選ぶ．具体的には

$$\alpha = 2m \quad \text{のとき} \quad A_0 = (-2)^m (2m-1)!!$$
$$\alpha = 2m+1 \quad \text{のとき} \quad A_1 = (-1)^m 2^{m+1}(2m+1)!!$$

と選ぶと次式で定義される**エルミート多項式**になる．

$$H_n(x) := (-1)^n e^{x^2} \left(\frac{d}{dx}\right)^n (e^{-x^2})$$

低次のエルミート多項式の具体形は次の通りである．

$$H_0(x) = 1, \quad H_1(x) = 2x, \quad H_2(x) = 4x^2 - 2, \quad H_3(x) = 8x^3 - 12x, \quad \cdots$$

2. 本によってはエルミート多項式の定義として

$$H_n(x) := (-1)^n e^{x^2/2} \left(\frac{d}{dx}\right)^n (e^{-x^2/2})$$

を採用しているものもある．この場合，$y = H_n(x)$ の満たす微分方程式は次式の通りである．

$$y'' - xy' + ny = 0$$

グラフ 下図は $H_n(x) = (-1)^n e^{x^2} \left(\frac{d}{dx}\right)^n (e^{-x^2})$ ($n = 1, 2, 3, 4$) のグラフである．

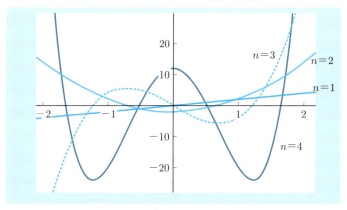

図 **8.2** エルミート多項式 $H_n(x)$ ($n = 1, 2, 3, 4$)

問題

2.1 n は非負の整数であるとする．ラゲールの微分方程式

$$(\text{L}) : xy'' + (1-x)y' + ny = 0$$

は多項式解をもつことを示せ．

---例題 8.3------直交多項式の性質---

ルジャンドル多項式 $P_n(x) = \dfrac{1}{2^n n!} \left(\dfrac{d}{dx}\right)^n (x^2-1)^n$ は次の直交関係を満たすことを示せ.

$$\int_{-1}^{1} P_m(x) P_n(x) dx = \begin{cases} 0 & (m \neq n) \\ \dfrac{2}{2n+1} & (m = n) \end{cases}$$

【解 答】 $m \leqq n$ と仮定してよい. 部分積分を m 回行い

$\left(\dfrac{d}{dx}\right)^{n-k} ((x-1)^n (x+1)^n)\Big|_{x=\pm 1} = 0 \ (1 \leqq k \leqq n)$ に注意すると,

$2^{m+n} m! n! \displaystyle\int_{-1}^{1} P_m(x) P_n(x) dx$

$= \displaystyle\int_{-1}^{1} \left(\dfrac{d}{dx}\right)^m (x^2-1)^m \cdot \left(\dfrac{d}{dx}\right)^n (x^2-1)^n dx$

$= \left[\left(\dfrac{d}{dx}\right)^m (x^2-1)^m \cdot \left(\dfrac{d}{dx}\right)^{n-1} (x^2-1)^n \right]_{-1}^{1}$

$\quad - \displaystyle\int_{-1}^{1} \left(\dfrac{d}{dx}\right)^{m+1} (x^2-1)^m \cdot \left(\dfrac{d}{dx}\right)^{n-1} (x^2-1)^n dx$

$= - \displaystyle\int_{-1}^{1} \left(\dfrac{d}{dx}\right)^{m+1} (x^2-1)^m \cdot \left(\dfrac{d}{dx}\right)^{n-1} (x^2-1)^n dx$

$= \cdots = (-1)^m (2m)! \displaystyle\int_{-1}^{1} \left(\dfrac{d}{dx}\right)^{n-m} (x^2-1)^n dx$

$= \begin{cases} (-1)^m (2m)! \left[\left(\dfrac{d}{dx}\right)^{n-m-1} (x^2-1)^n \right]_{-1}^{1} = 0 & (m+1 \leqq n) \\ (2n)! \displaystyle\int_{-1}^{1} (1-x^2)^n dx = (2n)! \dfrac{2^{2n+1} (n!)^2}{(2n+1)!} = \dfrac{2^{2n+1} (n!)^2}{2n+1} & (m = n). \end{cases}$

両辺を $m! n! 2^{m+n}$ で割って求める式を得る.

【別 解】 $m \neq n$ の場合の直交性はルジャンドルの微分方程式

$(1): ((x^2-1) P_m'(x))' = m(m+1) P_m(x)$

$(2): ((x^2-1) P_n'(x))' = n(n+1) P_n(x)$

8.1 直交多項式

を用いても証明することができる．$(1) \times P_n(x) - (2) \times P_m(x)$ を閉区間 $[-1,1]$ で積分して整理すると

$$\left[(x^2-1)(P'_m(x)P_n(x) - P_m(x)P'_n(x))\right]_{-1}^{1}$$
$$= (m-n)(m+n+1)\int_{-1}^{1} P_n(x)P_m(x)dx.$$

ここで $P_n(x), P_m(x)$ は多項式なので，$[-1,1]$ で有界．したがって左辺は 0 となって，$m \neq n$ のとき直交性が成立する．

■ 問 題 ■

3.1 チェビシェフ多項式 $T_n(x) := \cos(n \arccos x)$ $(n = 0, 1, \cdots)$，第 2 種チェビシェフ多項式 $U_n(x) := \dfrac{\sin((n+1)\arccos x)}{\sqrt{1-x^2}}$ $(n = 0, 1, \cdots)$ について次の定積分を求めよ．

(a) $\displaystyle\int_{-1}^{1} \dfrac{T_m(x)T_n(x)}{\sqrt{1-x^2}} dx$

(b) $\displaystyle\int_{-1}^{1} U_m(x)U_n(x)\sqrt{1-x^2}\, dx$

3.2* ルジャンドルの微分方程式

$$(\mathrm{L}) : ((x^2-1)y')' = \alpha(\alpha+1)y$$

の解で，次の有界性条件を満たすものを求めたい．

$$(\mathrm{BDD}) : -1 \leqq x \leqq 1 \text{ で } y, y' \text{ が連続，有界}$$

$\alpha = n$ (n：非負の整数) の場合は $y = C_1 P_n(x)$ が解である．では α が非整数の場合そのような関数は存在するだろうか？ 以下 α は非整数として，次の問に答えよ．

(a) (BDD) を満たす (L) の解 $y = F_\alpha(x)$ が存在すると仮定する．このとき，次の直交関係が成り立つことを示せ．

$$(P_n, F_\alpha) := \int_{-1}^{1} P_n(x)F_\alpha(x)dx = 0 \quad (n \text{ は非負の整数})$$

(b) (L), (BDD) を満たす $y = F_\alpha(x)$ は 0 に限ることを示せ．

ヒント ワイエルシュトラスの多項式近似定理「$f(x)$ を閉区間 $[a,b]$ における連続関数とする．このとき任意に $\varepsilon > 0$ を取るとき，$[a,b]$ において常に $|f(x) - P(x)| < \varepsilon$ なる多項式 $P(x)$ が存在する．」を用いてよい．

8.2 その他の特殊関数

本節では微分方程式の級数解法に関連して登場する特殊関数のうち，ベッセル関数，超幾何関数，合流型超幾何関数を取り上げて解説する．

微分積分の復習：ガンマ関数，ベータ関数　$x, y > 0$ として，ガンマ関数 $\Gamma(x)$，ベータ関数 $B(x, y)$ を次の広義積分で定義する．

$$\Gamma(x) := \int_0^\infty t^{x-1} e^{-t} dt \tag{8.12}$$

$$B(x, y) := \int_0^1 t^{x-1}(1-t)^{y-1} dt \tag{8.13}$$

ガンマ関数およびベータ関数の満たすさまざまな関係式のうち，本章で用いるものを以下に挙げる．

$$\Gamma(x+1) = x\Gamma(x), \quad \Gamma(1/2) = \sqrt{\pi}, \tag{8.14}$$

$$B(x, y) = \frac{\Gamma(x)\Gamma(y)}{\Gamma(x+y)} \tag{8.15}$$

ベッセル関数　ベッセルの微分方程式

$$x^2 y'' + xy' + (x^2 - \alpha^2)y = 0 \quad (\alpha \geq 0) \tag{8.16}$$

の基本解の 1 つはベッセル関数（または第 1 種ベッセル関数）である．

$$y_1(x) = J_\alpha(x) := \sum_{n=0}^\infty \frac{(-1)^n}{n!\Gamma(\alpha+n+1)} \left(\frac{x}{2}\right)^{2n+\alpha} \tag{8.17}$$

ベッセル方程式の一般解は α が非整数のとき，

$$y = C_1 J_\alpha(x) + C_2 J_{-\alpha}(x) \tag{8.18}$$

である．また $\alpha = n$（n は非負の整数）のとき，

$$N_n(x) := \lim_{\nu \to n} N_\nu(x), \quad N_\nu(x) := \frac{\cos \nu\pi J_\nu(x) - J_{-\nu}(x)}{\sin \nu\pi} \tag{8.19}$$

で定義される $N_n(x)$ を用いて，一般解は

$$y = C_1 J_n(x) + C_2 N_n(x) \tag{8.20}$$

と書ける．$N_\nu(x)$ は**ノイマン関数**（または第 2 種ベッセル関数）と呼ばれる．

8.2 その他の特殊関数

ガウスの超幾何関数　次のガウスの微分方程式（または超幾何微分方程式）を考える．

$$x(x-1)y'' + \{(\alpha+\beta+1)x - \gamma\}y' + \alpha\beta y = 0 \tag{8.21}$$

γ が非整数のとき $x=0$ の周りの級数解は**ガウスの超幾何関数**（または単に**超幾何関数**）を用いて次のように書ける．

$$y = C_1 F(\alpha, \beta; \gamma; x) + C_2\, x^{1-\gamma} F(\alpha-\gamma+1, \beta-\gamma+1; 2-\gamma; x) \tag{8.22}$$

$$F(\alpha, \beta; \gamma; x) := \sum_{n=0}^{\infty} \frac{(\alpha)_n (\beta)_n}{n!(\gamma)_n} x^n \tag{8.23}$$

ただし $(a)_k$ $(k=0,1,2,\cdots)$ は次式で定義される**ポッホハンマーの記号**を表す．

$$(a)_k := \frac{\Gamma(a+k)}{\Gamma(a)} = \begin{cases} 1 & (k=0) \\ a(a+1)\cdots(a+k-1) & (k \geqq 1) \end{cases}$$

(8.23) 右辺の級数の収束半径は 1 である．これは (8.21) の確定特異点 $x=0$ から次の確定特異点 $x=1$ までの距離に等しい．

合流型超幾何関数　γ が整数でないとき，クンマーの微分方程式

$$xy'' + (\gamma - x)y' - \alpha y = 0 \tag{8.24}$$

の $x=0$ の周りの級数解は次式で定義される**クンマーの関数**または**合流型超幾何関数**を用いて書ける[†]．

$$y = C_1 F(\alpha; \gamma; x) + C_2\, x^{1-\gamma} F(\alpha-\gamma+1; 2-\gamma; x) \tag{8.25}$$

$$F(\alpha; \gamma; x) := \sum_{n=0}^{\infty} \frac{(\alpha)_n}{n!(\gamma)_n} x^n \tag{8.26}$$

(8.26) 右辺の級数の収束半径は ∞ である．クンマーの微分方程式は**合流型超幾何微分方程式**とも呼ばれ，ガウスの微分方程式 (8.21) で $t = bx$ とおいた式

$$t\left(1-\frac{t}{b}\right)\frac{d^2y}{dt^2} + \left(\gamma - \frac{\alpha+\beta+1}{b}t\right)\frac{dy}{dt} - \frac{\alpha\beta}{b}y = 0$$

で $\beta/b \to 1$ となるように極限 $b, \beta \to \infty$ をとることによって得られる．

[†] 超幾何関数と合流型超幾何関数を区別するため，それぞれ $_2F_1(\alpha, \beta; \gamma; x), {}_1F_1(\alpha; \gamma; x)$ と書くこともある．

例題 8.4 — ベッセル関数

$\alpha \geqq 0$ を定数とする．ベッセルの微分方程式

$$(B) : x^2 y'' + xy' + (x^2 - \alpha^2)y = 0$$

について，基本解の1つを $x = 0$ の周りの級数解を仮定して求めよ．

【解 答】 $x = 0$ は確定特異点．級数解 $y = \sum_{n=0}^{\infty} A_n x^{n+r}$ を (B) に代入，整理して

$$\sum_{n=0}^{\infty} (n + r + \alpha)(n + r - \alpha) A_n x^{n+r} + \sum_{n=0}^{\infty} A_n x^{n+r+2} = 0.$$

係数を比較して

$$(r^2 - \alpha^2) A_0 = 0$$
$$((r+1)^2 - \alpha^2) A_1 = 0$$
$$A_{n+2} = -\frac{1}{(n+2+r+\alpha)(n+2+r-\alpha)} A_n$$

を得る．決定方程式より $r = \pm \alpha$．そこで，$r = \alpha$ に対する解を求めると，

$$A_{2n-1} = 0, \quad A_{2n} = (-1)^n \frac{1}{2^{2n} n!(\alpha+1)\cdots(\alpha+n)}.$$

したがって基本解の1つは，$A_0 = 1$ とおいて，

$$y = y_1(x) = x^\alpha \sum_{n=0}^{\infty} \frac{(-1)^n}{n!(\alpha+1)\cdots(\alpha+n)} \left(\frac{x}{2}\right)^{2n}.$$

または $A_0 = \dfrac{1}{2^\alpha \Gamma(\alpha+1)}$ とおくと，基本解はベッセル関数で与えられる．

$$y = y_1(x) = J_\alpha(x) := \sum_{n=0}^{\infty} \frac{(-1)^n}{n!\Gamma(\alpha+n+1)} \left(\frac{x}{2}\right)^{2n+\alpha}.$$

コメント 上の解答で決定方程式の解として $r = -\alpha$ を選ぶと，同様の計算により基本解 $y = y_2(x) = J_{-\alpha}(x)$ を得る．α が非整数の場合，ベッセルの微分方程式の一般解は

$$y = C_1 J_\alpha(x) + C_2 J_{-\alpha}(x)$$

である．しかし $\alpha = n$ (n は非負の整数) の場合は，$J_{-n}(x) = (-1)^n J_n(x)$ となって，$y_1(x) = J_n(x)$ と1次独立ではなくなる．したがって $y_2(x)$ として別の解が必要となる．結

果だけ述べると，$y_1(x)$ と 1 次独立な解として，次で定義される $N_n(x)$ が通常用いられる．

$$N_n(x) := \lim_{\alpha \to n} N_\alpha(x), \quad N_\alpha(x) := \frac{\cos \alpha \pi J_\alpha(x) - J_{-\alpha}(x)}{\sin \alpha \pi}$$

$N_\alpha(x)$ を**ノイマン関数**と呼ぶ．図 8.3, 8.4 はそれぞれベッセル関数およびノイマン関数のグラフである．$N_n(x)$ は $x = 0$ に特異性をもっていることに注意しよう．

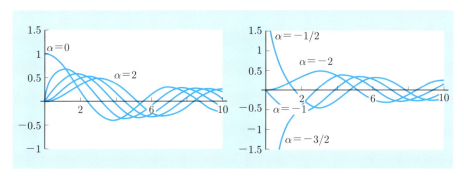

図 **8.3** ベッセル関数 $J_\alpha(x)$
($\alpha = 0, 1/2, 1, 3/2, 2$ (左側), $\alpha = -2, -3/2, -1, -1/2$ (右側))

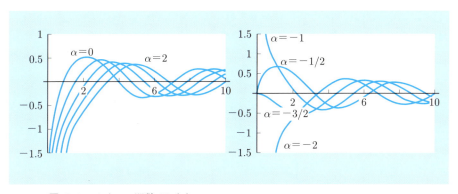

図 **8.4** ノイマン関数 $N_\alpha(x)$
($\alpha = 0, 1/2, 1, 3/2, 2$ (左側), $\alpha = -2, -3/2, -1, -1/2$ (右側))

■ 問題

4.1 $x > 0$ とする．ベッセル関数に関する以下の関係式を証明せよ．

(a) $J_{1/2}(x) = \sqrt{\dfrac{2}{\pi x}} \sin x$ \qquad (b) $J_{-1/2}(x) = \sqrt{\dfrac{2}{\pi x}} \cos x$

(c) $(x^\alpha J_\alpha(x))' = x^\alpha J_{\alpha-1}(x)$ \qquad (d) $(x^{-\alpha} J_\alpha(x))' = -x^{-\alpha} J_{\alpha+1}(x)$

---例題 8.5--ガウスの超幾何関数---

α, β, γ を定数として，γ は整数でないとする．**ガウスの微分方程式**

$$(\text{HGE}) : x(x-1)y'' + \{(\alpha+\beta+1)x - \gamma\}y' + \alpha\beta y = 0$$

の一般解を $x=0$ の周りの級数解を仮定して求めよ．

【解 答】 $x=0$ は確定特異点．級数解 $y = \sum_{n=0}^{\infty} A_n x^{n+r}$ を (HGE) に代入して，

$$(x-1)\sum_{n=0}^{\infty} A_n(n+r)(n+r-1)x^{n+r-1}$$

$$+ \{(\alpha+\beta+1)x - \gamma\}\sum_{n=0}^{\infty} A_n(n+r)x^{n+r-1} + \alpha\beta\sum_{n=0}^{\infty} A_n x^{n+r} = 0.$$

係数を比較して

(1) : $r(r-1+\gamma)A_0 = 0$

(2) : $(n+r+1)(n+r+\gamma)A_{n+1} - (n+r+\alpha)(n+r+\beta)A_n = 0 \quad (n \geqq 0)$.

(1) より決定方程式 $r(r-1+\gamma) = 0$ を解いて $r = 0, 1-\gamma$．ここで仮定より決定方程式の解の差は非整数．

(i) $r = 0$ のとき，(2) は $A_{n+1} = \dfrac{(n+\alpha)(n+\beta)}{(n+1)(n+\gamma)} A_n$ と書けるので，これを解いて

$$A_n = \frac{(\alpha+n-1)(\alpha+n-2)\cdots\alpha(\beta+n-1)(\beta+n-2)\cdots\beta}{n!(\gamma+n-1)(\gamma+n-2)\cdots\gamma} A_0$$

$$= \frac{(\alpha)_n(\beta)_n}{n!(\gamma)_n} A_0$$

$$(a)_k := \begin{cases} 1 & (k=0) \\ a(a+1)\cdots(a+k-1) & (k \geqq 1). \end{cases}$$

したがって $r=0$ に対応する基本解は

$$y = y_1(x) = \sum_{n=0}^{\infty} \frac{(\alpha)_n(\beta)_n}{n!(\gamma)_n} x^n$$

で与えられ，これはガウスの超幾何関数を用いて次のように書ける．

$$y_1(x) = F(\alpha, \beta; \gamma; x).$$

(ii) $r = 1 - \gamma$ のとき, (2) は $A_{n+1} = \dfrac{(n+\alpha-\gamma+1)(n+\beta-\gamma+1)}{(n+1)(n+2-\gamma)} A_n$ と書けるので, これを解いて

$$A_n = \frac{(\alpha-\gamma+1)_n (\beta-\gamma+1)_n}{n!(2-\gamma)_n} A_0$$

である. したがって $r = 1 - \gamma$ に対応する基本解は

$$\begin{aligned} y &= y_2(x) \\ &= x^{1-\gamma} \sum_{n=0}^{\infty} \frac{(\alpha-\gamma+1)_n (\beta-\gamma+1)_n}{n!(2-\gamma)_n} x^n \\ &= x^{1-\gamma} F(\alpha-\gamma+1, \beta-\gamma+1; 2-\gamma; x). \end{aligned}$$

(i), (ii) より (HGE) の一般解は

$$\begin{aligned} y &= C_1 y_1(x) + C_2 y_2(x) \\ &= C_1 \sum_{n=0}^{\infty} \frac{(\alpha)_n (\beta)_n}{n!(\gamma)_n} x^n + C_2 x^{1-\gamma} \sum_{n=0}^{\infty} \frac{(\alpha-\gamma+1)_n (\beta-\gamma+1)_n}{n!(2-\gamma)_n} x^n \\ &= C_1 F(\alpha, \beta; \gamma; x) + C_2 x^{1-\gamma} F(\alpha-\gamma+1, \beta-\gamma+1; 2-\gamma; x). \end{aligned}$$

問題

5.1 超幾何関数 $F(\alpha, \beta; \gamma; x)$ はパラメータ α, β, γ を適当な値にとるとさまざまな基本的関数を表す. $|x| < 1$ として, 次の公式を証明せよ.

(a) $F(-\alpha, \beta; \beta; x) = (1-x)^{\alpha}$
(b) $xF(\frac{1}{2}, 1; \frac{3}{2}; -x^2) = \arctan x$
(c) $xF(1, 1; 2; x) = -\log(1-x)$

5.2 超幾何関数 $F(\alpha, \beta; \gamma; x)$ は次の関係式を満足することを証明せよ.

(a) $F(\beta, \alpha; \gamma; x) = F(\alpha, \beta; \gamma; x)$
(b) $\dfrac{d}{dx} F(\alpha, \beta; \gamma; x) = \dfrac{\alpha\beta}{\gamma} F(\alpha+1, \beta+1; \gamma+1; x)$
(c) $(\alpha - \beta) F(\alpha, \beta; \gamma; x) = \alpha F(\alpha+1, \beta; \gamma; x) - \beta F(\alpha, \beta+1; \gamma; x)$
(d) $F(\alpha, \beta; \gamma; x) = F(\alpha, \beta+1; \gamma+1; x) - \dfrac{\alpha(\gamma-\beta)x}{\gamma(\gamma+1)} F(\alpha+1, \beta+1; \gamma+2; x)$

例題 8.6 ─────────────────────── クンマーの関数 ─

γ が整数でないとき，クンマーの微分方程式

$$(\text{CHGE}): xy'' + (\gamma - x)y' - \alpha y = 0$$

の一般解を $x = 0$ の周りの級数解を仮定して求めよ．

【解答】 $x = 0$ は確定特異点であるから，級数解 $y = \sum_{n=0}^{\infty} A_n x^{n+r}$ を代入し，係数を比較すると，

$$r(r - 1 + \gamma)A_0 = 0, \quad (n+r+1)(n+r+\gamma)A_{n+1} - (n+r+\alpha)A_n = 0$$

を得る．決定方程式を解いて $r = 0, 1 - \gamma$ でその差は非整数．

(i) $r = 0$ のとき $A_{n+1} = \frac{n+\alpha}{(n+1)(n+\gamma)}A_n$ より $A_n = \frac{(\alpha)_n}{n!(\gamma)_n}A_0$. 基本解は

$$y = y_1(x) = \sum_{n=0}^{\infty} \frac{(\alpha)_n}{n!(\gamma)_n}x^n.$$

これは**クンマーの関数**を用いて，次のようにも書ける．

$$y_1(x) = F(\alpha; \gamma; x)$$

(ii) $r = 1 - \gamma$ のとき $A_{n+1} = \frac{n+\alpha-\gamma+1}{(n+2-\gamma)(n+1)}A_n$ より $A_n = \frac{(\alpha-\gamma+1)_n}{n!(2-\gamma)_n}A_0$. 基本解は

$$y = y_2(x) = x^{1-\gamma}\sum_{n=0}^{\infty} \frac{(\alpha-\gamma+1)_n}{n!(2-\gamma)_n}x^n = x^{1-\gamma}F(\alpha-\gamma+1; 2-\gamma; x).$$

(i), (ii) より，一般解は

$$\begin{aligned}
y &= C_1 y_1(x) + C_2 y_2(x) \\
&= C_1 \sum_{n=0}^{\infty} \frac{(\alpha)_n}{n!(\gamma)_n}x^n + C_2 x^{1-\gamma}\sum_{n=0}^{\infty} \frac{(\alpha-\gamma+1)_n}{n!(2-\gamma)_n}x^n \\
&= C_1 F(\alpha; \gamma; x) + C_2 x^{1-\gamma} F(\alpha-\gamma+1; 2-\gamma; x).
\end{aligned}$$

■ 問題

6.1 クンマーの関数について，以下の公式を証明せよ．
  (a) $F(\alpha; \alpha; x) = e^x$
  (b) $\dfrac{x^\alpha}{\alpha}F(\alpha; \alpha+1; -x) = \displaystyle\int_0^x e^{-t}t^{\alpha-1}dt$ （不完全ガンマ関数）

第 8 章演習問題

1. エルミート多項式 $H_n(x) = (-1)^n e^{x^2} \left(\dfrac{d}{dx}\right)^n e^{-x^2}$ $(n = 0, 1, 2, \cdots)$ について次の定積分を計算せよ.
$$\int_{-\infty}^{\infty} H_m(x) H_n(x) e^{-x^2} dx$$

   ヒント 次の公式は証明抜きで用いてよい.
$$\int_{-\infty}^{\infty} e^{-ax^2} dx = \sqrt{\dfrac{\pi}{a}} \quad (a > 0 : \text{定数}).$$

2. 次の微分方程式の一般解を本章で扱った特殊関数を用いて表せ.
   (a) $4x(x-1)y'' - 2y' - 3y = 0$
   (b) $x(x-3)y'' - 2y' - 2y = 0$
   (c) $2xy'' + (1-x)y' - y = 0$
   (d) $9x^2 y'' + 9xy' + (x^2 - 3)y = 0$

3. 天井から吊された長さ L の鎖 (ベルヌーイの鎖) の自由振動は次の偏微分方程式にしたがう.
$$\dfrac{\partial^2 U}{\partial t^2} = g \dfrac{\partial}{\partial x}\left((L-x)\dfrac{\partial U}{\partial x}\right)$$
ここで $U = U(x, t)$ は時刻 t での天井から x の位置にある鎖の変位を表す. 上の方程式の基準振動を見いだすために, $U(x, t) = u(x)\cos(\omega t + \delta_0)$ $(\omega > 0)$ とおくと, $u(x)$ は次の常微分方程式を満たす.
$$g(L-x)u'' - gu' + \omega^2 u = 0$$
この常微分方程式を独立変数変換 $\xi = 2\omega\sqrt{(L-x)/g}$ を用いて書き換えよ.

4. n を正の整数とする. クンマーの関数 $F(-n; 1; x)$ は n 次多項式であることを示せ. 次にラゲール多項式 $L_n(x) := e^x \left(\dfrac{d}{dx}\right)^n (x^n e^{-x})$ との間に次の関係式が成立することを示せ.
$$L_n(x) = n! F(-n; 1; x)$$

5.* ガウスの微分方程式

$$(\text{HGE}) : x(x-1)y'' + \{(\alpha+\beta+1)x - \gamma\}y' + \alpha\beta y = 0$$

について以下の問に答えよ.

(a) $\gamma - \alpha - \beta$ は整数でないとする. $x = 1$ の周りの級数解を超幾何関数を用いて表せ ($x = 1 - t$ とおく).

(b) $x = \infty$ は確定特異点であることを示せ (第7章演習問題6参照). また $\alpha - \beta$ が整数でないとき, $x = \infty$ の周りの級数解を超幾何関数を用いて表せ.

ヒント (b) で $x = 1/t$ としただけでは, ガウスの微分方程式にならない. $y = y(t)$ についての微分方程式を立てたのち, $y = t^p u(t)$ とおいて, $u(t)$ がガウスの微分方程式を満たすように p を定めよ.

6.* $f(x)$ を与えられた関数, 演算子 $I^{1/2}$ を次のように定義する.

$$I^{1/2} f(x) := \frac{1}{\sqrt{\pi}} \int_0^x (x-y)^{-1/2} f(y) dy \quad (x > 0)$$

このとき以下の問に答えよ.

(a) $I^{1/2} x^a$ を求めよ. ただし $a > -1$ とする.
(b) $I^{1/2} e^x$ をクンマーの関数を用いて表せ.
(c) $I^{1/2} \sin\sqrt{x}$ をベッセル関数を用いて表せ.
(d) $I^{1/2} \cos\sqrt{x}$ を次式で定義される**シュトルーヴェ関数** $H_\alpha(x)$ を用いて表せ.

$$H_\alpha(x) := \sum_{n=0}^\infty \frac{(-1)^n}{\Gamma(n+\frac{3}{2})\Gamma(n+\alpha+\frac{3}{2})} \left(\frac{x}{2}\right)^{2n+\alpha+1}$$

発展 演算子 $I^{1/2}$ を $f(x)$ に2回作用させると, $I^{1/2}(I^{1/2} f(x)) = \int_0^x f(y) dy$ となることが初等的に示される. このことから, $I^{1/2}$ は 1/2 階積分作用素とも呼ばれる.

9 境界値問題と固有値問題

本章では，2 階線形常微分方程式の境界値問題と固有値問題について詳しく述べる．9.1 節では境界値問題のグリーン関数を求め，グリーン関数の性質について解説する．グリーン関数は応用上重要な関数である反面，ディラックの δ 関数に始まる超関数論を連想される学生も多く取っつきにくい印象を与えがちである．ここでは δ 関数には触れず古典的な手法でグリーン関数を求めているので，根気強く計算すれば十分理解可能であろう．続いて，9.2 節では固有値問題について述べる．

9.1 境界値問題とグリーン関数

$a, b\ (a < b)$ を定数，$p(x)$ を (a, b) で 1 回連続微分可能な正値関数，$q(x), f(x)$ を $[a, b]$ における連続関数として，$u = u(x)$ に関する次の微分方程式を考える．

$$\mathcal{L}[u] := -\frac{d}{dx}\left[p(x)\frac{du}{dx}\right] + q(x)u = f(x) \quad (a < x < b) \tag{9.1}$$

境界値問題 微分方程式 (9.1) の解のうち $x = a$ および $x = b$ において，$u(x)$ に**境界条件**と呼ばれる適当な条件を課して，$u(x)$ を求めよという問題を**境界値問題**と呼ぶ．
境界条件のうち最も簡単なものは次の単純型境界条件である．

$$u^{(m)}(a) = \alpha, \quad u^{(n)}(b) = \beta \quad (m, n \text{ は } 0, 1 \text{ どちらかの値をとる}) \tag{9.2}$$

このうち，$m = n = 0$ とおいたものを**ディリクレ境界条件**（固定端条件），$m = n = 1$ とおいたものを**ノイマン境界条件**（自由端条件）と呼ぶ．単純型の他にも

$$u(a) + hu'(a) = \alpha, \quad u(b) + \widetilde{h}u'(b) = \beta \quad (h, \widetilde{h} \text{ は定数}, h^2 + \widetilde{h}^2 \neq 0) \tag{9.3}$$

のような**第 3 種境界条件**，

$$u(a) - u(b) = 0, \quad u'(a) - u'(b) = 0 \tag{9.4}$$

とおいた**周期境界条件**などさまざまな境界条件を考えることができる．

> **コメント** 以後，単純型境界条件 (9.2) を中心に議論を進めるが，これを第 3 種および周期境界条件に置き換えても同様の議論が成立する．

自己共役形 微分方程式 (9.1) において左辺の微分作用素

$$\mathcal{L} := -\frac{d}{dx}\left[p(x)\frac{d}{dx}\right] + q(x) = -p(x)\left(\frac{d}{dx}\right)^2 - p'(x)\frac{d}{dx} + q(x) \quad (9.5)$$

を**自己共役**または**自己随伴**な微分作用素という．また (9.1) は**自己共役形**の微分方程式[†]と呼ぶ．開区間 (a, b) 上で 2 回連続微分可能な 2 つの関数 v, w に対して，次のグリーンの公式が成立する．

$$\int_{x_1}^{x_2} \{w\mathcal{L}[v] - v\mathcal{L}[w]\}dx = \left[-p(x)(v'w - vw')\right]_{x_1}^{x_2} \quad (a \leq x_1 < x_2 \leq b) \quad (9.6)$$

各 $(m, n) = (0, 0), (0, 1), (1, 0), (1, 1)$ に対して境界値問題 (9.1), (9.2) は自己共役である．つまり，v, w が同次境界条件 $v^{(m)}(a) = v^{(n)}(b) = w^{(m)}(a) = w^{(n)}(b) = 0$ を満たすならば，

$$\int_a^b \{w\mathcal{L}[v] - v\mathcal{L}[w]\}dx = 0 \quad (9.7)$$

が成立する（詳細は本章章末の演習問題 4 参照）．

グリーン関数 境界値問題 (9.1), (9.2) の解は通常次のように書ける．

$$u = \alpha A(x) + \beta B(x) + \int_a^b G(x, y)f(y)dy$$

$A(x), B(x)$ はそれぞれ境界条件 $u^{(m)}(a) = 1, u^{(n)}(b) = 0$ および $u^{(m)}(a) = 0, u^{(n)}(b) = 1$ を満たす同次方程式 $\mathcal{L}[u] = 0$ の解である．また積分項は $\mathcal{L}[u] = f(x)$ の特解であり，積分核 $G(x, y)$ を境界値問題 (9.1), (9.2) の**グリーン関数**と呼ぶ．

グリーン関数の性質 境界値問題 (9.1), (9.2) のグリーン関数 $G(x, y)$ は以下の性質を有する．

> **1.** $y\ (a < y < b)$ を任意に固定したとき，$u(x) = G(x, y)$ は $x \neq y$ のとき同次微分方程式 $\mathcal{L}[u] = 0$ を満たす．言い換えると次が成立する．
>
> $$-\frac{\partial}{\partial x}\left(p(x)\frac{\partial}{\partial x}G(x, y)\right) + q(x)G(x, y) = 0 \quad (a < x < b,\ x \neq y) \quad (9.8)$$

[†] 自己共役形とは限らない微分方程式 $p_0(x)u'' + p_1(x)u' + p_2(x)u = g(x)$ についても両辺に適当な因子を乗じて自己共役形にできる．

> **記法** 以後，簡単のため $\partial_x := \partial/\partial x$ とおく．

2. $G(x,y)$ は次の同次境界条件を満たす．
$$\partial_x^m G(x,y)\Big|_{x=a} = 0, \quad \partial_x^n G(x,y)\Big|_{x=b} = 0 \tag{9.9}$$

3. $G(x,y)$ は $x=y$ で連続，また $\partial_x G(x,y)$ は $x=y$ で不連続条件を満たす．すなわち次が成立する．
$$\partial_x^k G(x,y)\Big|_{x=y-0} - \partial_x^k G(x,y)\Big|_{x=y+0} = \begin{cases} 0 & (k=0) \\ 1/p(y) & (k=1) \end{cases} \tag{9.10}$$

> **コメント** 境界条件 (9.2) を他の境界条件に置き換えると (9.9) のみ変化する．例えば周期境界条件 (9.4) 下では，(9.9) は次式に置き換わる．
$$G(a,y) - G(b,y) = 0, \quad \partial_x G(x,y)\Big|_{x=a} - \partial_x G(x,y)\Big|_{x=b} = 0 \tag{9.11}$$

特異境界値問題 $a < x < b$ における微分方程式 (9.1) で，端点 $x=a$ (または $x=b$) で $p(x)$ が 0 になるか，または $q(x)$ が不連続になることがある．この場合片側もしくは両側の端点における境界条件を有界条件
$$u(x), u'(x) \text{ は有界} \quad (a < x < b) \tag{9.12}$$
に置き換えた境界値問題を**特異境界値問題**と呼ぶ．特異境界値問題には微分方程式を無限区間で考察した無限境界値問題も含まれる．

> **記法** 便宜上次の記法を用いる．
$$\theta(x) := \begin{cases} 1 & (x \geqq 0) \\ 0 & (x < 0) \end{cases} \quad (\text{ヘビサイド関数})$$
$$x \vee y := \max(x,y), \quad x \wedge y := \min(x,y)$$

また $\vee, \wedge$ は足し算や引き算より先に計算する．例えば $L - x \vee y$ は $(L-x) \vee y$ ではなく $L - (x \vee y)$ を意味する．

> **参考** 本節では双曲線関数の加法定理を頻繁に用いるので，ここにまとめる．
$$\cosh(x \pm y) = \cosh x \cosh y \pm \sinh x \sinh y$$
$$\sinh(x \pm y) = \sinh x \cosh y \pm \cosh x \sinh y$$

136　9　境界値問題と固有値問題

---**例題 9.1**-------------------------------------**グリーン関数**---

バネ定数 $k = a^2$ (a は正の定数) の一様なバネにつるされた長さ L の糸が点 x ($0 \leq x \leq L$) において荷重密度 $f(x)$ の力を受けたときの糸の変位 $u(x)$ は微分方程式

$$\text{(ODE)} : -u'' + a^2 u = f(x) \quad (0 < x < L)$$

にしたがう．また糸の両端は次の通り固定されているとする．

$$\text{(BC)} : u(0) = \alpha, u(L) = \beta \quad (\text{ディリクレ境界条件})$$

このとき境界値問題 (ODE), (BC) を解け．言い換えると，$u(x)$ を次の形に表したとき $A(0,0;x), B(0,0;x), G(0,0;x,y)$ を求めよ．

$$u = \alpha A(0,0;x) + \beta B(0,0;x) + \int_0^L G(0,0;x,y)f(y)dy$$

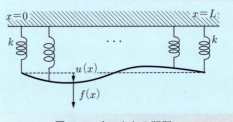

図 **9.1**　糸のたわみ問題

【解　答】 $\boldsymbol{u}(x) := \begin{bmatrix} u_0(x) \\ u_1(x) \end{bmatrix} = \begin{bmatrix} u(x) \\ u'(x) \end{bmatrix}$, $M := \begin{bmatrix} 0 & 1 \\ a^2 & 0 \end{bmatrix}$, $\boldsymbol{f}(x) := \begin{bmatrix} 0 \\ -f(x) \end{bmatrix}$ と

おくと，(ODE) は次の連立微分方程式と等価である．

$$\boldsymbol{u}' = M\boldsymbol{u} + \boldsymbol{f}(x).$$

M は $P^{-1}MP = \widehat{M}$, $P := \begin{bmatrix} 1 & 1 \\ -a & a \end{bmatrix}$, $\widehat{M} := \begin{bmatrix} -a & 0 \\ 0 & a \end{bmatrix}$ と対角化されるので，

$\boldsymbol{v}(x) := \begin{bmatrix} v_0(x) \\ v_1(x) \end{bmatrix} = P^{-1}\boldsymbol{u}(x)$ は次の微分方程式を満たす．

$$\boldsymbol{v}' = \widehat{M}\boldsymbol{v} + \boldsymbol{g}(x), \quad \boldsymbol{g}(x) := P^{-1}\boldsymbol{f}(x) = \frac{1}{2a}f(x)\begin{bmatrix} 1 \\ -1 \end{bmatrix}$$

よって $\boldsymbol{v}(x) = \begin{bmatrix} e^{-ax} & 0 \\ 0 & e^{ax} \end{bmatrix} \boldsymbol{v}(0) + \int_0^x \frac{1}{2a} \begin{bmatrix} e^{-a(x-y)} & 0 \\ 0 & e^{a(x-y)} \end{bmatrix} \begin{bmatrix} 1 \\ -1 \end{bmatrix} f(y)dy$

9.1 境界値問題とグリーン関数

$$= \begin{bmatrix} e^{-ax} & 0 \\ 0 & e^{ax} \end{bmatrix} \boldsymbol{v}(0) + \int_0^x \frac{1}{2a} \begin{bmatrix} e^{-a(x-y)} \\ -e^{a(x-y)} \end{bmatrix} f(y) dy. \quad (9.13)$$

$\boldsymbol{u} = P\boldsymbol{v}$ より

$$\boldsymbol{u}(x) = \begin{bmatrix} e^{-ax} & e^{ax} \\ -ae^{-ax} & ae^{ax} \end{bmatrix} \boldsymbol{v}(0) - \int_0^x \begin{bmatrix} a^{-1}\sinh(a(x-y)) \\ \cosh(a(x-y)) \end{bmatrix} f(y) dy. \quad (9.14)$$

(9.14) の第 1 行目に着目して $x = 0, L$ を代入すると,境界条件 (BC) より

$$\begin{bmatrix} \alpha \\ \beta \end{bmatrix} = \begin{bmatrix} u_0(0) \\ u_0(L) \end{bmatrix} = \begin{bmatrix} 1 & 1 \\ e^{-aL} & e^{aL} \end{bmatrix} \boldsymbol{v}(0) - \int_0^L \begin{bmatrix} 0 \\ a^{-1}\sinh(a(L-y)) \end{bmatrix} f(y) dy.$$

$\boldsymbol{v}(0)$ を消去して整理すると,

$u(x) = u_0(x)$

$$= [e^{-ax}, e^{ax}] \begin{bmatrix} 1 & 1 \\ e^{-aL} & e^{aL} \end{bmatrix}^{-1} \left\{ \begin{bmatrix} \alpha \\ \beta \end{bmatrix} + \int_0^L \begin{bmatrix} 0 \\ a^{-1}\sinh(a(L-y)) \end{bmatrix} f(y) dy \right\}$$

$$- \int_0^x \frac{\sinh(a(x-y))}{a} f(y) dy$$

$$= \alpha A(0,0;x) + \beta B(0,0;x) + \int_0^L G(0,0;x,y) f(y) dy.$$

ここで $A(0,0;x) = \dfrac{\sinh(a(L-x))}{\sinh aL}$, $B(0,0;x) = \dfrac{\sinh ax}{\sinh aL}$,

$G(0,0;x,y) = \dfrac{\sinh ax \sinh(a(L-y))}{a\sinh aL} - \theta(x-y)\dfrac{\sinh(a(x-y))}{a}$

$$= \begin{cases} \dfrac{\sinh ax \sinh(a(L-y))}{a\sinh aL} & (x < y) \\ \dfrac{\sinh(a(L-x))\sinh ay}{a\sinh aL} & (x > y) \end{cases} = \dfrac{\sinh(a(x \wedge y))\sinh(a(L - x \vee y))}{a\sinh aL}. \quad (9.15)$$

コメント 本例題 $A(0,0;x), B(0,0;x), G(0,0;x,y)$ における "$0,0$" は左右の境界条件 (BC) における u の微分回数を表す.境界条件を $u^{(m)}(0) = \alpha, u^{(n)}(L) = \beta$ とした場合,これらを $A(m,n;x), B(m,n;x), G(m,n;x,y)$ と表す.

■ 問題

1.1 例題 9.1 で両端とも自由端の場合,境界条件は $(\text{BC})' : u'(0) = \alpha, u'(L) = \beta$ (ノイマン境界条件) となる.境界値問題 (ODE), $(\text{BC})'$ を解け.

例題 9.2 ─────────────────────────────── グリーン関数の性質 ─

例題 9.1 (9.15) のグリーン関数 $G(x,y) := G(0,0;x,y)$ について,
 (a) 以下の関係式を示せ.
  (i) $(-\partial_x^2 + a^2)G(x,y) = 0$ $(0 < x, y < L, x \neq y)$
  (ii) $G(0,y) = G(L,y) = 0$ $(0 < y < L)$
  (iii) $\partial_x^k G(x,y)\big|_{x=y-0} - \partial_x^k G(x,y)\big|_{x=y+0} = \begin{cases} 0 & (k=0) \\ 1 & (k=1) \end{cases}$
 (b) 条件 (i), (ii), (iii) から逆にグリーン関数 $G(x,y)$ を求められることを示せ.

【解　答】 (a) 例題 9.1 (9.15) より

$$(\text{G}): G(x,y) = \begin{cases} \dfrac{\sinh ax \sinh(a(L-y))}{a \sinh aL} & (x < y) \\ \dfrac{\sinh ay \sinh(a(L-x))}{a \sinh aL} & (x > y). \end{cases}$$

(i) $u = \sinh ax$ および $u = \sinh(a(L-x))$ がともに $-u'' + a^2 u = 0$ の解であることより明らか.

(ii) (G) に $x = 0$ を代入すると, $x = 0 < y$ より $G(0,y) = 0$. 同様に $x = L$ を代入すると, $x = L > y$ より $G(L,y) = 0$.

(iii) (G) の上下の式で $x \to y - 0$ および $x \to y + 0$ の極限をとると,

$$G(y-0,y) - G(y+0,y)$$
$$= \frac{\sinh ay \sinh(a(L-y))}{a \sinh aL} - \frac{\sinh ay \sinh(a(L-y))}{a \sinh aL} = 0.$$

次に $G(x,y)$ を x で偏微分して

$$G_x(x,y) = \begin{cases} \dfrac{\cosh ax \sinh(a(L-y))}{\sinh aL} & (x < y) \\ \dfrac{-\sinh ay \cosh(a(L-x))}{\sinh aL} & (x > y). \end{cases}$$

$x \to y - 0$ および $x \to y + 0$ の極限をとって双曲線関数の加法定理を用いると,

$$G_x(y-0,y) - G_x(y+0,0)$$
$$= \frac{\cosh ay \sinh(a(L-y))}{\sinh aL} + \frac{\sinh ay \cosh(a(L-y))}{\sinh aL} = 1.$$

(b) 条件 (i) を $x < y$ および $x > y$ においてそれぞれ解くと, $G(x,y)$ は

9.1 境界値問題とグリーン関数

$C_i(y)$ $(i=0,1,2,3)$ を y についての関数として

$$(\text{G})' \ : \ G(x,y) = \begin{cases} C_0(y)\cosh ax + C_1(y)\sinh ax & (x<y) \\ C_2(y)\cosh ax + C_3(y)\sinh ax & (x>y) \end{cases}$$

と書ける．次に境界条件 (ii) より

$$(1) \ : \ C_0(y) = 0, \qquad (2) \ : \ C_2(y)\cosh aL + C_3(y)\sinh aL = 0.$$

最後に (iii)，すなわち $x=y$ における $G(x,y)$ の連続条件と $G_x(x,y)$ の不連続条件より

$$(3) \ : \ (C_0(y) - C_2(y))\cosh ay + (C_1(y) - C_3(y))\sinh ay = 0$$
$$(4) \ : \ a(C_0(y) - C_2(y))\sinh ay + a(C_1(y) - C_3(y))\cosh ay = 1.$$

(1), (2), (3), (4) を $C_i(y)$ $(i=0,1,2,3)$ について解いて，

$$C_0(y) = 0, \qquad C_1(y) = \frac{\sinh(a(L-y))}{a\sinh aL},$$

$$C_2(y) = \frac{\sinh ay}{a}, \quad C_3(y) = -\frac{\cosh aL \sinh ay}{a\sinh aL}.$$

これを $(\text{G})'$ に代入すると

$$G(x,y) = \begin{cases} \dfrac{\sinh ax \sinh(a(L-y))}{a\sinh aL} & (x<y) \\ \dfrac{\sinh ay \cosh ax}{a} - \dfrac{\cosh aL \sinh ay \sinh ax}{a\sinh aL} \\ \quad = \dfrac{\sinh ay \sinh(a(L-x))}{a\sinh aL} & (x>y) \end{cases}$$

となって，これは $G(0,0;x,y)$ に一致する．

■ 問 題

2.1 本節問題 1.1 のグリーン関数 $G(x,y) = G(1,1;x,y)$ について次を示せ．
 (a) $(-\partial_x^2 + a^2)G(x,y) = 0 \quad (0 < x, y < L, x \neq y)$
 (b) $G_x(0,y) = G_x(L,y) = 0 \quad (0 < y < L)$
 (c) $\partial_x^k G(x,y)\Big|_{x=y-0} - \partial_x^k G(x,y)\Big|_{x=y+0} = \begin{cases} 0 & (k=0) \\ 1 & (k=1) \end{cases}$

―― 例題 9.3 ――――――――――――――――――――――― 第 3 種境界条件 ――

a, L を正の定数，h を非負の定数とする．**第 3 種境界条件**を含む次の境界値問題を解け．

$$\begin{cases} (\text{ODE}) : -u'' + a^2 u = f(x) & (0 < x < L) \\ (\text{BC}) : u(0) = \alpha, \ u(L) + hu'(L) = \beta \end{cases}$$

またグリーン関数 $G(x, y)$ の各点 $0 < x, y < L$ における値は h について単調増加であることを示せ．

【解　答】例題 9.1 同様 $\boldsymbol{u}(x), \boldsymbol{v}(x)$ を定義すると，(9.14) と同様の式が成立する．

$$\boldsymbol{u}(x) = \begin{bmatrix} e^{-ax} & e^{ax} \\ -ae^{-ax} & ae^{ax} \end{bmatrix} \boldsymbol{v}(0) - \int_0^x \begin{bmatrix} a^{-1} \sinh(a(x-y)) \\ \cosh(a(x-y)) \end{bmatrix} f(y) dy$$

ここで境界条件 (BC) より

$$\begin{bmatrix} 1 & 1 \\ e^{-aL}(1-ah) & e^{aL}(1+ah) \end{bmatrix} \boldsymbol{v}(0)$$
$$= \begin{bmatrix} \alpha \\ \beta \end{bmatrix} + \begin{bmatrix} 0 \\ \int_0^L \{a^{-1}\sinh(a(L-y)) + h\cosh(a(L-y))\}f(y)dy \end{bmatrix}.$$

$\boldsymbol{v}(0)$ を消去して整理すると，

$$u(x) = u_0(x) = \alpha A(x) + \beta B(x) + \int_0^L G(x,y) f(y) dy$$

$A(x), B(x), G(x,y)$ は

$$A(x) = \frac{\sinh(a(L-x)) + ah\cosh(a(L-x))}{\sinh aL + ah\cosh aL}$$

$$B(x) = \frac{\sinh ax}{\sinh aL + ah\cosh aL}$$

$$G(x,y) = \frac{\{\sinh(a(L-y)) + ah\cosh(a(L-y))\}\sinh ax}{a(\sinh aL + ah\cosh aL)}$$
$$\quad - \theta(x-y) \frac{\sinh(a(x-y))}{a}$$
$$= \frac{\{\sinh(a(L - x \vee y)) + ah\cosh(a(L - x \vee y))\}\sinh(a(x \wedge y))}{a(\sinh aL + ah\cosh aL)}$$

9.1 境界値問題とグリーン関数

グリーン関数 $G(x,y)$ は h について1次分数関数であり，さらに次の通り変形される．

$$G(x,y) = \frac{\sinh(a(x \wedge y))}{a \cosh aL} \left\{ \cosh(a(L - x \vee y)) - \frac{\sinh(a(x \vee y))}{ah \cosh aL + \sinh aL} \right\}$$

この式から $G(x,y)$ の各点 $0 < x, y < L$ における値は h について単調増加である．

グラフ 以下のグラフはそれぞれ $h = 0$（左上），$h = 0.2$（右上），$h = 1$（左下），$h = \infty$（右下）の場合のグリーン関数のグラフである．ただし $a = 2, L = 1$ とした．

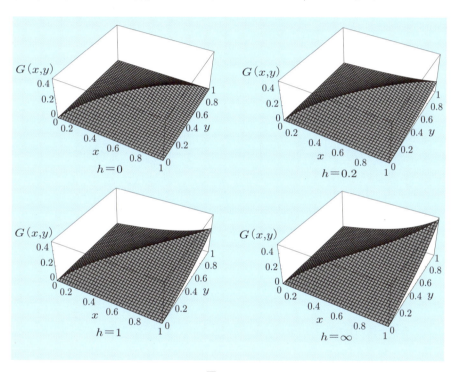

図 9.2

問題

3.1 a, L を正の定数とする．$u = u(x)$ に関する**周期境界値問題**

$$\begin{cases} \text{(ODE)} : -u'' + a^2 u = f(x) & (0 < x < L) \\ \text{(BC)} : u(L) - u(0) = 0, \ u'(L) - u'(0) = 0 \end{cases}$$

のグリーン関数 $G_P(x,y)$ を求めよ．

---例題 9.4*--特異境界値問題---

a を正の定数とする．$u = u(x)$ に関する境界値問題

$$\begin{cases} (\text{ODE}) : -u'' + a^2 u = f(x) & (0 < x < \infty) \\ (\text{BC}) : u(0) = \alpha \\ (\text{BDD}) : u(x), u'(x) : 有界 & (0 < x < \infty) \end{cases}$$

の解を次式のように書くとき，$A(0;x)$ および $G(0;x,y)$ を求めよ．

$$u(x) = \alpha A(0;x) + \int_0^\infty G(0;x,y)f(y)dy$$

見かけ上境界条件が，$u(0) = \alpha$ の 1 つのみだが，$x \to \infty$ にもう 1 つの境界条件が隠れている．

【解　答】 例題 9.1 同様 $\boldsymbol{u}, \boldsymbol{v}$ を定義すると，(9.13) と同様の式が成立する．

$$\boldsymbol{v}(x) = \begin{bmatrix} e^{-ax} & 0 \\ 0 & e^{ax} \end{bmatrix} \boldsymbol{v}(0) + \int_0^x \frac{1}{2a} \begin{bmatrix} e^{-a(x-y)} \\ -e^{a(x-y)} \end{bmatrix} f(y)dy$$

$$\Leftrightarrow \begin{cases} v_0(x) = e^{-ax}\left(v_0(0) + \int_0^x \frac{1}{2a}e^{ay}f(y)dy\right) \\ v_1(x) = e^{ax}\left(v_1(0) - \int_0^x \frac{1}{2a}e^{-ay}f(y)dy\right) \end{cases}$$

第 2 式より

$$v_1(0) - \int_0^x \frac{1}{2a}e^{-ay}f(y)dy = e^{-ax}v_1(x).$$

ここで有界条件 (BDD) より $v_1(x) = \frac{u}{2} + \frac{u'}{2a}$ は $0 < x < \infty$ で有界．そこで $x \to \infty$ の極限をとると，

$$(1) : v_1(0) = \int_0^\infty \frac{1}{2a}e^{-ay}f(y)dy$$

を得る．一方境界条件 (BC) より，

$$u(0) = v_0(0) + v_1(0) = \alpha$$

$$(2) : v_0(0) = \alpha - v_1(0) = \alpha - \int_0^\infty \frac{1}{2a}e^{-ay}f(y)dy.$$

9.1 境界値問題とグリーン関数

したがって
$$\bm{u}(x) = P\bm{v} = \begin{bmatrix} e^{-ax} & e^{ax} \\ -ae^{-ax} & ae^{ax} \end{bmatrix} \bm{v}(0) - \int_0^x \begin{bmatrix} a^{-1}\sinh(a(x-y)) \\ \cosh(a(x-y)) \end{bmatrix} f(y)dy$$

に (1), (2) を代入して整理すると，

$$\begin{aligned}
u(x) &= u_0(x) \\
&= \alpha e^{-ax} - e^{-ax}\int_0^\infty \frac{1}{2a}e^{-ay}f(y)dy + e^{ax}\int_0^\infty \frac{1}{2a}e^{-ay}f(y)dy \\
&\quad - \int_0^x \frac{1}{2a}(e^{a(x-y)} - e^{-a(x-y)})f(y)dy \\
&= \alpha e^{-ax} - \int_0^\infty \frac{1}{2a}e^{-a(x+y)}f(y)dy \\
&\quad + \int_0^x \frac{1}{2a}e^{-a(x-y)}f(y)dy + \int_x^\infty \frac{1}{2a}e^{a(x-y)}f(y)dy \\
&= \alpha A_0(x) + \int_0^\infty G(0;x,y)f(y)dy.
\end{aligned}$$

ここで
$$A(0;x) = e^{-ax}$$
$$G(0;x,y) = \frac{1}{2a}(-e^{-a(x+y)} + e^{-a|x-y|}).$$

問　題

4.1*　無限区間における次の境界値問題のグリーン関数 $G(x,y)$ を求めよ．

$$\begin{cases} \text{(ODE)} : -u'' + a^2 u = f(x) & (-\infty < x < \infty) \\ \text{(BDD)} : u(x),\ u'(x)：有界 & (-\infty < x < \infty) \end{cases}$$

4.2*　$0 < x < 1$ における次の特異境界値問題を解け（独立変数変換 $x = e^{-t}$ を用いよ）．

$$\begin{cases} \text{(ODE)} : -(xu')' + \dfrac{u}{x} = f(x) & (0 < x < 1) \\ \text{(BDD)} : u(x),\ xu'(x)：有界 & (0 < x < 1) \\ \text{(BC)} : u(1) = \alpha \end{cases}$$

144　　　　　　　　　　9　境界値問題と固有値問題

例題 9.5* ────────────────── グリーン関数が存在しない場合 ─

(a) $u = u(x)$ に関する次の境界値問題を解け.

$$\begin{cases} (\text{ODE}) : -u'' = f(x) \quad (0 < x < L) \\ (\text{BC}) : u(0) = \alpha, u(L) = \beta \end{cases}$$

(b) (a) で境界条件 (BC) を

$$(\text{BC})' : u'(0) = \alpha,\ u'(L) = \beta$$

で置き換えるとどうなるか?

【解　答】 (a) (ODE) を 2 回積分して，積分順序を変更することによって，

$$(*) : u = -\int_0^x \int_0^z f(y)dydz + C_0 x + C_1$$
$$= -\int_0^x \int_y^x f(y)dzdy + C_0 x + C_1$$
$$= -\int_0^x (x-y)f(y)dy + C_0 x + C_1.$$

境界条件 (BC) より，

$$u(0) = \alpha = C_1, \quad u(L) = \beta = -\int_0^L (L-y)f(y)dy + C_0 L + C_1.$$

よって

$$C_0 = \frac{\beta - \alpha}{L} + \int_0^L \left(1 - \frac{y}{L}\right)f(y)dy, \quad C_1 = \alpha.$$

これらを (∗) に代入，整理すると

$$u(x) = -\int_0^x (x-y)f(y)dy + x\left\{\frac{\beta - \alpha}{L} + \int_0^L \left(1 - \frac{y}{L}\right)f(y)dy\right\} + \alpha$$
$$= \alpha A(x) + \beta B(x) + \int_0^L G(x, y)f(y)dy.$$

ここで

$$A(x) = 1 - \frac{x}{L}, \quad B(x) = \frac{x}{L}$$
$$G(x, y) = -\theta(x-y)(x-y) + x - \frac{xy}{L} = x \wedge y - \frac{xy}{L}.$$

9.1 境界値問題とグリーン関数

(b) (ODE) を積分して $u'(x) = -\int_0^x f(y)dy + C_1$. (BC)′ より

$$u'(0) = \alpha = C_1$$

$$u'(L) = \beta = -\int_0^L f(y)dy + C_1.$$

(i) $\int_0^L f(x)dx \neq \alpha - \beta$ のとき解は存在しない.

(ii) $\int_0^L f(x)dx = \alpha - \beta$ のとき

$$u = -\int_0^x (x-y)f(y)dy + \alpha x + C_0 \quad (C_0 : 任意定数).$$

コメント 境界値問題によっては解が存在しない場合もある．これは微分方程式の右辺を λu と置いた**固有値問題**

$$\begin{cases} -u'' = \lambda u \\ u'(0) = u'(L) = 0 \end{cases}$$

がゼロ固有値（対応する固有関数 $u(x) = 1$）を持つことに起因する．詳しくは次節例題 9.6 (b) 参照．

発展 (b) においては（狭い意味での）グリーン関数は存在しないが，**可解条件**

$$\int_0^L f(x)dx = \alpha - \beta$$

のもとでは，一般化グリーン関数と呼ばれる関数を計算することはできる．初学者の範囲を越えるので本書ではこれ以上立ち入らない．

■ 問　題

5.1* 次の周期境界値問題が解をもつための，$f(x)$ に関する条件を求めよ．

$$\begin{cases} (\text{ODE}) : -u'' = f(x) \quad (0 < x < L) \\ (\text{BC}) : u(0) - u(L) = 0,\ u'(0) - u'(L) = 0 \end{cases}$$

9.2 固有値問題

$p(x)$ を区間 (a,b) で 1 回連続微分可能な正値関数,$q(x)$ を $[a,b]$ で連続な関数,$r(x)$ を $[a,b]$ で連続な正値関数とする.λ をパラメータとする同次線形微分方程式

$$\mathcal{L}[u] := -\frac{d}{dx}\left[p(x)\frac{du}{dx}\right] + q(x)u = \lambda r(x)u \quad (a < x < b) \tag{9.16}$$

および境界条件

$$u^{(m)}(a) = u^{(n)}(b) = 0 \quad (m, n \text{ は } 0 \text{ または } 1) \tag{9.17}$$

を満たす恒等的に 0 でない関数 $u = \psi(x)$ が存在するとき,定数 λ の値を**固有値**と呼ぶ.また $\psi(x)$ を λ に対応する**固有関数**と呼ぶ.特に条件

$$||\psi||^2 := \int_0^L \psi(x)^2 r(x)dx = 1 \tag{9.18}$$

を満たす固有関数を**規格化**された固有関数と呼ぶ.このように固有値,固有関数を求める問題を**スツルム–リュービルの固有値問題**,または単に**固有値問題**と呼ぶ.境界条件 (9.17) は第 3 種境界条件や周期境界条件で置き換えてもよい.

特異固有値問題　特異境界値問題の場合と同様,区間が片側または両側に無限に広がっていたり,$p(x)$ が端点 $x = a$ または $x = b$ で 0 になっていたり,$q(x)$ が端点で発散していたりする場合,境界条件を有界条件で置き換えた**特異固有値問題**を扱うことになる(詳細は例題 9.7 参照).

固有関数の直交性　固有関数の直交性に関する以下の定理が成立する.この定理 9.1 および後述の定理 9.2 は,境界条件 (9.17) を第 3 種境界条件や周期境界条件で置き換えても,また特異境界値問題においても同様に成り立つ.

> **定理 9.1**　(**固有関数の直交性**)　固有値問題 (9.16), (9.17) の任意の相異なる固有値 λ_i, λ_j ($i \neq j$) に対応する固有関数 $\psi_i(x), \psi_j(x)$ は $r(x)$ を重み関数として互いに直交する.つまり次式が成立する.
>
> $$(\psi_i, \psi_j) := \int_a^b \psi_i(x)\psi_j(x)r(x)dx = 0 \tag{9.19}$$

証明は章末の演習問題 3 参照.

9.2 固有値問題

境界値問題と固有値問題　固有値問題は以下の定理に示す通り，境界値問題のグリーン関数と密接な関係をもつ．

> **定理 9.2**　固有値問題 (9.16), (9.17) の固有値を $\lambda_0, \lambda_1, \cdots$，対応する固有関数を $\psi_0(x), \psi_1(x), \cdots$ とする．固有値 $\lambda_0, \lambda_1, \cdots$ の中に 0 が含まれない場合 (つまり固有値問題がゼロ固有値をもたない場合)，境界値問題
>
> $$\begin{cases} \mathcal{L}[u] = -(p(x)u')' + q(x)u = f(x) & (a < x < b) \\ u^{(m)}(a) = u^{(n)}(b) = 0 \end{cases} \quad (9.20)$$
>
> のグリーン関数 $G(x, y)$ は固有値と固有関数を用いて次のように表せる．
>
> $$G(x, y) = \sum_{n=0}^{\infty} \frac{\psi_n(x)\psi_n(y)}{\lambda_n ||\psi_n||^2}, \quad ||\psi_n||^2 = \int_a^b \psi_n(x)^2 r(x) dx \quad (9.21)$$

【略　証】　$f(x)/r(x)$ が次の形に展開 (固有関数展開) されると仮定する．

$$\frac{f(x)}{r(x)} = \sum_{n=0}^{\infty} \hat{f}_n \psi_n(x).$$

両辺に $\psi_n(x) r(x)$ を乗じて区間 $[a, b]$ で積分すると，係数 $\hat{f}_n$ は次のように書ける．

$$\hat{f}_n = \frac{\int_a^b f(y)\psi_n(y) dy}{||\psi_n||^2}$$

このとき $u(x)$ も同様に固有関数展開される．

$$u(x) = \sum_{n=0}^{\infty} \hat{u}_n \psi_n(x) \quad (9.22)$$

境界条件は自動的に満たされることに注意．これらを微分方程式に代入して，整理すると

$$\mathcal{L}[u] = \sum_{n=0}^{\infty} \hat{u}_n \mathcal{L}[\psi_n] = \sum_{n=0}^{\infty} \hat{u}_n \lambda_n r(x) \psi_n(x)$$

$$= \sum_{n=0}^{\infty} \hat{f}_n \psi_n(x) r(x).$$

これから，$\hat{u}_n = \hat{f}_n / \lambda_n$ が成立して，(9.22) に代入すると，求める結果を得る．

コメント
1. 関係式 (9.21) から分かる通り，固有値問題が固有値 $\lambda = 0$ を有するとき，(狭い意味での) グリーン関数は存在しない．
2. ここでは証明しないが，固有値問題 (9.16), (9.17) は離散的に分布する可算無限個の実固有値 $\lambda_0 < \lambda_1 < \cdots < \lambda_n < \cdots$ をもち，$n \to \infty$ のとき $\lambda_n \to \infty$ である．

―― 例題 9.6 ―――――――――――――――――――――――――― 固有値問題 ――

(a) L を正の定数とする．$u = u(x)$ に関する次の固有値問題について，固有値，固有関数を求めよ．

$$\begin{cases} (\text{ODE}) : -u'' = \lambda u \quad (0 < x < L) \\ (\text{BC}) : u(0) = u(L) = 0 \end{cases}$$

(b) (a) で境界条件 (BC) を次のノイマン境界条件で置き換えたとき，固有値，固有関数を求めよ．

$$(\text{NBC}) : u'(0) = u'(L) = 0$$

(c) (a) で境界条件 (BC) を次の第 3 種境界条件で置き換えたとき，固有値，固有関数を求めよ．

$$(\text{BC3}) : u(0) = u(L) + u'(L) = 0$$

【解　答】微分方程式 $-u'' - \lambda u = 0$ の一般解は，λ の正負 0 に応じて次の通りである．

$$u(x) = \begin{cases} C_0 e^{\alpha x} + C_1 e^{-\alpha x} & (\lambda = -\alpha^2 < 0) \\ C_0 + C_1 x & (\lambda = 0) \\ C_0 \cos \alpha x + C_1 \sin \alpha x & (\lambda = \alpha^2 > 0) \end{cases}$$

ここで $\alpha > 0$ とする．あとは境界条件を満たすように，C_0, C_1, α を決めればよい．

(a) (i) $\lambda < 0$ のとき $u(0) = C_0 + C_1 = 0$, $u(L) = C_0 e^{\alpha L} + C_1 e^{-\alpha L} = 0$ を得る．ここで $L > 0$ より，$C_0 = C_1 = 0$. つまり自明解 $u \equiv 0$ しかもたない．
(ii) $\lambda = 0$ のとき $u(0) = C_0 = 0$, $u(L) = C_0 + C_1 L = 0$ より，自明解 $u \equiv 0$ のみ．
(iii) $\lambda > 0$ のとき $u(0) = C_0 = 0$, $u(L) = C_0 \cos \alpha L + C_1 \sin \alpha L = 0$. これは，$\sin \alpha L = 0$ つまり $\alpha = n\pi/L$ $(n = 1, 2, \cdots)$ のとき非自明解 $u(x) = C_1 \sin(n\pi x/L)$ をもつ．

(i), (ii), (iii) より固有値 λ_n および固有関数 $\psi_n(x)$ は

$$\lambda_n = \left(\frac{n\pi}{L}\right)^2, \quad \psi_n(x) = \sin \frac{n\pi x}{L} \quad (n = 1, 2, \cdots)$$

(b) (i) $\lambda < 0$ のとき $u'(0) = \alpha(C_0 - C_1) = 0, u'(L) = \alpha(C_0 e^{\alpha L} - C_1 e^{-\alpha L}) = 0$. $L > 0$ より，$C_0 = C_1 = 0$. つまり自明解 $u(x) \equiv 0$ しかもたない．

(ii) $\lambda = 0$ のとき $u'(0) = C_1 = 0, u'(L) = C_1 = 0$. これより $C_1 = 0$ であれば C_0 の値に関係なく, 境界条件 (NBC) は満たされる. つまり非自明解 $u(x) = C_0$ をもつ.
(iii) $\lambda > 0$ のとき $u'(0) = C_1 \alpha = 0$, $u'(L) = -C_0 \alpha \sin \alpha L + C_1 \alpha \cos \alpha L = 0$. これは, $\alpha = n\pi/L$ $(n = 1, 2, \cdots)$ のとき非自明解 $u(x) = C_0 \cos(n\pi x/L)$ をもつ. (i), (ii), (iii) より固有値 λ_n と固有関数 $\psi_n(x)$ は

$$\lambda_n = \left(\frac{n\pi}{L}\right)^2, \quad \psi_n(x) = \cos \frac{n\pi x}{L} \quad (n = 0, 1, 2, \cdots).$$

(c) (i) $\lambda < 0$ のとき $u(0) = C_0 + C_1 = 0$, $u(L) + u'(L) = C_0(1+\alpha)e^{\alpha L} + C_1(1-\alpha)e^{-\alpha L} = 0$. ここで $\alpha, L > 0$ より $C_0 = C_1 = 0$. つまり自明解 $u \equiv 0$ のみ.
(ii) $\lambda = 0$ のとき $C_0 = C_0 + C_1 L + C_1 = 0$ より $C_0 = C_1 = 0$. よって自明解 $u \equiv 0$ のみ.
(iii) 最後に $\lambda > 0$ のときは, $u(0) = C_0 = 0$, $u(L) + u'(L) = C_1(\sin \alpha L + \alpha \cos \alpha L) = C_1 \cos \alpha L (\tan \alpha L + \alpha) = 0$.
ここで α についての方程式 $\tan \alpha L + \alpha = 0$ の正の解を $0 < \alpha_1 < \alpha_2 < \cdots$ として, $\alpha = \alpha_n$ のとき非自明解は $u(x) = C_1 \sin \alpha_n x$.
(i), (ii), (iii) より固有値と固有関数は

$$\lambda_n = \alpha_n^2, \quad \psi_n(x) = \sin \alpha_n x \quad (n = 1, 2, \cdots).$$

コメント $\tan Lx + x = 0$ は超越方程式のため $x = \cdots$ という形で解を書き下すことはできない. しかし右のグラフ $(y = \tan Lx, y = -x, L = 1)$ から分かる通り, 各 α_n は区間 $((n-\frac{1}{2})\pi/L, n\pi/L)$ に 1 つずつ存在する.

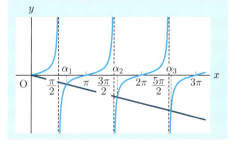

図 **9.3** $y = \tan x, y = -x$ のグラフ

問題

6.1 例題 9.6(a) で, (BC) を周期境界条件 (PBC): $u(0) = u(L), u'(0) = u'(L)$ で置き換えたとき, 固有値, 固有関数を求めよ.

6.2 $0 < \alpha_1 < \alpha_2 < \cdots$ を例題 9.6(c) 同様, $\tan \alpha L + \alpha = 0$ の正の解によって定義するとき次式を証明せよ.

$$\int_0^L \sin \alpha_m x \sin \alpha_n x \, dx = \frac{1 + L(1+\alpha_n^2)}{2(1+\alpha_n^2)} \delta_{mn}, \quad \delta_{mn} = \begin{cases} 1 & (m = n) \\ 0 & (m \neq n) \end{cases}$$

── 例題 9.7* ──────────────────── 特異固有値問題 ──

m を非負の整数とする．次の特異固有値問題の固有関数をベッセル関数 $J_m(x)$ (8.2 節例題 8.4 参照) を用いて表し，固有値を求めよ．

$$\begin{cases} \text{(ODE)} : -(xy')' + \dfrac{m^2}{x}y = \lambda xy \quad (0 < x < 1) \\ \text{(BC)} : y(1) = 0 \\ \text{(BDD)} : y(x),\ y'(x) : \text{有界} \quad (0 < x < 1) \end{cases}$$

ヒント 1. 独立変数変換 $\xi = \sqrt{\lambda}\,x$ によって，(ODE) を書き換えよ．
2. m 次ベッセル関数 $J_m(x)$，ノイマン関数 $N_m(x)$ に関する以下の事実を用いてよい．
   (J) $J_m(x)$ は $x > 0$ で無限個のゼロ点 $0 < \mu_1^{(m)} < \mu_2^{(m)} < \mu_3^{(m)} < \cdots$ をもつ．
   (N) $N_m(x)$ は $x \to +0$ で $-\infty$ に発散する．

【解 答】 $\xi = \sqrt{\lambda}\,x$ とすると，$y = y(\xi)$ に関する次のベッセル方程式を得る．

$$-\frac{d}{d\xi}\left(\xi \frac{dy}{d\xi}\right) + \frac{m^2}{\xi}y = \xi y \quad \Leftrightarrow \quad \xi^2 \frac{d^2 y}{d\xi^2} + \xi \frac{dy}{d\xi} + (\xi^2 - m^2)y = 0$$

一般解は m 次ベッセル関数と m 次ノイマン関数を用いて，

$$y = C_1 J_m(\xi) + C_2 N_m(\xi) = C_1 J_m(\sqrt{\lambda}\,x) + C_2 N_m(\sqrt{\lambda}\,x)$$

と書ける．ここで $x \to +0$ での有界条件 (BDD) および (N) より $C_2 = 0$．また境界条件 (BC) より

$$y(1) = J_m(\sqrt{\lambda}) = 0.$$

(J) から $\sqrt{\lambda}$ は m 次ベッセル関数 $J_m(x)$ のゼロ点 $\mu_n^{(m)}$ $(n = 1, 2, \cdots)$ に等しい．以上により固有値と固有関数は

$$\lambda_n = (\mu_n^{(m)})^2, \quad \psi_n(x) = J_m(\mu_n^{(m)} x) \quad (n = 1, 2, \cdots).$$

■ 問 題

7.1* 例題 9.7 および本節定理 9.1（異なる固有値に対応する固有関数の直交性）を用いて，ベッセル関数についての次の直交関係式を示せ．

$$\int_0^1 J_m(\mu_i^{(m)} x) J_m(\mu_j^{(m)} x) x\, dx = 0 \quad (i \ne j)$$

第9章演習問題

1. a, L を正の定数とする．境界値問題
$$\begin{cases} (\text{ODE}) : -u'' + a^2 u = f(x) & (0 < x < L) \\ (\text{BC}) : u^{(m)}(0) = \alpha, \ u^{(n)}(L) = \beta & (m, n \text{ は } 0 \text{ または } 1) \end{cases}$$
の解は次の通り書ける．
$$u(x) = \alpha A(m, n; x) + \beta B(m, n; x) + \int_0^L G(m, n; x, y) f(y) dy$$

(a) $m = 0, n = 1$ のとき $A(0, 1; x), B(0, 1; x), G(0, 1; x, y)$ を求めよ．

(b) $m = 1, n = 0$ のとき $A(1, 0; x), B(1, 0; x), G(1, 0; x, y)$ を求め，(a) の結果と比較せよ．

(c) グリーン関数 $G(0, 0; x, y), G(1, 1; x, y)$ (例題 9.1, 問題 1.1 参照) と $G(0, 1; x, y), G(1, 0; x, y)$ の間に次の大小関係 (階層構造) が成立することを示せ．
$$0 < G(0, 0; x, y) < G(0, 1; x, y) < G(1, 1; x, y)$$
$$0 < G(0, 0; x, y) < G(1, 0; x, y) < G(1, 1; x, y)$$

2. 次の固有値問題の固有値，固有関数を求めよ．

(a) $\begin{cases} -u'' = \lambda u & (0 < x < L) \\ u'(0) = u(L) = 0 \end{cases}$

(b) $\begin{cases} -u'' = \lambda u & (0 < x < L) \\ u'(0) = u(L) + hu'(L) = 0 & (h \text{ は正の定数}) \end{cases}$

(c) $\begin{cases} -x^2 u'' - xu' = \lambda u & (1 < x < L) \\ u(1) = u(L) = 0 \end{cases}$

(d)* $\begin{cases} -((1-x^2)u')' = \lambda u & (-1 < x < 1) \\ u(x), \ u'(x) : \text{有界} & (-1 < x < 1) \end{cases}$

3. スツルム–リウヴィルの固有値問題
$$\begin{cases} (\text{ODE}) : -\dfrac{d}{dx}\left[p(x)\dfrac{du}{dx}\right] + q(x)u = \lambda r(x)u & (a < x < b) \\ (\text{BC}) : u^{(m)}(a) = u^{(n)}(b) = 0 & (m, n \text{ は } 0 \text{ または } 1) \end{cases}$$

の任意の相異なる固有値 λ_i, λ_j $(i \neq j)$ に対応する固有関数 $\psi_i(x), \psi_j(x)$ は互いに直交する，すなわち次式が成り立つことを証明せよ．
$$(\psi_i, \psi_j) := \int_a^b \psi_i(x)\psi_j(x)r(x)dx = 0$$

4.* バネ定数 $q\,(>0)$ の一様なバネで支えられ張力 $p\,(\geqq 0)$ で引っ張られた長さ L の棒（鉄道のレールなど）が鉛直方向に力（点 $x\,(0<x<L)$ における荷重密度 $f(x)$）を受けたとき各点 x における棒の平衡位置からの変位を $u=u(x)$ とする．棒の左端が固定されているとき，$u(x)$ は次の4階常微分方程式の境界値問題にしたがう．
$$\begin{cases} \text{(ODE)} : \mathcal{L}[u] := u^{(4)} - pu'' + qu = f(x) & (0<x<L) \\ \text{(BC)} : u(0) = u'(0) = u^{(m)}(L) = u^{(n)}(L) = 0 \end{cases}$$
ここで m, n が (a)～(f) の6通りの値をとる場合，境界値問題は自己共役であるか？いいかえると $0<x<L$ で定義された4階連続微分可能な関数 v, w が境界条件 (BC) を満たすとき，次の関係式が成立するか？
$$\mathcal{R}[v,w] := \int_0^L \{w\mathcal{L}[v] - v\mathcal{L}[w]\}dx = 0$$

(a) $m=0, n=1$ (b) $m=0, n=2$ (c) $m=0, n=3$
(d) $m=1, n=2$ (e) $m=1, n=3$ (f) $m=2, n=3$

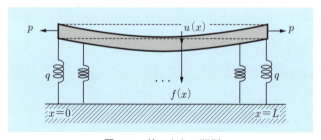

図 **9.4** 棒のたわみ問題

5.* 前問で $p = a_1^2 + a_2^2, q = a_1^2 a_2^2$ (a_1, a_2 は正の定数) と仮定する．
  (a) 境界値問題
$$\begin{cases} \text{(ODE)} : u^{(4)} - (a_1^2+a_2^2)u'' + a_1^2 a_2^2 u = f(x) & (0<x<L) \\ \text{(BC)} : u(0) = u''(0) = u(L) = u''(L) = 0 \end{cases}$$

の解の公式を
$$u(x) = \int_0^L G(0,2,0,2;x,y)f(y)dy$$
とするとき，グリーン関数 $G(0,2,0,2;x,y)$ は次式で表せることを示せ．
$$G(0,2,0,2;x,y) = \int_0^L G_2(0,0;x,z)G_1(0,0;z,y)dz$$
ここで，$G_i(m,n;x,y)$ $(i=1,2)$ は次の境界値問題のグリーン関数とする．
$$\begin{cases} \text{(ODE2)} : -u'' + a_i^2 u = f(x) & (0 < x < L) \\ \text{(BC2)} : u^{(m)}(0) = u^{(n)}(L) = 0 & (m, n \text{ は } 0 \text{ または } 1) \end{cases}$$

(b) (a) で境界条件 (BC) を (BC)′ で置き換えたとき，グリーン関数 $G(1,3,1,3;x,y)$ はどうなるか？
$$(\text{BC})' : u'(0) = u'''(0) = u'(L) = u'''(L) = 0$$

ヒント 方程式 (ODE) を $(-D^2 + a_1^2)(-D^2 + a_2^2)u = f(x)$, $D = d/dx$ の形に書き，$v(x) := (-D^2 + a_2^2)u = -u'' + a_2^2 u$ とおく．

6.* オイラーは片側を固定，もう片側を自由にした棒（片持梁）の振動の固有振動数を計算した．オイラーの計算をここで再現してみよう．棒の長さを L として，棒のたわみ $u(x)$ $(0 \leqq x \leqq L)$ に関する次の 4 階常微分方程式の固有値問題を考える．
$$\begin{cases} \text{(ODE)} : u^{(4)} = \lambda u & (0 < x < L) \\ \text{(BC)} : u(0) = u'(0) = u''(L) = u'''(L) = 0 \end{cases}$$

$\lambda = \omega^4$ $(\omega > 0)$ として，上の固有値問題が固有関数をもつとき ω は条件 $1 + \cosh\omega L \cos\omega L = 0$ を満たすことを示せ．次に $L = 1$ のときの固有振動数を $0 < \omega_0 < \omega_1 < \omega_2 < \cdots$ とするとき，$\omega_0, \omega_1, \omega_2$ の値を数値計算せよ．

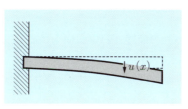

図 9.5 片持梁

10 偏微分方程式入門

本章では**偏微分方程式**，特に $u = u(x, y)$ についての定数係数 2 階線形偏微分方程式

$$\mathcal{L}[u] := au_{xx} + 2bu_{xy} + cu_{yy} + pu_x + qu_y + ru = f(x, y) \tag{10.1}$$

を扱う．x, y は独立変数，a, b, c, p, q, r は定数，$f(x, y)$ は与えられた関数である[†]．$D = b^2 - ac$ として，$D < 0$ のとき方程式は**楕円型偏微分方程式**，$D > 0$ のとき**双曲型偏微分方程式**，$D = 0$ のとき**放物型偏微分方程式**と呼ぶ．放物型偏微分方程式の代表例は**拡散方程式**（熱方程式，10.2 節）

$$u_t - \kappa u_{xx} = 0 \tag{10.2}$$

双曲型偏微分方程式の代表例は**波動方程式**（10.3 節）

$$u_{tt} - c^2 u_{xx} = 0 \tag{10.3}$$

楕円型偏微分方程式の代表例は**ラプラス方程式**（10.4 節）である．

$$u_{xx} + u_{yy} = 0 \tag{10.4}$$

線形偏微分方程式論において最も重要な定理の 1 つが第 4 章でも述べた次の**重ね合わせの原理**である．

> **定理 10.1**　（**重ね合わせの原理 (1)**）　(10.1) の非同次項 $f(x, y) = f_1(x, y), f_2(x, y)$ に対する解をそれぞれ $u = u_1(x, y), u_2(x, y)$ とする．これらの 1 次結合 $u(x, y) = C_1 u_1(x, y) + C_2 u_2(x, y)$ (C_1, C_2 は任意定数) は次の偏微分方程式を満たす．
> $$\mathcal{L}[u] = C_1 f_1(x, y) + C_2 f_2(x, y)$$

上の特別な場合として次の定理が成立する．

> **定理 10.2**　（**重ね合わせの原理 (2)**）　$u = u_1(x, y), u_2(x, y)$ が同次方程式 $\mathcal{L}[u] = 0$ を満たすとき，これらの 1 次結合 $u(x, y) = C_1 u_1(x, y) + C_2 u_2(x, y)$ (C_1, C_2 は任意定数) も同次方程式 $\mathcal{L}[u] = 0$ を満たす．

[†] 方程式によっては独立変数 (x, y) を (t, x) で置き換えているものもある．t は時間変数である．

10.1 フーリエ級数とフーリエ変換

本節では各偏微分方程式に先立ち，これらを扱う上で重要な役割を果たすフーリエ級数およびフーリエ変換について述べる．

三角関数系

定理 10.3 三角関数系 $\left\{1, \cos\frac{2\pi x}{L}, \sin\frac{2\pi x}{L}, \cdots, \cos\frac{2n\pi x}{L}, \sin\frac{2n\pi x}{L}, \cdots\right\}$ は区間 $[0, L]$ で**直交関数系**を成す．つまり m, n を 0 以上の整数として，次式が成り立つ（8.1 節問題 3.1 参照）．

(1) $\displaystyle\int_0^L \cos\frac{2m\pi x}{L} \sin\frac{2n\pi x}{L} dx = 0$

(2) $\displaystyle\int_0^L \cos\frac{2m\pi x}{L} \cos\frac{2n\pi x}{L} dx = \begin{cases} 0 & (m \neq n) \\ L & (m = n = 0) \\ \dfrac{L}{2} & (m = n > 0) \end{cases}$

(3) $\displaystyle\int_0^L \sin\frac{2m\pi x}{L} \sin\frac{2n\pi x}{L} dx = \begin{cases} 0 & (m \neq n) \\ \dfrac{L}{2} & (m = n > 0) \end{cases}$

次節以降では上の定理と同種の次の定理を用いることが多い．

定理 10.4　**1.** 三角関数系 $\{\cos\frac{n\pi x}{L}\}_{n=0,1,2,\cdots}$ は区間 $[0, L]$ で直交関数系を成す．つまり次式が成立する．

$$\int_0^L \cos\frac{m\pi x}{L} \cos\frac{n\pi x}{L} dx = \begin{cases} 0 & (m \neq n) \\ L & (m = n = 0) \\ \dfrac{L}{2} & (m = n > 0) \end{cases}$$

2. 三角関数系 $\{\sin\frac{n\pi x}{L}\}_{n=1,2,\cdots}$ は区間 $[0, L]$ で直交関数系を成す．つまり次式が成立する．

$$\int_0^L \sin\frac{m\pi x}{L} \sin\frac{n\pi x}{L} dx = \begin{cases} 0 & (m \neq n) \\ \dfrac{L}{2} & (m = n > 0) \end{cases}$$

フーリエ級数 区間 $0 \leq x < L$ で定義された関数 $f(x)$ に対して,

$$\begin{cases} a_n = \dfrac{2}{L} \displaystyle\int_0^L f(x) \cos \dfrac{2n\pi x}{L} dx & (n=0,1,2,\cdots) \\ b_n = \dfrac{2}{L} \displaystyle\int_0^L f(x) \sin \dfrac{2n\pi x}{L} dx & (n=1,2,\cdots) \end{cases} \tag{10.5}$$

を**フーリエ係数**, これらの係数から作られる級数

$$\frac{a_0}{2} + \sum_{n=1}^{\infty} \left(a_n \cos \frac{2n\pi x}{L} + b_n \sin \frac{2n\pi x}{L} \right) \tag{10.6}$$

を関数 $f(x)$ の**フーリエ級数**と呼び, 次のように書くことが多い.

$$f(x) \sim \frac{a_0}{2} + \sum_{n=1}^{\infty} \left(a_n \cos \frac{2n\pi x}{L} + b_n \sin \frac{2n\pi x}{L} \right) \tag{10.7}$$

(10.7) で等号を用いないのは, 右辺の級数が収束して各点で $f(x)$ に一致するとは限らないからである. フーリエ係数は, (10.7) で等号が成り立ち, 項別積分もできると仮定して, 両辺に $\cos \frac{2n\pi x}{L}$ または $\sin \frac{2n\pi x}{L}$ を乗じて区間 $[0,L]$ で積分することによって得られる.

> **コメント** 1. (10.7) の右辺は周期 L の周期関数であるから, 左辺の $f(x)$ も区間 $[0,L]$ の外側に周期 L で周期的に延長したものを考えると都合がよい.
> 2. 通常フーリエ級数は区間 $[-L/2, L/2)$ で考えることが多いが, 後の微分方程式への応用の都合上, 区間 $[0,L)$ で考えることにする.

> **定理 10.5** (**フーリエ級数の収束定理**) $f(x)$ が周期 L の周期関数で, $f(x), f'(x)$ が区間 $[0,L)$ において区分的に連続†であると仮定する. このときフーリエ級数 (10.6) は各点 x において収束し, 次式が成り立つ.
>
> $$\frac{a_0}{2} + \sum_{n=1}^{\infty} \left(a_n \cos \frac{2n\pi x}{L} + b_n \sin \frac{2n\pi x}{L} \right)$$
> $$= \begin{cases} f(x) & (f(x) \text{ の連続点}) \\ \frac{1}{2}(f(x-0) + f(x+0)) & (f(x) \text{ の不連続点}) \end{cases} \tag{10.8}$$

---

†関数 $f(x)$ が区間 I で区分的に連続であるとは, I 内部で有限個の点を除いて連続, かつ I 内部の各不連続点 x_0 に対して $f(x_0 - 0)$ および $f(x_0 + 0)$ が有限値として存在することをいう. $f(x), f'(x)$ が区分的に連続であるとき, $f(x)$ は区分的に滑らかであるともいう.

10.1 フーリエ級数とフーリエ変換

複素フーリエ級数 オイラーの公式を用いてフーリエ級数は次式で与えられる**複素フーリエ級数**の形に書き直すことができる．ここで C_n ($n=0,\pm 1,\pm 2,\cdots$) を**複素フーリエ係数**と呼ぶ．

$$f(x) \sim \sum_{n=-\infty}^{\infty} C_n e^{2n\pi ix/L}, \quad C_n = \frac{1}{L}\int_0^L f(x)e^{-2n\pi ix/L}dx \qquad (10.9)$$

フーリエ変換 区間 $(-\infty, \infty)$ で定義された関数 $f(x)$ が条件 $\int_{-\infty}^{\infty}|f(x)|dx < \infty$ を満たすと仮定する．このとき次式で定まる $\widehat{f}(\xi) = \mathcal{F}\{f(x)\}$ を $f(x)$ の**フーリエ変換**と呼ぶ．

$$\widehat{f}(\xi) = \mathcal{F}\{f(x)\} := \int_{-\infty}^{\infty} f(x)e^{-i\xi x}dx \qquad (10.10)$$

$f(x)$ が急減少関数である，つまり条件 $\lim_{|x|\to\infty}|x^p (d/dx)^q f(x)| = 0$ が任意の $p, q = 0, 1, 2, \cdots$ について成り立つとき，次の**反転公式**が成立する．

$$f(x) = \mathcal{F}^{-1}\{\widehat{f}(\xi)\} := \frac{1}{2\pi}\int_{-\infty}^{\infty}\widehat{f}(\xi)e^{ix\xi}d\xi \qquad (10.11)$$

このとき $f(x)$ を $\widehat{f}(\xi)$ の**フーリエ逆変換**という．次の定理はしばしば重要になる．

> **定理 10.6** $f(x), g(x)$ のフーリエ変換をそれぞれ $\widehat{f}(\xi), \widehat{g}(\xi)$, a, b を定数とするとき以下が成立する．
> 1. $\mathcal{F}\{af(x) + bg(x)\} = a\widehat{f}(\xi) + b\widehat{g}(\xi)$
> 2. $\mathcal{F}\{f(ax)\} = \frac{1}{a}\widehat{f}\left(\frac{\xi}{a}\right) \quad (a>0)$
> 3. $\mathcal{F}\{f(x-a)\} = e^{-ia\xi}\widehat{f}(\xi)$
> 4. $\mathcal{F}\{f'(x)\} = i\xi\widehat{f}(\xi)$
> 5. $\mathcal{F}\left\{\int_0^x f(t)dt\right\} = \frac{1}{i\xi}\widehat{f}(\xi)$
> 6. $\mathcal{F}\{f*g(x)\} = \widehat{f}(\xi)\widehat{g}(\xi)$
> 7. $\mathcal{F}\{f(x)g(x)\} = \frac{1}{2\pi}\widehat{f}*\widehat{g}(\xi)$

ここで $f*g(x)$ は次式で定義される**合成積**である．ラプラス変換の場合（6.2 節定理 6.4 参照）と積分区間が異なることに注意．

$$f*g(x) := \int_{-\infty}^{\infty} f(x-y)g(y)dy \qquad (10.12)$$

例題 10.1 ──────────────────── フーリエ級数 ─

次の関数のフーリエ級数を求めよ．
$$f(x) = \begin{cases} x & (0 \leq x < \frac{L}{2}) \\ L-x & (\frac{L}{2} \leq x < L) \end{cases}$$

【解　答】 (10.5) にしたがって，フーリエ係数を計算する．$n=0$ のとき
$$a_0 = \frac{2}{L}\int_0^L f(x)dx = \frac{2}{L}\frac{L^2}{4} = \frac{L}{2}$$

次に $n \geq 1$ のとき，a_n は

$$\begin{aligned}a_n &= \frac{2}{L}\left(\int_0^{L/2} x\cos\frac{2n\pi x}{L}dx + \int_{L/2}^L (L-x)\cos\frac{2n\pi x}{L}dx\right) \\ &= \frac{2}{L}\left\{\left[\frac{L}{2n\pi}x\sin\frac{2n\pi x}{L}\right]_0^{L/2} - \frac{L}{2n\pi}\int_0^{L/2}\sin\frac{2n\pi x}{L}dx \right. \\ &\quad \left. + \left[\frac{L}{2n\pi}(L-x)\sin\frac{2n\pi x}{L}\right]_{L/2}^L + \frac{L}{2n\pi}\int_{L/2}^L \sin\frac{2n\pi x}{L}dx\right\} \\ &= \frac{L}{n^2\pi^2}(\cos n\pi - 1) = \begin{cases} 0 & (n:偶数) \\ -\frac{2L}{n^2\pi^2} & (n:奇数) \end{cases}\end{aligned}$$

である．同様の計算によって，b_n は

$$b_n = \frac{2}{L}\left(\int_0^{L/2} x\sin\frac{2n\pi x}{L}dx + \int_{L/2}^L (L-x)\sin\frac{2n\pi x}{L}dx\right) = 0$$

である．したがって，$f(x)$ のフーリエ級数は

$$\frac{1}{4}L - \frac{2L}{\pi^2}\sum_{n=1}^\infty \frac{1}{(2n-1)^2}\cos\frac{2(2n-1)\pi x}{L}.$$

問　題

1.1 次の関数のフーリエ級数を求めよ．
$$f(x) = \begin{cases} 1 & (0 \leq x < \frac{L}{2}) \\ -1 & (\frac{L}{2} \leq x < L) \end{cases}$$

---**例題 10.2**---**複素フーリエ級数**---

次の関数の複素フーリエ級数を求めよ．
$$f(x) = x - \frac{L}{2} \quad (0 \leqq x < L)$$

【解　答】 (10.9) にしたがって，複素フーリエ係数 C_n を計算する．
$n = 0$ のとき，
$$C_0 = \frac{1}{L} \int_0^L \left(x - \frac{L}{2}\right) dx = 0.$$

次に $n \neq 0$ のとき，$\int_0^L e^{-2n\pi ix/L} dx = 0$ が成り立つことに注意して，

$$\begin{aligned}
C_n &= \frac{1}{L} \int_0^L \left(x - \frac{L}{2}\right) e^{-2n\pi ix/L} dx \\
&= \frac{1}{L} \int_0^L x e^{-2n\pi ix/L} dx - \frac{1}{2} \int_0^L e^{-2n\pi ix/L} dx \\
&= \frac{1}{L} \left\{ \left[-\frac{L}{2n\pi i} x e^{-2n\pi ix/L}\right]_0^L + \frac{L}{2n\pi i} \int_0^L e^{-2n\pi ix/L} dx \right\} \\
&= -\frac{L}{2n\pi i}.
\end{aligned}$$

したがって $f(x)$ の複素フーリエ級数は

$$-\sum_{n=-\infty, n\neq 0}^{\infty} \frac{L}{2n\pi i} e^{2n\pi ix/L}.$$

■ 問　題

2.1 $0 \leqq x < L$ で定義された関数 $f(x)$ が次の形にフーリエ級数展開および複素フーリエ級数展開されると仮定する．

$$f(x) \sim \frac{1}{2} a_0 + \sum_{n=1}^{\infty} \left(a_n \cos \frac{2n\pi x}{L} + b_n \sin \frac{2n\pi x}{L}\right) = \sum_{n=-\infty}^{\infty} C_n e^{2n\pi ix/L}$$

(a) a_n, b_n と C_n の間にはどのような関係式が成り立つか？
(b) $f(x)$ が実数値関数であるとき C_n が満たすべき条件を求めよ．

---例題 10.3--フーリエ変換---
次の関数のフーリエ変換を求めよ．a, L は正の定数とする．

(a) $f(x) = e^{-a|x|}$

(b) $f(x) = \begin{cases} L - |x| & (-L < x < L) \\ 0 & (|x| \geq L) \end{cases}$

【解　答】

(a) $\displaystyle \widehat{f}(\xi) = \int_{-\infty}^{\infty} e^{-a|x|} e^{-ix\xi} dx = \int_{-\infty}^{0} e^{(a-i\xi)x} dx + \int_{0}^{\infty} e^{-(a+i\xi)x} dx$

$\displaystyle = \frac{1}{a-i\xi} \left[e^{(a-i\xi)x} \right]_{-\infty}^{0} - \frac{1}{a+i\xi} \left[e^{-(a+i\xi)x} \right]_{0}^{\infty}$

$\displaystyle = \frac{1}{a-i\xi} + \frac{1}{a+i\xi} = \frac{2a}{a^2 + \xi^2}$

(b) $\displaystyle \widehat{f}(\xi) = \int_{-L}^{0} (L+x) e^{-ix\xi} dx + \int_{0}^{L} (L-x) e^{-ix\xi} dx$

$\displaystyle = \frac{-1}{i\xi} \left[(L+x) e^{-i\xi x} \right]_{-L}^{0} + \frac{1}{i\xi} \int_{-L}^{0} e^{-i\xi x} dx$

$\displaystyle \quad + \frac{-1}{i\xi} \left[(L-x) e^{-i\xi x} \right]_{0}^{L} - \frac{1}{i\xi} \int_{0}^{L} e^{-i\xi x} dx$

$\displaystyle = \frac{1}{\xi^2} \left[e^{-i\xi x} \right]_{-L}^{0} - \frac{1}{\xi^2} \left[e^{-i\xi x} \right]_{0}^{L} = \frac{2(1 - \cos L\xi)}{\xi^2}$

■問　題■

3.1 $f(x) = e^{-ax^2}$ (a は正の定数) のフーリエ変換 $\widehat{f}(\xi)$ を以下の手法で求めよ．

(a) $y(\xi) = \widehat{f}(\xi)$ は微分方程式 $\displaystyle \frac{dy}{d\xi} = -\frac{\xi}{2a} y$ を満たすことを示せ．

(b) $\widehat{f}(0)$ を求めよ．

(c) (a) で導出した微分方程式を初期条件 (b) の下に解くことによって，フーリエ変換 $\widehat{f}(\xi)$ を求めよ．

ヒント　**1.** 微分と無限積分の順序交換について以下の定理が成立する．
「$I \subset \mathbb{R}$ をある区間，$F(x, \xi), F_\xi(x, \xi)$ が $(x, \xi) \in \mathbb{R} \times I$ で連続とする．広義積分 $\displaystyle \int_{-\infty}^{\infty} F(x, \xi) dx$ が各点 $\xi \in I$ で収束かつ $\displaystyle \int_{-\infty}^{\infty} F_\xi(x, \xi) dx$ が I 上一様収束すれば，$\displaystyle \frac{d}{d\xi} \int_{-\infty}^{\infty} F(x, \xi) dx = \int_{-\infty}^{\infty} F_\xi(x, \xi) dx$ が成立．」

2. $\displaystyle \int_{-\infty}^{\infty} e^{-ax^2} dx = \sqrt{\pi/a}$ (a は正の定数) は証明抜きで用いてよい．

10.2 拡散方程式

本節では放物型偏微分方程式の代表例である**拡散方程式**を扱う．拡散方程式は**熱方程式**とも呼ばれ，針金などの熱伝導のモデルとして用いられる．

$$u_t - \kappa u_{xx} = 0 \quad (\kappa \text{ は正の定数}) \tag{10.13}$$

拡散方程式の導出 拡散方程式の導出については 1.1 節例 1.3 で扱ったので，ここでは 2 次元拡散方程式を導出する．xy 平面の格子点上を移動する生物を考える．各個体の移動は以下の規則にしたがうとする．時刻 t において (x,y) にいる個体は次の時刻 $t+\delta$ においては，ε だけ離れた上下左右の格子点にそれぞれ確率 $1/4$ で移動．このとき $u(x,y,t)$ を時刻 t において位置 (x,y) にいる生物の個体数として，次の差分方程式が成立する．

$$u(x,y,t+\delta) = \frac{1}{4}\{u(x-\varepsilon,y,t) + u(x+\varepsilon,y,t) + u(x,y-\varepsilon,t) + u(x,y+\varepsilon,t)\} \tag{10.14}$$

各項を (x,y,t) の周りでテイラー展開して，整理すると次式を得る．

$$u_t = \frac{\varepsilon^2}{4\delta}u_{xx} + \frac{\varepsilon^2}{4\delta}u_{yy} + O\left(\delta, \frac{\varepsilon^4}{\delta}\right)$$

$\varepsilon^2/\delta = 4\kappa$（$\kappa$ は正の定数）を固定して，連続極限 $\varepsilon, \delta \to 0$ をとると 2 次元拡散方程式に帰着する．

$$u_t - \kappa(u_{xx} + u_{yy}) = 0 \tag{10.15}$$

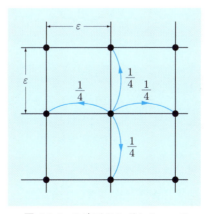

図 **10.1** 2 次元ランダムウォーク

1次元拡散方程式の初期値境界値問題　$0 \leqq x \leqq L$ における拡散方程式

$$u_t - \kappa u_{xx} = 0 \quad (0 < x < L, t > 0) \tag{10.16}$$

の解で境界条件

$$\left.\partial_x^m u(x,t)\right|_{x=0} = \left.\partial_x^n u(x,t)\right|_{x=L} = 0 \quad (t > 0) \tag{10.17}$$

および初期条件

$$u(x,0) = f(x) \quad (0 \leqq x \leqq L) \tag{10.18}$$

を満たすものを求めよという問題を**初期値境界値問題**と呼ぶ．境界条件の式 (10.17) で m, n は 0 （**ディリクレ境界条件**）または 1 （**ノイマン境界条件**）の値をとる．また (10.18) で $f(x)$ は (10.17) と同じ条件を満たすとする．

$$f^{(m)}(0) = f^{(n)}(L) = 0$$

> **コメント**　針金の熱伝導モデルを例にとると，ディリクレ境界条件は針金の両端の温度を固定した状態，ノイマン境界条件は針金の両端で熱が絶縁された状態を表す．

変数分離法　偏微分方程式を解くための有効な手段の 1 つが以下に紹介する**変数分離法**である．詳細は例題 10.4, 10.5 で扱うが，ここでは初期値境界値問題 (10.16), (10.17), (10.18) を例にとって，そのあらすじだけ述べることにする．

① 解の形を $u(x,t) = X(x)T(t)$ （変数分離形）に仮定して拡散方程式 (10.16) に代入，整理すると次の微分方程式を得る．

$$\frac{\dot{T}(t)}{\kappa T(t)} = \frac{X''(x)}{X(x)} \tag{10.19}$$

左辺は t のみの，右辺は x のみの関数であるから，等号が成り立つためには，両辺が定数でなければならない．この定数を $-\lambda$ とおくと，(10.16) は次の 2 つの常微分方程式に分離する．

$$X'' + \lambda X = 0 \tag{10.20}$$

$$\dot{T} + \kappa \lambda T = 0 \tag{10.21}$$

② 境界条件 (10.17) は X に対する次の境界条件と同等である．

$$X^{(m)}(0) = X^{(n)}(L) = 0 \tag{10.22}$$

(10.20), (10.22) は X に関する固有値問題であり，これを解いて固有値 $\lambda_0, \lambda_1, \cdots$ と固有関数 $X_0(x), X_1(x), \cdots$ を得たとする．次に各固有値 $\lambda = \lambda_n$ ($n = 0, 1, 2, \cdots$) について T に関する微分方程式 (10.21) の解を $T = T_n(t)$ とする．各 $n = 0, 1, 2, \cdots$ に対して $u_n(x,t) := X_n(x)T_n(t)$ は (10.16), (10.17) の解である．

次に線形微分方程式に関する解の重ね合わせの原理（定理 10.2）より 1 次結合

$$u(x,t) = \sum_{n=0}^{\infty} A_n u_n(x,t) = \sum_{n=0}^{\infty} A_n X_n(x) T_n(t) \quad (A_n \text{は定数}) \tag{10.23}$$

が一様収束†し項別微分可能ならば，これは (10.16), (10.17) の解である．

③ 最後に初期条件 (10.18) から係数 A_n を決定する．これは

$$f(x) = \sum_{n=0}^{\infty} A_n T_n(0) X_n(x) \tag{10.24}$$

の両辺に $X_n(x)$ を乗じて区間 $[0, L]$ で積分，固有関数の直交性（定理 9.1 または定理 10.4）を用いればよい（例題 10.4 参照）．

発展 上の手法で初期値境界値問題を解く際，厳密にいうと③で終わりではなく解の存在証明，言い換えれば③で求めた A_n に対して無限級数 (10.23) の収束性と微分可能性にも言及しなければならない．本書ではこれらの条件が成り立つものとして，詳細には立ち入らないことにする．

拡散方程式の基本解 無限区間 $-\infty < x < \infty$ における拡散方程式の初期値問題

$$\begin{cases} u_t - \kappa u_{xx} = 0 & (-\infty < x < \infty, t > 0) \\ u(x, 0) = f(x) & (-\infty < x < \infty) \end{cases} \tag{10.25}$$

に対して関数

$$H(x,t) := \frac{1}{2\sqrt{\pi \kappa t}} \exp\left(-\frac{x^2}{4\kappa t}\right) \tag{10.26}$$

を拡散方程式の**基本解**または**熱核**と呼ぶ．初期値問題の解は基本解を用いて次のように書ける（例題 10.7 参照）．

$$u(x,t) = \int_{-\infty}^{\infty} f(y) H(x-y, t) dy \tag{10.27}$$

---

†関数列 $\{f_n(x)\}$ が区間 I 上で $f(x)$ に一様収束するとは，任意の $\varepsilon > 0$ に対して，(x によらない) ある N がとれて，$n > N$ であれば，$|f_n(x) - f(x)| < \varepsilon$ が任意の $x \in I$ について同時に成り立つようにできることをいう．

例題 10.4 — 変数分離法

(a) 有限区間 $0 \leq x \leq L$ における**拡散方程式**の初期値境界値問題

$$\begin{cases} \text{(D)} : u_t - \kappa u_{xx} = 0 & (0 < x < L, t > 0) \\ \text{(BC)} : u(0,t) = u(L,t) = 0 & (t > 0) \\ \text{(IC)} : u(x,0) = f(x) & (0 \leq x \leq L) \end{cases}$$

の解を求めよ．ただし $f(0) = f(L) = 0$ とする．

(b) (a) で $f(x) = x(L-x)$ としたときの解を求めよ．

偏微分方程式を解く代表的な手法の1つが**変数分離法**である．これは，未知関数 $u(x,t)$ を x の関数 $X(x)$ と t の関数 $T(t)$ の積の形に分解して，X, T についての常微分方程式を導出する手法である．

【解 答】 (a) $u(x,t) = X(x)T(t)$ と変数分離して，拡散方程式 (D) に代入すると，

$$X\dot{T} - \kappa X'' T = 0 \quad \Leftrightarrow \quad \frac{X''}{X} = \frac{\dot{T}}{\kappa T}$$

を得る．左辺は x の関数，右辺は t の関数なので，これは定数 $(=: -\lambda)$ に等しい．よって

$$(1) : X'' = -\lambda X, \quad (2) : \dot{T} = -\kappa \lambda T$$

を得る．さらに境界条件 (BC) は $X(x)$ についての次の条件と等価である．

$$(3) : X(0) = X(L) = 0$$

$(1), (3)$ は $X(x)$ についての固有値問題であり，n を正の整数として，固有値は $\lambda = \lambda_n := \left(\frac{n\pi}{L}\right)^2$，対応する固有関数は $X = X_n(x) := \sin\frac{n\pi x}{L}$ である（例題 9.6 参照）．次に各 $\lambda = \lambda_n$ について (2) を解いて $T = T_n(t) := \exp\left(-\kappa \frac{n^2 \pi^2}{L^2} t\right)$．以上より $n = 1, 2, \cdots$ に対して，次式で定義される $u_n(x,t)$ は境界値問題 (D), (BC) を満たす．

$$u_n(x,t) := X_n(x) T_n(t) = \sin\frac{n\pi x}{L} \exp\left(-\kappa \frac{n^2 \pi^2}{L^2} t\right)$$

さらに級数 $\sum_{n=1}^{\infty} A_n u_n(x,t)$（$A_n$ は定数）が一様収束し項別微分可能であれば，線形微分方程式に関する解の重ね合わせの原理より

$$u(x,t) = \sum_{n=1}^{\infty} A_n X_n(x) T_n(t) = \sum_{n=1}^{\infty} A_n \sin\frac{n\pi x}{L} \exp\left(-\kappa \frac{n^2 \pi^2}{L^2} t\right)$$

も境界値問題 (D), (BC) の解である．

最後に初期条件 (IC) より

$$u(x,0) = f(x) = \sum_{n=1}^{\infty} A_n \sin \frac{n\pi x}{L}$$

両辺に $\sin \frac{n\pi x}{L}$ を乗じて区間 $[0, L]$ で積分すると,三角関数 $\{\sin \frac{n\pi x}{L}\}_{n=1,2,\cdots}$ の直交性(定理 10.4)より,定数 A_n は

$$A_n = \frac{2}{L} \int_0^L f(x) \sin \frac{n\pi x}{L} dx.$$

したがって初期値境界値問題 (D), (BC), (IC) の解は

$$u(x,t) = \sum_{n=1}^{\infty} \left(\frac{2}{L} \int_0^L f(\xi) \sin \frac{n\pi \xi}{L} d\xi \right) \sin \frac{n\pi x}{L} \exp\left(-\kappa \frac{n^2 \pi^2}{L^2} t \right)$$

(b) (a) の解の式の積分に $f(\xi) = \xi(L - \xi)$ を代入して部分積分すると,

$$\int_0^L \xi(L - \xi) \sin \frac{n\pi \xi}{L} d\xi = \frac{2L^3}{n^3 \pi^3}(1 - (-1)^n) = \begin{cases} 0 & (n:偶数) \\ \frac{4L^3}{n^3 \pi^3} & (n:奇数) \end{cases}$$

したがって

$$u(x,t) = \sum_{n=1}^{\infty} \frac{8L^2}{(2n-1)^3 \pi^3} \sin \frac{(2n-1)\pi x}{L} \exp\left(-\kappa \frac{(2n-1)^2 \pi^2}{L^2} t \right)$$

グラフ (b) において $L = 1$, $\kappa = 0.1$ としたときの,$t = 0, 0.5, 1, 1.5, 2.0$ における解の概形を下図に示す.

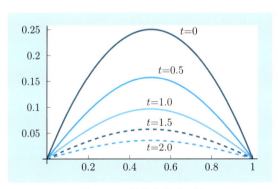

図 10.2 拡散方程式の解

問題

4.1 例題 10.4 で境界条件 (BC) をノイマン境界条件 (BC)′: $u_x(0,t) = u_x(L,t) = 0$ $(t > 0)$ で置き換えたときの解を求めよ.ただし $f'(0) = f'(L) = 0$ とする.

―― 例題 10.5 ―――――――――――――――――――――― 2 次元拡散方程式 ――

長方形領域 $\Omega = \{(x,y) | 0 \leq x \leq a, 0 \leq y \leq b\}$ における 2 次元拡散方程式の次の初期値境界値問題を解け．ただし $f(x,y)$ は条件 $f(0,y) = f(a,y) = 0$ $(0 \leq y \leq b)$ および $f(x,0) = f(x,b) = 0$ $(0 \leq x \leq a)$ を満たすとする．

$$\begin{cases} (\text{D}) : u_t - \kappa(u_{xx} + u_{yy}) = 0 & (0 < x < a, 0 < y < b, t > 0) \\ (\text{BC1}) : u(0,y,t) = u(a,y,t) = 0 & (0 \leq y \leq b, t > 0) \\ (\text{BC2}) : u(x,0,t) = u(x,b,t) = 0 & (0 \leq x \leq a, t > 0) \\ (\text{IC}) : u(x,y,0) = f(x,y) & (0 \leq x \leq a, 0 \leq y \leq b) \end{cases}$$

【解 答】 $u(x,y,t) = X(x)Y(y)T(t)$ と変数分離して，(D) に代入すると

$$XY\dot{T} - \kappa X''YT - \kappa XY''T = 0 \quad \Leftrightarrow \quad \frac{X''}{X} + \frac{Y''}{Y} = \frac{\dot{T}}{\kappa T}$$

左辺は (x,y) の関数，右辺は t の関数なので，定数 $(=: -\lambda$ とおく$)$．左辺はさらに

$$\frac{X''}{X} = -\frac{Y''}{Y} - \lambda$$

と変形されて，これも定数 $(=: -\mu$ とおく$)$ に等しい．また $\lambda - \mu =: \nu$ とおくと，変数分離された方程式は，

$$(1) : X'' + \mu X = 0, \quad (2) : Y'' + \nu Y = 0, \quad (3) : \dot{T} = -\kappa(\mu + \nu)T$$

と書ける．ここで境界条件 (BC1), (BC2) より X, Y はそれぞれ境界条件

$$(4) : X(0) = X(a) = 0, \quad (5) : Y(0) = Y(b) = 0$$

を満たす．(1),(4) および (2),(5) はそれぞれ X, Y についての固有値問題であり．これを解いて（例題 9.6 参照）固有値と固有関数は

$$\mu = \mu_m := \left(\frac{m\pi}{a}\right)^2, \quad X = X_m(x) := \sin\frac{m\pi x}{a} \quad (m = 1, 2, \cdots)$$

$$\nu = \nu_n := \left(\frac{n\pi}{b}\right)^2, \quad Y = Y_n(y) := \sin\frac{n\pi y}{b} \quad (n = 1, 2, \cdots)$$

各 $(\mu, \nu) = (\mu_m, \nu_n)$ に対して $T = T(t)$ は

$$(3) \Leftrightarrow \dot{T} = -\kappa(\mu_m + \nu_n)T = -\kappa\left\{\left(\frac{m\pi}{a}\right)^2 + \left(\frac{n\pi}{b}\right)^2\right\}T$$

を満たすのでこれを解いて，

10.2 拡散方程式

$$T = T_{mn}(t) := \exp(-\kappa(\mu_m + \nu_n)t) = \exp\left[-\kappa\left\{\left(\frac{m\pi}{a}\right)^2 + \left(\frac{n\pi}{b}\right)^2\right\}t\right].$$

以上より各 $m, n = 1, 2, 3, \cdots$ に対して

$$\begin{aligned} u_{mn}(x,y,t) &:= X_m(x)Y_n(y)T_{mn}(t) \\ &= \sin\frac{m\pi x}{a}\sin\frac{n\pi y}{b}\exp\left[-\kappa\left\{\left(\frac{m\pi}{a}\right)^2 + \left(\frac{n\pi}{b}\right)^2\right\}t\right] \end{aligned}$$

は，境界値問題 (D), (BC1), (BC2) の解である．

次に線形微分方程式に関する解の重ね合わせの原理より各 $u_{mn}(x,y,t)$ の 1 次結合

$$(*): u(x,y,t) = \sum_{m=1}^{\infty}\sum_{n=1}^{\infty}A_{mn}\sin\frac{m\pi x}{a}\sin\frac{n\pi y}{b}\exp\left[-\kappa\left\{\left(\frac{m\pi}{a}\right)^2 + \left(\frac{n\pi}{b}\right)^2\right\}t\right]$$

(A_{mn} は定数)

も解である．

最後に初期条件 (IC) から

$$u(x,y,0) = f(x,y) = \sum_{m=1}^{\infty}\sum_{n=1}^{\infty}A_{mn}\sin\frac{m\pi x}{a}\sin\frac{n\pi y}{b}.$$

両辺に $\sin\frac{m\pi x}{a}\sin\frac{n\pi y}{b}$ を乗じて，$[0,a]\times[0,b]$ で積分すると，定数 A_{mn} は

$$A_{mn} = \frac{4}{ab}\int_0^b\int_0^a f(x,y)\sin\frac{m\pi x}{a}\sin\frac{n\pi y}{b}dxdy$$

である．これらを $(*)$ に代入して，初期値境界値問題の解は

$$\begin{aligned} u(x,y,t) = \frac{4}{ab}\sum_{m=1}^{\infty}\sum_{n=1}^{\infty}&\left\{\int_0^b\int_0^a f(\xi,\eta)\sin\frac{m\pi\xi}{a}\sin\frac{n\pi\eta}{b}d\xi d\eta\right\} \\ &\times \sin\frac{m\pi x}{a}\sin\frac{n\pi y}{b}\exp\left[-\kappa\left\{\left(\frac{m\pi}{a}\right)^2 + \left(\frac{n\pi}{b}\right)^2\right\}t\right]. \end{aligned}$$

コメント 変数分離法は空間次元が 2 次元以上であっても，同様に適用可能であるが，境界の幾何学的な形状を含めた境界条件に左右される．

問題

5.1 例題 10.5 で $f(x,y) = \sin\frac{\pi x}{a}\sin\frac{2\pi y}{b}$ としたときの解を求めよ．

--- **例題 10.6*** ─────────────────── 非同次項を伴う拡散方程式 ──

有限区間 $0 \leqq x \leqq L$ における非同次項（強制項）を伴う拡散方程式の初期値境界値問題を解け．

$$\begin{cases} (\text{D}) : u_t - \kappa u_{xx} = f(x,t) & (0 < x < L,\ t > 0) \\ (\text{BC}) : u(0,t) = 0,\ u(L,t) = 0 & (t > 0) \\ (\text{IC}) : u(x,0) = g(x) & (0 \leqq x \leqq L) \end{cases}$$

ヒント $f(x,t), g(x)$ が次のようにフーリエ級数展開できると仮定する．

$$f(x,t) = \sum_{n=1}^{\infty} \widehat{f}_n(t) \sin \frac{n\pi x}{L} \quad \Leftrightarrow \quad \widehat{f}_n(t) = \frac{2}{L} \int_0^L f(x,t) \sin \frac{n\pi x}{L} dx,$$

$$g(x) = \sum_{n=1}^{\infty} \widehat{g}_n \sin \frac{n\pi x}{L} \quad \Leftrightarrow \quad \widehat{g}_n = \frac{2}{L} \int_0^L g(x) \sin \frac{n\pi x}{L} dx.$$

このとき $u(x,t)$ を次の形で求めよ．

$$(\text{U}) : u(x,t) = \sum_{n=1}^{\infty} \widehat{u}_n(t) \sin \frac{n\pi x}{L}$$

変数分離法が直接適用可能であるのは，微分方程式および境界条件が線形かつ同次の場合である．本例題のように非同次項 $f(x,t)$ を伴う場合，これまでの例題にしたがい $u(x,t) = X(x)T(t)$ とおいて拡散方程式 (D) に代入すると，

$$\frac{\dot{T}}{\kappa T} = \frac{X''}{X} + \frac{f(x,t)}{\kappa XT}$$

となって，変数分離不可能である．非同次の場合の代表的な解法として固有関数による展開（本例題の場合はフーリエ級数展開）を紹介する．

[解 答] 解を (U) の形に仮定して，(D) に代入すると

$$\sum_{n=1}^{\infty} \left(\frac{d}{dt} \widehat{u}_n(t) + \kappa \frac{n^2 \pi^2}{L^2} \widehat{u}_n(t) - \widehat{f}_n(t) \right) \sin \frac{n\pi x}{L} = 0.$$

両辺に $\sin \frac{n\pi x}{L}$ を乗じて，$0 \leqq x \leqq L$ で積分すると

$$(\text{D})' : \frac{d}{dt} \widehat{u}_n(t) + \kappa \frac{n^2 \pi^2}{L^2} \widehat{u}_n(t) = \widehat{f}_n(t) \quad (n = 1, 2, \cdots).$$

境界条件 (BC) は (U) の形から自動的に満たされる．次に初期条件 (IC) から同様に

$$(\text{IC})' : \widehat{u}_n(0) = \widehat{g}_n.$$

初期値問題 (D)′, (IC)′ を解いて

$$\widehat{u}_n(t) = \widehat{g}_n \exp\left(-\frac{\kappa n^2 \pi^2}{L^2}t\right) + \int_0^t \exp\left(-\frac{\kappa n^2 \pi^2}{L^2}(t-\tau)\right) \widehat{f}_n(\tau) d\tau.$$

これを (U) に代入して

$$\begin{aligned}
u(x,t) &= \sum_{n=1}^{\infty} \widehat{g}_n \exp\left(-\frac{\kappa n^2 \pi^2}{L^2}t\right) \sin\frac{n\pi x}{L} \\
&\quad + \sum_{n=1}^{\infty} \left(\int_0^t \exp\left(-\frac{\kappa n^2 \pi^2}{L^2}(t-\tau)\right) \widehat{f}_n(\tau) d\tau\right) \sin\frac{n\pi x}{L} \\
&= \sum_{n=1}^{\infty} \frac{2}{L} \left(\int_0^L g(\xi) \sin\frac{n\pi\xi}{L} d\xi\right) \exp\left(-\frac{\kappa n^2 \pi^2}{L^2}t\right) \sin\frac{n\pi x}{L} \\
&\quad + \sum_{n=1}^{\infty} \frac{2}{L} \left\{\int_0^t \exp\left(-\frac{\kappa n^2 \pi^2}{L^2}(t-\tau)\right) \left(\int_0^L f(\xi,\tau) \sin\frac{n\pi\xi}{L} d\xi\right) d\tau\right\} \sin\frac{n\pi x}{L}.
\end{aligned}$$

■ 問 題

6.1* 例題 10.6 でディリクレ境界条件 (BC) をノイマン境界条件

$$(\text{BC})' : u_x(0,t) = u_x(L,t) = 0$$

で置き換えると，$u(x,t)$ はどうなるか？

6.2* 有限区間 $0 \leqq x \leqq L$ における非同次項をもつ拡散方程式の初期値境界値問題

$$\begin{cases}
(\text{D}) : u_t - \kappa u_{xx} = \sin\frac{\pi x}{L} & (0 < x < L, t > 0) \\
(\text{BC}) : u(0,t) = u(L,t) = 0 & (t > 0) \\
(\text{IC}) : u(x,0) = 0 & (0 \leqq x \leqq L)
\end{cases}$$

を以下の手順で解け．

(a) $y = y(x)$ についての次の境界値問題の解 $y = y_0(x)$ を求めよ．

$$\begin{cases}
-\kappa y'' = \sin\frac{\pi x}{L} & (0 < x < L) \\
y(0) = y(L) = 0
\end{cases}$$

(b) $v(x,t) := u(x,t) - y_0(x)$ についての初期値境界値問題を導出せよ．

(c) $u(x,t)$ を求めよ．

例題 10.7 ── フーリエ変換による拡散方程式の解法

無限区間 $-\infty < x < \infty$ における拡散方程式の初期値問題
$$u_t - \kappa u_{xx} = 0 \ (-\infty < x < \infty, t > 0), \quad u(x,0) = f(x) \ (-\infty < x < \infty)$$
を x についてのフーリエ変換を用いて解け.

【解　答】 x についてのフーリエ変換
$$\widehat{u}(\xi,t) := \int_{-\infty}^{\infty} u(x,t)e^{-i\xi x}dx, \quad \widehat{f}(\xi) := \int_{-\infty}^{\infty} f(x)e^{-i\xi x}dx$$

によって, 初期値問題は次のように書ける.
$$\widehat{u}_t + \kappa \xi^2 \widehat{u} = 0, \quad \widehat{u}(\xi,0) = \widehat{f}(\xi)$$

これを解いて $\widehat{u}(\xi,t) = \widehat{f}(\xi)e^{-\kappa t \xi^2}$. ここで $e^{-\kappa t \xi^2}$ のフーリエ逆変換は
$$H(x,t) := \frac{1}{2\pi} \int_{-\infty}^{\infty} e^{-\kappa t \xi^2} e^{ix\xi} d\xi = \frac{1}{2\sqrt{\pi \kappa t}} \exp\left(-\frac{x^2}{4\kappa t}\right)$$

である (本章問題 3.1 参照) から, $u(x,t)$ は $f(x)$ と $H(x,t)$ の合成積である.
$$u(x,t) = \int_{-\infty}^{\infty} f(y) H(x-y,t) dy = \frac{1}{2\sqrt{\pi \kappa t}} \int_{-\infty}^{\infty} f(y) \exp\left(-\frac{(x-y)^2}{4\kappa t}\right) dy$$

グラフ

$$H(x,t) = \frac{1}{2\sqrt{\pi \kappa t}} \exp\left(-\frac{x^2}{4\kappa t}\right)$$

は拡散方程式の**基本解**または**熱核**と呼ばれる. 以下に $\kappa = 1$ として, $H(x,t)$ ($t = 0.1, 0.5, 1.0, 2.0$) のグラフを示す. t が大きくなるにつれて, グラフの概形はなだらかになっていく様子がわかる.

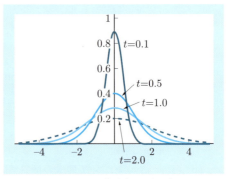

図 **10.3** 基本解 $H(x,t)$

問題

7.1 拡散方程式の基本解 $H(x,t)$ について, 次の性質を示せ.

(a) $H_t - \kappa H_{xx} = 0$ 　　　 (b) $\int_{-\infty}^{\infty} H(x,t)dx = 1$

10.2 拡散方程式

例題 10.8* ──────────── 拡散方程式のラプラス変換による解法 ─

半無限区間 $0 \leqq x < \infty$ における拡散方程式の初期値境界値問題

$$\begin{cases} (D): u_t - u_{xx} = 0 & (0 < x < \infty, t > 0) \\ (BC): u_x(0,t) = -1, \lim_{x \to \infty} u(x,t) = 0 & (t > 0) \\ (IC): u(x,0) = 0 & (0 \leqq x < \infty) \end{cases}$$

を t についてのラプラス変換を用いて解け.

ヒント 次のラプラス変換の公式を用いてよい.

$$(*): \mathcal{L}\left\{\frac{1}{\sqrt{\pi t}}e^{-\frac{k^2}{4t}}\right\} = \int_0^\infty \frac{1}{\sqrt{\pi t}}e^{-\frac{k^2}{4t}}e^{-ts}dt = \frac{1}{\sqrt{s}}e^{-k\sqrt{s}} \quad (k, s > 0)$$

【解 答】 $U(x,s)$ を $u(x,t)$ の t に関するラプラス変換とする.

$$U(x,s) := \mathcal{L}\{u(x,t)\} = \int_0^\infty u(x,t)e^{-ts}dt$$

ラプラス変換の公式(6.2節参照)を用いて, (D), (BC) より次式を得る.

$$(1): U_{xx}(x,s) - sU(x,s) = 0,$$
$$(2): U_x(0,s) = -\frac{1}{s}, \quad (3): \lim_{x \to \infty} U(x,s) = 0.$$

微分方程式 (1) を解いて $U(x,s) = C_1(s)e^{-\sqrt{s}x} + C_2(s)e^{\sqrt{s}x}$. 境界条件 (3) より $C_2(s) = 0$. また境界条件 (2) より $C_1(s) = 1/s\sqrt{s}$. よって

$$U(x,s) = \frac{1}{s\sqrt{s}}e^{-\sqrt{s}x}.$$

ラプラス逆変換すると, $\mathcal{L}^{-1}\{1/s\} = 1$ および変換公式 $(*)$ を用いて

$$u(x,t) = \mathcal{L}^{-1}\left\{\frac{1}{s} \cdot \frac{1}{\sqrt{s}}e^{-\sqrt{s}x}\right\} = \mathcal{L}^{-1}\left\{\frac{1}{s}\right\} * \mathcal{L}^{-1}\left\{\frac{1}{\sqrt{s}}e^{-\sqrt{s}x}\right\}$$
$$= 1 * \frac{1}{\sqrt{\pi t}}e^{-\frac{x^2}{4t}}$$
$$= \frac{1}{\sqrt{\pi}}\int_0^t \frac{1}{\sqrt{\tau}}e^{-\frac{x^2}{4\tau}}d\tau.$$

■ 問 題

8.1* 例題 10.8 のヒントに登場したラプラス変換の公式 $(*)$ を証明せよ.

10.3 波動方程式

本節では双曲型偏微分方程式の代表例である波動方程式を扱う．

波動方程式の導出　数直線上の離散点 $x = \cdots, -2\varepsilon, -\varepsilon, 0, \varepsilon, 2\varepsilon, \cdots$ を動く生物の集団を考える．$u(x,t)$ を時刻 t における位置 x での生物の個体数として次の差分方程式を考える．

$$u(x, t+\delta) = u(x-\varepsilon, t) \tag{10.28}$$

これは生物が x の正の向きに速さ ε/δ で伝播するモデルを表す．

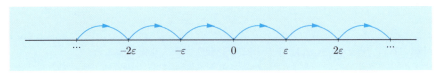

図 **10.4**　1 方向に伝わる波

(10.28) を (x,t) の周りでテイラー展開して

$$u(x,t) + \delta u_t(x,t) + O(\delta^2) = u(x,t) - \varepsilon u_x(x,t) + O(\varepsilon^2)$$
$$\Leftrightarrow u_t = -\frac{\varepsilon}{\delta} u_x + O\left(\delta, \frac{\varepsilon^2}{\delta}\right)$$

ここで $\varepsilon/\delta = c$（c は正の定数）を固定して，$\varepsilon, \delta \to 0$ の極限をとると，微分方程式

$$u_t + c u_x = 0 \tag{10.29}$$

を得る．(10.28) および (10.29) は x の正の向きに伝わる生物集団だけを表している．両方向に伝わる場合は，図 10.5 で

$$u(x, t+\delta) = ① + ④, \quad u(x, t-\delta) = ② + ③$$
$$u(x-\varepsilon, t) = ① + ②, \quad u(x+\varepsilon, t) = ③ + ④$$

に注意して，恒等式 $(① + ④) + (② + ③) = (① + ②) + (③ + ④)$ から，次の差分方程式を得る．

$$u(x, t+\delta) + u(x, t-\delta) = u(x-\varepsilon, t) + u(x+\varepsilon, t) \tag{10.30}$$

(10.30) を (x,t) の周りで展開した式

10.3 波動方程式

$$2u(x,t) + \delta^2 u_{tt}(x,t) + O(\delta^4) = 2u(x,t) + \varepsilon^2 u_{xx}(x,t) + O(\varepsilon^4)$$

で同様の連続極限をとると，次の（1次元）波動方程式に帰着する．

$$u_{tt} - c^2 u_{xx} = 0 \tag{10.31}$$

1次元波動方程式は，弦の振動モデルとして用いられることが多い．

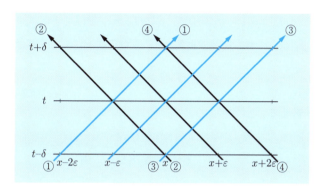

図 10.5 両方向に伝わる波（横方向に位置 x，縦方向に時間 t をとっている）

波動方程式の一般解とダランベールの公式　波動方程式の一般解は $p(x), q(x)$ を2回微分可能な任意関数として

$$u(x,t) = p(x+ct) + q(x-ct) \tag{10.32}$$

と表すことができる（例題10.9参照）．$p(x+ct), q(x-ct)$ はそれぞれ x の負または正の向きに速さ c で走る波を表す．図10.5を用いて説明すると，$p(x+ct)$ は右下から左上に向かう黒い矢印，$q(x-ct)$ は左下から右上に向かう青い矢印を表す．

さらに初期条件

$$u(x,0) = f(x), \quad u_t(x,0) = g(x) \tag{10.33}$$

を課したときの解は次の**ダランベールの公式**で与えられる（問題9.1参照）．

$$u(x,t) = \frac{1}{2}(f(x+ct) + f(x-ct)) + \frac{1}{2c}\int_{x-ct}^{x+ct} g(y)dy \tag{10.34}$$

初期値境界値問題 $0 \leq x \leq L$ における波動方程式において，初期条件 (10.33) および境界条件

$$\partial_x^m u(x,t)\Big|_{x=0} = 0, \quad \partial_x^n u(x,t)\Big|_{x=L} = 0 \quad (t > 0) \tag{10.35}$$

を課した初期値境界値問題を考える．ここで m, n は 0（ディリクレ境界条件）または 1（ノイマン境界条件）の値をとる．また初期条件 (10.33) において，$f(x), g(x)$ は (10.35) と同じ境界条件

$$f^{(m)}(0) = g^{(m)}(0) = f^{(n)}(L) = g^{(n)}(L) = 0$$

を満たすものとする．これも拡散方程式同様，変数分離法によって解ける．詳細は例題 10.10 参照．

2次元波動方程式 与えられた 2 次元領域 $\Omega \subset \mathbb{R}^2$ における 2 次元波動方程式の初期値境界値問題を考える．

$$\begin{cases} u_{tt} - c^2(u_{xx} + u_{yy}) = 0 & ((x,y) \in \Omega, \ t > 0) \\ u(x,y,t) = 0 & ((x,y) \in \partial\Omega, \ t > 0) \\ u(x,y,0) = f(x,y), \ u_t(x,y,0) = g(x,y) & ((x,y) \in \Omega) \end{cases} \tag{10.36}$$

ここで，$\partial\Omega$ は領域 Ω の境界とし，関数 $f(x,y), g(x,y)$ は $\partial\Omega$ 上で 0 であるとする．2 次元波動方程式は膜の振動モデルとして用いられる．領域 Ω が長方形や円の場合の解については問題 10.1，例題 10.11 を参照すること．

例題 10.9 ─────────────────── **波動方程式の一般解**

c を正の定数とする．独立変数変換 $\xi = x + ct, \eta = x - ct$ を用いて次の 1 次元波動方程式

$$u_{tt} - c^2 u_{xx} = 0 \quad (-\infty < x < \infty)$$

を書き換えよ．またこれを解いて波動方程式の一般解を求めよ．

【**解 答**】 合成関数の微分則（1.1 節参照）より

$$u_x = u_\xi \frac{\partial \xi}{\partial x} + u_\eta \frac{\partial \eta}{\partial x} = u_\xi + u_\eta,$$

$$u_{xx} = \left(\frac{\partial}{\partial \xi} + \frac{\partial}{\partial \eta} \right)^2 u = u_{\xi\xi} + 2u_{\xi\eta} + u_{\eta\eta},$$

$$u_t = u_\xi \frac{\partial \xi}{\partial t} + u_\eta \frac{\partial \eta}{\partial t} = cu_\xi - cu_\eta,$$

$$u_{tt} = c^2 (u_{\xi\xi} - 2u_{\xi\eta} + u_{\eta\eta}).$$

10.3 波動方程式

これをもとの波動方程式に代入して，$u_{tt} - c^2 u_{xx} = -4c^2 u_{\xi\eta} = 0$. したがって

$$u_{\xi\eta} = \frac{\partial^2 u}{\partial \xi \partial \eta} = 0.$$

上の方程式の一般解は p, q を 2 回微分可能な任意関数として

$$u(\xi, \eta) = p(\xi) + q(\eta).$$

独立変数 (x, t) に戻すと波動方程式の一般解は

$$u(x, t) = p(x + ct) + q(x - ct).$$

コメント 独立変数変換 $\xi = x + ct, \eta = x - ct$ によって，$u(x, t)$ を ξ, η の関数と見ると，u とは別の形の関数である．したがって $u(x, t) = \tilde{u}(\xi, \eta)$ などと書くべきであるが記法が煩雑になるので，同じ "u" を用いている．

グラフ $p(x) = e^{-2x^2}$, $q(x) = -\frac{1}{2} e^{-x^2/2}$, $c = 2$ として，$t = -3, -2, -1, 0, 1, 2$ における波動方程式の解 $u(x, t)$ の時間発展の様子を以下に示す．

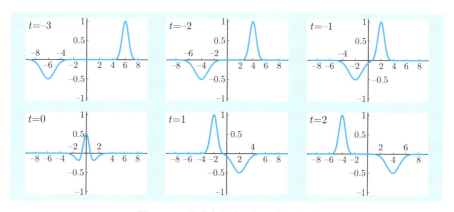

図 **10.6** 波動方程式の解の時間発展

問題

9.1 1 次元波動方程式の解で初期条件 $u(x, 0) = f(x)$, $u_t(x, 0) = g(x)$ を満たすものは，次で与えられることを示せ．（ダランベールの公式）

$$u(x, t) = \frac{1}{2}(f(x + ct) + f(x - ct)) + \frac{1}{2c} \int_{x-ct}^{x+ct} g(y) dy$$

例題 10.10 ――――――――――― 変数分離法による波動方程式の解法

(a) 両端を固定した長さ L の弦の振動は次の波動方程式の初期値境界値問題にしたがう．

$$\begin{cases} (\text{W}) : u_{tt} - c^2 u_{xx} = 0 & (0 < x < L, t > 0) \\ (\text{BC}) : u(0,t) = u(L,t) = 0 & (t > 0) \\ (\text{IC}) : u(x,0) = f(x),\ u_t(x,0) = g(x) & (0 \leqq x \leqq L) \end{cases}$$

$u(x,t)$ を求めよ．$f(x), g(x)$ は $f(0) = f(L) = g(0) = g(L) = 0$ を満たす．

(b) (a) で $f(x) = \begin{cases} x/L & (0 \leqq x \leqq L/2) \\ 1 - x/L & (L/2 \leqq x \leqq L) \end{cases}$, $g(x) = 0$ としたときの解を求めよ．

【解　答】　(a) $u(x,t) = X(x)T(t)$ と変数分離して，(W) に代入，整理すると，

$$X\ddot{T} - c^2 X'' T = 0 \quad \Leftrightarrow \quad \frac{X''}{X} = \frac{\ddot{T}}{c^2 T}$$

を得る．左辺は x だけの，右辺は t だけの関数なので，これは定数 $(=: -\lambda)$ に等しい．

$$(1) : X''(x) + \lambda X(x) = 0, \quad (2) : \ddot{T}(t) + c^2 \lambda T(t) = 0$$

を得る．さらに境界条件 (BC) は $X(x)$ についての次の条件と等価である．

$$(3) : X(0) = X(L) = 0$$

(1),(3) は $X(x)$ についての固有値問題であり，固有値は $\lambda = \lambda_n := (n\pi/L)^2$，対応する固有関数は $X = X_n(x) := \sin \frac{n\pi x}{L}$ $(n = 1, 2, \cdots)$ である．

次に各 $\lambda = \lambda_n$ について (2) を解いて $T = T_n(t) := A_n \cos \frac{n\pi ct}{L} + B_n \sin \frac{n\pi ct}{L}$．以上により各 $n = 1, 2, \cdots$ に対して次式で定義される $u_n(x,t)$ は境界値問題 (W)，(BC) の解である．

$$u_n(x,t) := X_n(x) T_n(t) = A_n \sin \frac{n\pi x}{L} \cos \frac{n\pi ct}{L} + B_n \sin \frac{n\pi x}{L} \sin \frac{n\pi ct}{L}$$

級数 $\sum_{n=1}^{\infty} u_n(x,t)$ が一様収束し項別微分可能ならば，線形微分方程式に関する解の重ね合わせの原理より次式で定義される $u(x,t)$ も境界値問題 (W),(BC) を満たす．

$$u(x,t) = \sum_{n=1}^{\infty} u_n(x,t) = \sum_{n=1}^{\infty} \left\{ A_n \sin \frac{n\pi x}{L} \cos \frac{n\pi ct}{L} + B_n \sin \frac{n\pi x}{L} \sin \frac{n\pi ct}{L} \right\}$$

最後に初期条件 (IC) より,

$$u(x,0) = f(x) = \sum_{n=1}^{\infty} A_n \sin \frac{n\pi x}{L}, \quad u_t(x,0) = g(x) = \sum_{n=1}^{\infty} \frac{n\pi c}{L} B_n \sin \frac{n\pi x}{L}.$$

両辺に $\sin \frac{n\pi x}{L}$ を乗じて, 区間 $[0, L]$ で積分すると, 定数 A_n, B_n は

$$A_n = \frac{2}{L} \int_0^L f(x) \sin \frac{n\pi x}{L} dx, \quad B_n = \frac{2}{n\pi c} \int_0^L g(x) \sin \frac{n\pi x}{L} dx.$$

よって初期値境界値問題の解は

$$u(x,t) = \sum_{n=1}^{\infty} \left[\frac{2}{L} \sin \frac{n\pi x}{L} \cos \frac{n\pi ct}{L} \int_0^L f(\xi) \sin \frac{n\pi \xi}{L} d\xi \right.$$

$$\left. + \frac{2}{n\pi c} \sin \frac{n\pi x}{L} \sin \frac{n\pi ct}{L} \int_0^L g(\xi) \sin \frac{n\pi \xi}{L} d\xi \right].$$

(b) (a) の結果に $f(x), g(x)$ の具体形を代入して,

$$A_n = \frac{4(-1)^m}{(2m+1)^2 \pi^2} \ (n = 2m+1), \ 0 \ (n = 2m), \quad B_n = 0.$$

よって $$u(x,t) = \sum_{n=0}^{\infty} \frac{4(-1)^n}{(2n+1)^2 \pi^2} \sin \frac{(2n+1)\pi x}{L} \cos \frac{(2n+1)\pi ct}{L}.$$

グラフ 各 $u_n(x,t)$ $(n = 1, 2, \cdots)$ は弦の**固有振動**を表す.

図 **10.7** 弦の固有振動(左から $n = 1, 2, 3, 4$ の場合)

■ 問 題

10.1 長方形領域 $\Omega = \{(x,y) | 0 \leqq x \leqq a, 0 \leqq y \leqq b\}$ における 2 次元波動方程式の次の初期値境界値問題を解け. $f(x,y), g(x,y)$ は Ω の境界上で 0 とする.

$$\begin{cases} (W) : u_{tt} - c^2(u_{xx} + u_{yy}) = 0 & (0 < x < a, 0 < y < b, t > 0) \\ (BC1) : u(0,y,t) = u(a,y,t) = 0 & (0 \leqq y \leqq b, t > 0) \\ (BC2) : u(x,0,t) = u(x,b,t) = 0 & (0 \leqq x \leqq a, t > 0) \\ (IC) : u(x,y,0) = f(x,y), \ u_t(x,y,0) = g(x,y) & (0 \leqq x \leqq a, 0 \leqq y \leqq b) \end{cases}$$

例題 10.11 ━━━━━━━━━━━━━━━━━━ 2 次元波動方程式（円領域）━━

円領域 $\Omega = \{(x,y) | x^2 + y^2 < 1\}$ における 2 次元波動方程式を考える．

$$(W) : u_{tt} - c^2(u_{xx} + u_{yy}) = 0 \quad ((x,y) \in \Omega, t > 0)$$

(a) 極座標 $x = r\cos\theta, y = r\sin\theta$ によって (W) を $u = u(r,\theta,t)$ についての偏微分方程式に書き換えよ．

(b) u は軸対称（つまり $u(r,\theta,t) = u(r,t)$）であると仮定する．以下の境界条件および初期条件を課したとき初期値境界値問題を解け．

$$(BC) : u(1,t) = 0, \quad (IC) : u(r,0) = f(r), u_t(r,0) = g(r)$$

ヒント 以下の事実は証明抜きで用いてよい．「ベッセル関数 $J_0(r)$ は $r > 0$ において無限個のゼロ点 $0 < \alpha_1 < \alpha_2 < \cdots$ をもち，次の直交条件が成立する．」

$$\int_0^1 J_0(\alpha_i r) J_0(\alpha_j r) r dr = \frac{1}{2}(J_1(\alpha_i))^2 \delta_{i,j}, \quad \delta_{i,j} = \begin{cases} 1 & (i = j) \\ 0 & (i \neq j) \end{cases}$$

【解　答】 (a) 合成関数の微分則（1.1 節参照）より，

$$\frac{\partial u}{\partial x} = \cos\theta \frac{\partial u}{\partial r} - \frac{\sin\theta}{r} \frac{\partial u}{\partial \theta}, \quad \frac{\partial u}{\partial y} = \sin\theta \frac{\partial u}{\partial r} + \frac{\cos\theta}{r} \frac{\partial u}{\partial \theta},$$

$$\frac{\partial^2 u}{\partial x^2} + \frac{\partial^2 u}{\partial y^2} = \left(\cos\theta \frac{\partial}{\partial r} - \frac{\sin\theta}{r} \frac{\partial}{\partial \theta}\right)^2 u + \left(\sin\theta \frac{\partial}{\partial r} + \frac{\cos\theta}{r} \frac{\partial}{\partial \theta}\right)^2 u$$

$$= \frac{1}{r^2}\left(\left(r\frac{\partial}{\partial r}\right)^2 + \left(\frac{\partial}{\partial \theta}\right)^2\right) u.$$

波動方程式 (W) は次のように変形される．

$$(W)' : u_{tt} - \frac{c^2}{r^2}\left(\left(r\frac{\partial}{\partial r}\right)^2 + \left(\frac{\partial}{\partial \theta}\right)^2\right) u = u_{tt} - c^2\left(u_{rr} + \frac{1}{r}u_r + \frac{1}{r^2}u_{\theta\theta}\right) = 0$$

(b) 軸対称な場合 $u_{\theta\theta} = 0$．$u(r,t) = R(r)T(t)$ を (W)' に代入，変数分離して

$$(1) : \ddot{T} = c^2 KT, \quad (2) : R'' + \frac{1}{r}R' - KR = 0 \quad (K \text{ は定数})$$

を得る．(2) は $K = -\lambda^2, r = s/\lambda$ とおくと，0 次ベッセル方程式

$$\frac{d^2 R}{ds^2} + \frac{1}{s}\frac{dR}{ds} + R = 0$$

10.3 波動方程式

に帰着する．したがって (2) の一般解は

$$R(r) = C_1 J_0(\lambda r) + C_2 N_0(\lambda r).$$

$R(r)$ は $r = 0$ で有界なので $C_2 = 0$. また境界条件 (BC) は $R(1) = 0$ に等価なので $J_0(\lambda) = 0$. λ は 0 次ベッセル関数の零点である．したがって $R = R_n(r) := C_1 J_0(\alpha_n r)$ $(n = 1, 2, \cdots)$. また各 $\lambda = \alpha_n$ に対して，(1) を解いて，$T = T_n(t) := a_n \cos(c\alpha_n t) + b_n \sin(c\alpha_n t)$. 重ね合わせの原理より，

$$u(r,t) = \sum_{n=1}^{\infty} (A_n \cos(c\alpha_n t) + B_n \sin(c\alpha_n t)) J_0(\alpha_n r)$$

は (W)′, (BC) を満たす．最後に初期条件 (IC) より

$$f(r) = \sum_{n=1}^{\infty} A_n J_0(\alpha_n r), \quad g(r) = \sum_{n=1}^{\infty} c\alpha_n B_n J_0(\alpha_n r).$$

ベッセル関数に関する直交性条件を用いて，

$$A_n = \frac{2}{(J_1(\alpha_n))^2} \int_0^1 f(r) J_0(\alpha_n r) r dr, \quad B_n = \frac{2}{c\alpha_n (J_1(\alpha_n))^2} \int_0^1 g(r) J_0(\alpha_n r) r dr.$$

よって初期値境界値問題の解は，

$$u(r,t) = \sum_{n=1}^{\infty} \bigg(\frac{2\cos(c\alpha_n t)}{(J_1(\alpha_n))^2} \int_0^1 f(\rho) J_0(\alpha_n \rho) \rho d\rho \\ + \frac{2\sin(c\alpha_n t)}{c\alpha_n (J_1(\alpha_n))^2} \int_0^1 g(\rho) J_0(\alpha_n \rho) \rho d\rho \bigg) J_0(\alpha_n r).$$

グラフ 円形膜の固有振動 $(A_n \cos(c\alpha_n t) + B_n \sin(c\alpha_n t)) J_0(\alpha_n r)$ を下図に示す．

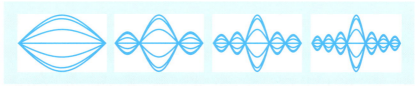

図 **10.8** 円形膜の固有振動（左から $n = 1, 2, 3, 4$，横軸に円板の直径をとっている）

問題

11.1 例題 10.11(b) において，u が軸対称でない（θ に依存する）場合，変数分離して得られる常微分方程式とベッセル方程式との関連を調べよ（$u(r, \theta+2\pi, t) = u(r, \theta, t)$ に注意）．

10.4 ラプラス方程式

$u = u(x_1, x_2, \cdots, x_n)$ に対する偏微分方程式

$$\Delta u := \sum_{j=1}^{n} \left(\frac{\partial}{\partial x_j}\right)^2 u = 0 \tag{10.37}$$

を（n 次元）**ラプラス方程式**という．偏微分作用素 Δ はラプラシアンと呼ばれ，ラプラス方程式を満たす関数 $u(x, y)$ を**調和関数**と呼ぶ．本節では $n = 2$ の場合

$$\Delta u = u_{xx} + u_{yy} = 0 \tag{10.38}$$

を扱う．ラプラス方程式 (10.38) は 2 次元拡散方程式や 2 次元波動方程式において $u(x, y, t)$ が t に依存しない状態を表す．物理的にいうと時間が十分経過した後の熱の分布や膜の振動などの平衡（定常）状態を表す．またラプラス方程式は差分方程式

$$u(x, y) = \frac{1}{4}\{u(x - \varepsilon, y) + u(x + \varepsilon, y) + u(x, y - \varepsilon) + u(x, y + \varepsilon)\} \tag{10.39}$$

から連続極限をとることによって得られる．

調和関数の性質　調和関数は以下の性質を満たす．これは $n \geq 3$ の場合にも拡張できる．

> **定理 10.7**　（算術平均の性質）　点 (x, y) を中心とする半径 R の円板内で調和な関数 $u = u(x, y)$ に対して，次の算術平均の性質が成立する．
>
> $$u(x, y) = \frac{1}{2\pi} \int_0^{2\pi} u(x + R\cos\theta, y + R\sin\theta) d\theta$$

> **定理 10.8**　（最大値の原理）　Ω を $\mathbb{R}^2$ における有界領域とする．$u(x, y)$ が Ω で調和，かつ $\overline{\Omega} = \Omega \cup \partial\Omega$（$\partial\Omega$ は Ω の境界）で連続ならば，次が成立する．
>
> $$\max_{(x,y) \in \overline{\Omega}} u(x, y) = \max_{(x,y) \in \partial\Omega} u(x, y), \quad \min_{(x,y) \in \overline{\Omega}} u(x, y) = \min_{(x,y) \in \partial\Omega} u(x, y)$$
>
> つまり Ω における調和関数は最大値および最小値をその境界上でとる．

コメント　最大値の原理はラプラス方程式の差分版 (10.39) を見れば一目瞭然である．(10.39) は「ある点 (x, y) における $u(x, y)$ の値は自分の周囲 4 点での値の算術平均である」ことを意味し，これから調和関数は領域内部で最大値または最小値を取り得ないことがわかる．

10.4 ラプラス方程式

境界値問題 拡散方程式，波動方程式と異なり，定常状態を扱ったラプラス方程式は時間 t を含まない．したがって初期条件は考えず，境界上で $u(x,y)$（または境界の法線方向の導関数）の値を指定した**境界値問題**を考える（例題 10.13, 10.14, 10.15 参照）．

例題 10.12 ──────────────────────── 調和関数 ─

(a) $u(x,y) = \log(x^2+y^2)\ ((x,y) \neq (0,0))$ は調和関数であることを示せ．

(b) $x = r\cos\theta, y = r\sin\theta$ とする．$u = r^n \cos n\theta$ および $r^n \sin n\theta$ $(r \neq 0, n = 1, 2, \cdots)$ は調和関数であることを示せ．

【解　答】 (a) 偏導関数を順次計算すると，

$$u_x = \frac{2x}{x^2+y^2}, \quad u_{xx} = \frac{2}{x^2+y^2} - \frac{4x^2}{(x^2+y^2)^2}$$

$$u_y = \frac{2y}{x^2+y^2}, \quad u_{yy} = \frac{2}{x^2+y^2} - \frac{4y^2}{(x^2+y^2)^2}.$$

したがって

$$u_{xx} + u_{yy} = \frac{4}{x^2+y^2} - \frac{4(x^2+y^2)}{(x^2+y^2)^2} = 0.$$

よって $u(x,y)$ は調和関数である．

(b) ラプラス方程式を極座標で書き直すと，

$$\Delta u = \frac{1}{r^2}\left(\left(r\frac{\partial}{\partial r}\right)^2 + \left(\frac{\partial}{\partial \theta}\right)^2\right)u = u_{rr} + \frac{1}{r}u_r + \frac{1}{r^2}u_{\theta\theta}$$

である（前節例題 10.11(a) 参照）．上式に $u = r^n \cos n\theta$ を代入して，

$$\Delta u = n(n-1)r^{n-2}\cos n\theta + nr^{n-2}\cos n\theta - n^2 r^{n-2}\cos n\theta = 0.$$

したがって $u = r^n \cos n\theta$ は調和関数である．同様にして $u = r^n \sin n\theta$ も調和関数である．

■ 問　題

12.1 $u(x,y)$ が調和関数であるとき $v(x,y) := (x^2+y^2)u(x,y)$ は**重調和関数**であること，つまり次の関係式を満たすことを示せ．

$$\Delta^2 v = v_{xxxx} + 2v_{xxyy} + v_{yyyy} = 0$$

例題 10.13 ─────────── ラプラス方程式（長方形領域）

長方形領域 $\Omega = \{(x,y) | 0 \leq x \leq a,\ 0 \leq y \leq b\}$ におけるラプラス方程式の境界値問題

$$\begin{cases} (\text{L}) : \Delta u = u_{xx} + u_{yy} = 0 & (0 < x < a,\ 0 < y < b) \\ (\text{BC1}) : u(0,y) = 0,\ u(a,y) = 0 & (0 \leq y \leq b) \\ (\text{BC2}) : u(x,0) = f(x),\ u(x,b) = g(x) & (0 \leq x \leq a) \end{cases}$$

の解を求めよ．ただし $f(0) = f(a) = g(0) = g(a) = 0$ とする．

【解　答】 $u(x,y) = X(x)Y(y)$ と変数分離して，ラプラス方程式 (L) に代入すると

$$X''Y + XY'' = 0 \quad \Leftrightarrow \quad \frac{X''(x)}{X(x)} = -\frac{Y''(y)}{Y(y)}$$

を得る．ここで左辺は x のみの関数，右辺は y のみの関数であるから，定数に等しい．これを $-\lambda$ とおくと，

$$(1) : X'' + \lambda X = 0, \quad (2) : Y'' - \lambda Y = 0.$$

さらに境界条件 (BC1) より，

$$(3) : X(0) = X(a) = 0$$

である．(1),(3) は X についての固有値問題であり，これを解いて固有値 $\lambda = \lambda_n := (n\pi/a)^2$，固有関数 $X = X_n(x) := \sin\frac{n\pi x}{a}$ を得る $(n = 1, 2, \cdots)$．

また各 $\lambda = \lambda_n$ について (2) を解いて，

$$Y = Y_n(y) := A_n e^{\frac{n\pi y}{a}} + B_n e^{-\frac{n\pi y}{a}}.$$

よって各 $n = 1, 2, \cdots$ に対して，次式で定義される $u_n(x,t)$ は (L),(BC1) を満たす．

$$u_n(x,y) := X_n(x)Y_n(y) = (A_n e^{\frac{n\pi y}{a}} + B_n e^{-\frac{n\pi y}{a}}) \sin\frac{n\pi x}{a}$$

次に線形微分方程式に関する解の重ね合わせの原理より，

$$(*) : u(x,y) = \sum_{n=1}^{\infty} (A_n e^{\frac{n\pi y}{a}} + B_n e^{-\frac{n\pi y}{a}}) \sin\frac{n\pi x}{a}$$

も (L), (BC1) を満たす．

10.4 ラプラス方程式

最後に境界条件 (BC2) によって定数 A_n, B_n を決定する．

$$\begin{cases} u(x,0) = f(x) = \sum_{n=1}^{\infty}(A_n + B_n)\sin\frac{n\pi x}{a} \\ u(x,b) = g(x) = \sum_{n=1}^{\infty}(A_n e^{\frac{n\pi b}{a}} + B_n e^{-\frac{n\pi b}{a}})\sin\frac{n\pi x}{a} \end{cases}$$

両辺に $\sin\frac{n\pi x}{a}$ を乗じて，区間 $[0,a]$ で積分すると

$$\begin{cases} A_n + B_n = \dfrac{2}{a}\int_0^a f(x)\sin\dfrac{n\pi x}{a}dx, \\ A_n e^{\frac{n\pi b}{a}} + B_n e^{-\frac{n\pi b}{a}} = \dfrac{2}{a}\int_0^a g(x)\sin\dfrac{n\pi x}{a}dx \end{cases}$$

を得る．これを (A_n, B_n) について解いて

$$A_n = \frac{1}{a\sinh\frac{n\pi b}{a}}\left(-e^{-\frac{n\pi b}{a}}\int_0^a f(x)\sin\frac{n\pi x}{a}dx + \int_0^a g(x)\sin\frac{n\pi x}{a}dx\right)$$

$$B_n = \frac{1}{a\sinh\frac{n\pi b}{a}}\left(e^{\frac{n\pi b}{a}}\int_0^a f(x)\sin\frac{n\pi x}{a}dx - \int_0^a g(x)\sin\frac{n\pi x}{a}dx\right).$$

これらを $(*)$ に代入して境界値問題の解は

$$\begin{aligned} u(x,y) =& \sum_{n=1}^{\infty}\left\{\frac{e^{\frac{n\pi y}{a}}\sin\frac{n\pi x}{a}}{a\sinh\frac{n\pi b}{a}}\left(-e^{-\frac{n\pi b}{a}}\int_0^a f(\xi)\sin\frac{n\pi\xi}{a}d\xi + \int_0^a g(\xi)\sin\frac{n\pi\xi}{a}d\xi\right)\right. \\ &\left. + \frac{e^{-\frac{n\pi y}{a}}\sin\frac{n\pi x}{a}}{a\sinh\frac{n\pi b}{a}}\left(e^{\frac{n\pi b}{a}}\int_0^a f(\xi)\sin\frac{n\pi\xi}{a}d\xi - \int_0^a g(\xi)\sin\frac{n\pi\xi}{a}d\xi\right)\right\} \\ =& \sum_{n=1}^{\infty}\left\{\frac{2}{a\sinh\frac{n\pi b}{a}}\sinh\frac{n\pi(b-y)}{a}\sin\frac{n\pi x}{a}\int_0^a f(\xi)\sin\frac{n\pi\xi}{a}d\xi\right. \\ &\left. + \frac{2}{a\sinh\frac{n\pi b}{a}}\sinh\frac{n\pi y}{a}\sin\frac{n\pi x}{a}\int_0^a g(\xi)\sin\frac{n\pi\xi}{a}d\xi\right\}. \end{aligned}$$

コメント　Y についての微分方程式 (2) の一般解を求める際，基本解として指数関数系 $\{e^{n\pi y/a}, e^{-n\pi y/a}\}$ を選んだが，これは双曲線関数系 $\{\cosh\frac{n\pi y}{a}, \sinh\frac{n\pi y}{a}\}$ を選んでもよいし，境界条件 (BC1) をじっとにらんで $\{\sinh\frac{n\pi y}{a}, \sinh\frac{n\pi(b-y)}{a}\}$ を選ぶと計算が楽になる．

問題

13.1 例題 10.13 で，$f(x) = 0$, $g(x) = x(a-x)$ としたときの解を求めよ．

例題 10.14 ─────────────────────── **ラプラス方程式（円領域）**

極座標で書かれたラプラス方程式の円内部境界値問題

$$\begin{cases} \text{(L)} : \Delta u = \frac{1}{r^2}\left(\left(r\frac{\partial}{\partial r}\right)^2 + \left(\frac{\partial}{\partial \theta}\right)^2\right)u = 0 & (0 \leqq r < R, 0 \leqq \theta < 2\pi) \\ \text{(BC)} : u(R,\theta) = \alpha(\theta) & (0 \leqq \theta < 2\pi) \\ \text{(BDD)} : u(r,\theta) : \text{有界} & (0 \leqq r < R, 0 \leqq \theta < 2\pi) \end{cases}$$

を解け．ただし $\alpha(\theta + 2\pi) = \alpha(\theta)$ とする．

【**解 答**】 $u(r,\theta) = Q(r)\Theta(\theta)$ とおいて代入すると

$$Q''\Theta + \frac{1}{r}Q'\Theta + \frac{1}{r^2}Q\Theta'' = 0 \quad \Leftrightarrow \quad r^2\frac{Q''}{Q} + r\frac{Q'}{Q} = -\frac{\Theta''}{\Theta}.$$

ここで左辺は r のみの右辺は θ のみの関数であるから，定数に等しい．この定数を κ とおくと，

$$(1) : r^2 Q'' + rQ' - \kappa Q = 0, \quad (2) : \Theta'' + \kappa \Theta = 0$$

を得る．また円内部の境界値問題を考えているので，Θ は周期条件

$$(3) : \Theta(\theta + 2\pi) = \Theta(\theta)$$

を満たす．まず Θ についての固有値問題 (2),(3) を解く．
(i) $\kappa = -\lambda^2 \ (\lambda > 0) : \Theta = b_0 e^{\lambda \theta} + b_1 e^{-\lambda \theta}$. (3) より $b_0 = b_1 = 0$. よって $\Theta \equiv 0$.
(ii) $\kappa = 0 : \Theta = b_0 + b_1 t$. (3) より $b_1 = 0$. よって $\Theta = \Theta_0(\theta) := b_0$.
(iii) $\kappa = \lambda^2 \ (\lambda > 0) : \Theta = b_0 \cos \lambda\theta + b_1 \sin \lambda\theta$. (3) より，$\lambda = n \ (n = 1, 2, \cdots)$.
よって $\Theta = \Theta_n(\theta) := b_n \cos n\theta + c_n \sin n\theta$.

次に各固有値 $\kappa = n^2 \ (n = 0, 1, 2, \cdots)$ について，**オイラー型微分方程式** (1) を解く（例題 7.1 参照）．
(ii) の場合 $Q = a_0 + a_1 \log r$, Q は有界なので $a_1 = 0$. よって $Q = Q_0(r) := a_0$.
(iii) の場合 $Q = a_0 r^n + a_1 r^{-n}$. Q は有界なので $a_1 = 0$. よって $Q = Q_n(r) := a_0 r^n$.

(i), (ii), (iii) および重ね合わせの原理より，定数を適当に取り直して，

$$(*) : u(r,\theta) = \sum_{n=0}^{\infty} Q_n(r)\Theta_n(\theta) = \frac{A_0}{2} + \sum_{n=1}^{\infty} r^n(A_n \cos n\theta + B_n \sin n\theta)$$

は (L), (BDD) の解である．次に境界条件 (BC) より，

10.4 ラプラス方程式

$$u(R,\theta) = \frac{A_0}{2} + \sum_{n=1}^{\infty} R^n (A_n \cos n\theta + B_n \sin n\theta) = \alpha(\theta).$$

両辺に $\cos n\theta, \sin n\theta$ をかけて $0 \leqq \theta \leqq 2\pi$ で積分すると,

$$A_n = \frac{1}{\pi R^n} \int_0^{2\pi} \alpha(\theta) \cos n\theta \, d\theta, \quad B_n = \frac{1}{\pi R^n} \int_0^{2\pi} \alpha(\theta) \sin n\theta \, d\theta.$$

これを $(*)$ に代入,整理すると,

$$u(r,\theta) = \frac{1}{2\pi} \int_0^{2\pi} \alpha(\phi) d\phi + \frac{1}{\pi} \sum_{n=1}^{\infty} \left(\frac{r}{R}\right)^n \int_0^{2\pi} \alpha(\phi) \cos n(\theta - \phi) d\phi.$$

ここで $\sum_{n=1}^{\infty} \left(\dfrac{r}{R}\right)^n \cos n(\theta - \phi)$ は $r < R$ で一様収束するから,無限和と積分演算の順序を交換できて, $u(r,\theta)$ は次のように書ける.

$$(\#) : u(r,\theta) = \int_0^{2\pi} \frac{1}{2\pi} \left(1 + \sum_{n=1}^{\infty} \left(\frac{r}{R}\right)^n \left(e^{in(\theta-\phi)} + e^{-in(\theta-\phi)} \right) \right) \alpha(\phi) d\phi$$

$$= \int_0^{2\pi} \frac{1}{2\pi} \left(1 + \frac{\frac{r}{R} e^{i(\theta-\phi)}}{1 - \frac{r}{R} e^{i(\theta-\phi)}} + \frac{\frac{r}{R} e^{-i(\theta-\phi)}}{1 - \frac{r}{R} e^{-i(\theta-\phi)}} \right) \alpha(\phi) d\phi$$

$$= \frac{1}{2\pi} \int_0^{2\pi} \frac{R^2 - r^2}{R^2 - 2Rr\cos(\theta-\phi) + r^2} \alpha(\phi) d\phi$$

コメント 1. $(\#)$ の右辺の積分を**ポアッソン積分**と呼ぶ.また積分核

$$P(r, \theta - \phi) := \frac{1}{2\pi} \frac{R^2 - r^2}{R^2 - 2Rr\cos(\theta-\phi) + r^2}$$

を**ポアッソン関数**と呼ぶ.

2. 極限操作と積分の交換は慎重に行わないといけないが,以降は交換できる例のみ扱うので,一様収束性などの証明を省くことにする.

問題

14.1 $\beta(\theta)$ を条件 $\beta(\theta + 2\pi) = \beta(\theta)$, $\int_0^{2\pi} \beta(\theta) d\theta = 0$ を満たす与えられた関数とする.例題 10.14 でディリクレ境界条件 (BC) をノイマン境界条件 $(BC)'$: $u_r(R,\theta) = \beta(\theta)$ で置き換え,さらに条件 (M) : $\int_0^{2\pi} u(r,\theta) d\theta = 0$ を追加したとき, $u(r,\theta)$ を求めよ.

ヒント 公式 $\sum_{n=1}^{\infty} \frac{z^n}{n} = -\log(1-z)$ $(z \in \mathbb{C}, |z| < 1)$ を用いよ.

― 例題 10.15* ─────────────────── ポアッソン方程式 ―

極座標で書かれた**ポアッソン方程式**の円内部境界値問題を考える．

$$\begin{cases} (\text{P}) : -\Delta u = -\dfrac{1}{r^2}\left(\left(r\dfrac{\partial}{\partial r}\right)^2 + \left(\dfrac{\partial}{\partial \theta}\right)^2\right)u = f(r,\theta) \\ \hspace{4cm} (0 \leqq r < R, 0 \leqq \theta < 2\pi) \\ (\text{BC}) : u(R,\theta) = \alpha(\theta) \hspace{1cm} (0 \leqq \theta < 2\pi) \\ (\text{BDD}) : u(r,\theta), r u_r(r,\theta) : \text{有界} \hspace{0.3cm} (0 \leqq r < R, 0 \leqq \theta < 2\pi) \end{cases}$$

(a) **複素フーリエ級数**展開 $u(r,\theta) = \displaystyle\sum_{n=-\infty}^{\infty} \widehat{u}_n(r) e^{in\theta}$,

$f(r,\theta) = \displaystyle\sum_{n=-\infty}^{\infty} \widehat{f}_n(r) e^{in\theta}$, $\alpha(\theta) = \displaystyle\sum_{n=-\infty}^{\infty} \widehat{\alpha}_n e^{in\theta}$ を用いて，

$\widehat{u}_n(r)$ $(n = 0, \pm1, \pm2, \cdots)$ についての境界値問題を導け．

(b) $\widehat{u}_n(r)$ を求めよ．

本例題は非同次項を伴うため，変数分離法を直接適用することはできない．ここでは複素フーリエ級数展開を用いる．

【解　答】 (a) 複素フーリエ級数展開の式をポアッソン方程式 (P) に代入すると，

$$\sum_{n=-\infty}^{\infty} \left(\left(r\dfrac{d}{dr}\right)^2 - n^2\right)\widehat{u}_n(r) e^{in\theta} = -r^2 \sum_{n=-\infty}^{\infty} \widehat{f}_n(r) e^{in\theta}$$

を得る．両辺に $e^{-in\theta}$ を乗じて区間 $0 \leqq \theta \leqq 2\pi$ で積分すると，各 $n = 0, \pm1, \pm2, \cdots$ について次が成立．

$$\begin{cases} (\text{P})_n : ((r\tfrac{d}{dr})^2 - n^2)\widehat{u}_n(r) = -r^2 \widehat{f}_n(r) \hspace{0.5cm} (0 \leqq r < R) \\ (\text{BC})_n : \widehat{u}_n(R) = \widehat{\alpha}_n, \\ (\text{BDD})_n : \widehat{u}_n(r), r\widehat{u}_n'(r) : \text{有界} \hspace{0.5cm} (0 \leqq r < R) \end{cases}$$

(b) (i) $n=0$ のとき，$(\text{P})_0 : (r\widehat{u}_0'(r))' = -r\widehat{f}_0(r)$ を区間 $[0, r]$ で積分して

$$r\widehat{u}_0'(r) = -\int_0^r \widehat{f}_0(s) s\, ds \quad \Rightarrow \quad \widehat{u}_0'(r) = -\dfrac{1}{r}\int_0^r \widehat{f}_0(s) s\, ds.$$

さらに区間 $[r, R]$ で積分して，積分の順序を交換すると

10.4 ラプラス方程式

$$\widehat{u}_0(R) - \widehat{u}_0(r) = -\int_r^R \int_0^t t^{-1}\widehat{f}_0(s)s\,ds\,dt = -\int_0^R \int_{r\vee s}^R t^{-1}\widehat{f}_0(s)dt\,s\,ds$$

$$\widehat{u}_0(r) = \widehat{\alpha}_0 + \int_0^R \log\frac{R}{r\vee s}\widehat{f}_0(s)s\,ds$$

$r \vee s = \max(r,s), r \wedge s = \min(r,s)$ とする.

(ii) $n > 0$ のとき，独立変数変換 $r = Re^{-t}$ によって，$v_n(t) := \widehat{u}_n(Re^{-t})$ についての次の特異境界値問題を得る.

$$\begin{cases} -\ddot{v}_n(t) + n^2 v_n(t) = R^2 e^{-2t}\widehat{f}_n(Re^{-t}) & (0 < t < \infty) \\ v_n(0) = \widehat{\alpha}_n, \\ v_n(t), \dot{v}_n(t) : \text{有界} & (0 < t < \infty) \end{cases}$$

これを解いて（例題 9.4 参照），

$$v_n(t) = \widehat{\alpha}_n e^{-nt} + \int_0^\infty \frac{1}{2n}(-e^{-n(t+\tau)} + e^{-n|t-\tau|})R^2 e^{-2\tau}\widehat{f}_n(Re^{-\tau})d\tau.$$

$r = Re^{-t}, s = Re^{-\tau}$ とおいて，$ds = -Re^{-\tau}d\tau$ に注意すると，

$$\widehat{u}_n(r) = \widehat{\alpha}_n \left(\frac{r}{R}\right)^n + \int_0^R \frac{1}{2n}\left(\left(\frac{r \wedge s}{r \vee s}\right)^n - \left(\frac{rs}{R^2}\right)^n\right)\widehat{f}_n(s)s\,ds.$$

(iii) $n < 0$ の場合も (ii) と同様に計算すると，

$$\widehat{u}_n(r) = \widehat{\alpha}_n \left(\frac{r}{R}\right)^{-n} + \int_0^R \frac{1}{-2n}\left(\left(\frac{r \wedge s}{r \vee s}\right)^{-n} - \left(\frac{rs}{R^2}\right)^{-n}\right)\widehat{f}_n(s)s\,ds.$$

発展 さらに (i), (ii), (iii) の結果を $u(r,\theta) = \sum_{n=-\infty}^{\infty} \widehat{u}_n(r)e^{in\theta}$ に代入，整理すると

$$u(r,\theta) = \int_0^{2\pi} P(r, \theta - \phi)\alpha(\phi)d\phi + \int_0^R \int_0^{2\pi} G(r,s,\theta,\phi)f(s,\phi)d\phi\,ds$$

を得る．$P(r,\theta)$ はポアッソン関数（例題 10.14 参照），$G(r,s,\theta,\phi)$ は次式で定義されるグリーン関数である．

$$(G): G(r,s,\theta,\phi) = G(r,s,\theta - \phi) := \frac{1}{4\pi}\log\frac{R^2 - 2rs\cos(\theta - \phi) + R^{-2}r^2 s^2}{r^2 - 2rs\cos(\theta - \phi) + s^2}$$

■ 問 題

15.1* グリーン関数が上の (G) の通り書けることを証明せよ．

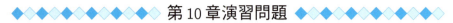

第10章演習問題

1. ベルヌーイ多項式 $\{b_n(x)\}_{n=0,1,2,\cdots}$ を次の漸化式で定義する．
$$b_n'(x) = b_{n-1}(x), \quad \int_0^1 b_n(x)dx = 0 \ (n=1,2,\cdots), \quad b_0(x) = 1$$
このとき周期 1 の関数 $B_n(x) := b_n(\{x\})$ （$\{x\}$ は x の小数部分，$n=1,2,\cdots$）の複素フーリエ級数を求めよ．

2. 有限区間 $0 \leqq x \leqq L$ における拡散方程式の次の初期値境界値問題を解け．
$$\begin{cases} (\mathrm{D}) \ : \ u_t - \kappa u_{xx} = 0 & (0 < x < L, t > 0) \\ (\mathrm{BC}) \ : \ u(0,t) = 0, u(L,t) + hu_x(L,t) = 0 & (t > 0) \\ (\mathrm{IC}) \ : \ u(x,0) = f(x) & (0 \leqq x \leqq L) \end{cases}$$
ただし h は正の定数，$f(x)$ は条件 $f(0) = f(L) + hf'(L) = 0$ を満たすとする．

3. 有限区間 $0 \leqq x \leqq L$ における波動方程式の初期値境界値問題を解け．
$$\begin{cases} (\mathrm{W}) \ : \ u_{tt} - c^2 u_{xx} = 0 & (0 < x < L, t > 0) \\ (\mathrm{BC}) \ : \ u(0,t) = u_x(L,t) = 0 & (t > 0) \\ (\mathrm{IC}) \ : \ u(x,0) = x(2L-x), \ u_t(x,0) = 0 & (0 \leqq x \leqq L) \end{cases}$$

4.* (a) 有限区間 $0 \leqq x \leqq L$ における非同次項（強制項）を伴う波動方程式の初期値境界値問題を解け．
$$\begin{cases} (\mathrm{W}) \ : \ u_{tt} - c^2 u_{xx} = f(x,t) & (0 < x < L, t > 0) \\ (\mathrm{BC}) \ : \ u(0,t) = 0, \ u(L,t) = 0 & (t > 0) \\ (\mathrm{IC}) \ : \ u(x,0) = g_0(x), \ u_t(x,0) = g_1(x) & (0 \leqq x \leqq L) \end{cases}$$

ヒント $f(x,t), g_0(x), g_1(x)$ は次の通り正弦級数の形に展開できると仮定する．
$$f(x,t) = \sum_{n=1}^{\infty} \widehat{f}_n(t) \sin \frac{n\pi}{L} x, \quad g_i(x) = \sum_{n=1}^{\infty} \widehat{g}_{i,n} \sin \frac{n\pi}{L} x \quad (i=0,1).$$
このとき $u(x,t)$ を次の形で求めよ．
$$(\mathrm{U}) \ : \ u(x,t) = \sum_{n=1}^{\infty} \widehat{u}_n(t) \sin \frac{n\pi}{L} x$$

(b) (a) で $f(x,t) = f_0(x)\sin\omega t$, $f_0(x) = \begin{cases} x/L & (0 \leq x \leq L/2) \\ 1 - x/L & (L/2 \leq x \leq L) \end{cases}$,

$g_0(x) = g_1(x) = 0$ とした場合，$u(x,t)$ を求めよ．また強制項の角振動数 ω がある値に近づくと，共鳴現象を起こす，つまり解を $u(x,t) = \sum_{n=1}^{\infty} \widehat{u}_n(t)\sin\dfrac{n\pi}{L}x$ の形に表したとき，ある n について $|\widehat{u}_n(t)|$ の値が非常に大きくなることを確認せよ．

5. (a) 長方形領域 $\Omega = \{(x,y) | 0 \leq x \leq a, 0 \leq y \leq b\}$ におけるラプラス方程式の境界値問題を解け．

$$\begin{cases} (L) : \Delta u = u_{xx} + u_{yy} = 0 & (0 < x < a,\ 0 < y < b) \\ (BC1) : u_x(0,y) = u_x(a,y) = 0 & (0 \leq y \leq b) \\ (BC2) : u(x,0) = f(x), u(x,b) = g(x) & (0 \leq x \leq a) \end{cases}$$

ただし $f(x), g(x)$ は条件 $f'(0) = f'(a) = g'(0) = g'(a) = 0$ を満たす．

(b) (a) において $f(x) = \sin^2(\pi x/a)$, $g(x) = 0$ であるとき，$u(x,y)$ を求めよ．

6. 半無限帯領域 $\Omega = \{(x,y) | 0 \leq x \leq L, 0 \leq y < \infty\}$ におけるラプラス方程式の境界値問題を解け．

$$\begin{cases} (L) : u_{xx} + u_{yy} = 0 & (0 < x < L, 0 < y < \infty) \\ (BC1) : u(0,y) = u(L,y) = 0 & (0 \leq y < \infty) \\ (BC2) : u(x,0) = f(x) & (0 \leq x \leq L) \\ (BDD) : u(x,y) : 有界 & (0 \leq x \leq L, 0 \leq y < \infty) \end{cases}$$

7.* 有限区間 $0 \leq x \leq L$ における波動方程式の初期値境界値問題

$$\begin{cases} (W) : u_{tt} - c^2 u_{xx} = 0 & (0 < x < L, t > 0) \\ (BC) : u(0,t) = 0,\ u(L,t) = 0 & (t > 0) \\ (IC) : u(x,0) = f(x),\ u_t(x,0) = g(x) & (0 \leq x \leq L) \end{cases}$$

についてエネルギー積分 $E(t)$ を次式で定義する．

$$E(t) := E_k(t) + E_p(t)$$

$$E_k(t) := \frac{1}{2}\int_0^L (u_t(x,t))^2 dx$$

$$E_p(t) := \frac{1}{2}\int_0^L c^2(u_x(x,t))^2 dx$$

以下の問に答えよ

(a) $\dfrac{dE}{dt} = 0$ であることを証明せよ（**エネルギー保存則**）．

(b) $E(t)$ を $f(x), g(x)$ を用いて表せ．

(c) 波動方程式の初期値境界値問題の解は存在すれば一意であることを証明せよ．

8.* 無限区間 $-\infty < x < \infty$ における拡散方程式の初期値問題

$$\begin{cases} \text{(D)} & : u_t - \kappa u_{xx} = 0 \quad (-\infty < x < \infty, t > 0), \\ \text{(IC)} & : u(x,0) = u_0\theta(-x) = \begin{cases} 0 & (x > 0) \\ u_0 & (x \leqq 0) \end{cases} \quad (-\infty < x < \infty) \end{cases}$$

の解を次の形に仮定して解け．

$$u(x,t) = u_0 v(\xi), \quad \xi = \frac{x}{\sqrt{4\kappa t}}$$

> **コメント** 偏微分方程式を解くための基本的戦略の1つは常微分方程式に帰着させることである．そのための代表的な手法が変数分離法であるが，本問のように無次元化された独立変数と従属変数 ξ, v を導入して，$v = v(\xi)$ についての常微分方程式を導出する方法を**相似解**の方法と呼ぶ．また $v(\xi)$ のことを相似解と呼ぶ．

9.* 拡散方程式に非線形項 uu_x を付け加えた方程式

$$\text{(B)} : u_t + uu_x - u_{xx} = 0$$

は**バーガース方程式**と呼ばれる．従属変数変換（**コール-ホップ変換**）

$$u(x,t) = -2\frac{\partial}{\partial x}\log\psi(x,t)$$

で定義される $\psi(x,t)$ は拡散方程式を満たすことを示せ．

$$\text{(D)} : \psi_t - \psi_{xx} = 0$$

付録　変分問題とオイラー-ラグランジュ方程式

積分汎関数と変分問題　区間 $[a,b]$ で定義された関数 $y = y(x)$ に対して，実数値

$$I[y] := \int_a^b F(x, y, y')dx \tag{A.1}$$

を対応させる．$I[y]$ を **積分汎関数** と呼ぶ．$F(x, y, y')$ は与えられた関数で，例を挙げると，$F(x, y, y') = \sqrt{1 + (y')^2}$ のとき $I[y]$ は曲線の長さを，$F(x, y, y') = 2\pi y\sqrt{1 + (y')^2}$ のとき $I[y]$ は回転体の側面積を表す．F がより高階の導関数 $y'', y''', \cdots$ を含む場合はここでは考えない．ここで **変分問題** とは次の問題を意味する．

> $y = y(x)$ を適切な境界条件を満たしながら変えるとき，$I[y]$ が停留（極値の候補）となる関数 $y(x)$ を求めよ．

オイラー-ラグランジュ方程式　変分問題を解くために，以下で定義される変分 $\delta I[y]$ を 0 にする，つまり

$$\delta I[y] := I[y + \delta y] - I[y] = 0 \tag{A.2}$$

を満たすための y に関する条件を立式する．ここで $\delta y = \delta y(x)$ は x に関する微分可能な関数とする．

$$\delta I[y] = \int_a^b \{F(x, y + \delta y, y' + \delta y') - F(x, y, y')\}dx$$

F を点 (x, y, y') の周りでテイラー展開して，2 次以上の項は無視すると，

$$\delta I[y] \fallingdotseq \int_a^b \{F(x, y, y') + F_y(x, y, y')\delta y + F_{y'}(x, y, y')\delta y' - F(x, y, y')\}dx$$

$$= \int_a^b F_y(x, y, y')\delta y\, dx + \left[F_{y'}(x, y, y')\delta y\right]_{x=a}^{x=b} - \int_a^b \frac{d}{dx}F_{y'}(x, y, y')\delta y\, dx. \tag{A.3}$$

3 項目は部分積分した．ここで，y に関して次の **固定端境界条件** を課す．

$$y(a) = \alpha, \quad y(b) = \beta \tag{A.4}$$

$x = a, b$ における y の値が固定されているため $\delta y(a) = \delta y(b) = 0$ である．よって，

$$\delta I[y] = \int_a^b \left\{F_y(x, y, y') - \frac{d}{dx}F_{y'}(x, y, y')\right\}\delta y\, dx = 0. \tag{A.5}$$

y が

$$F_y - \frac{d}{dx} F_{y'} = 0 \tag{A.6}$$

を満たすとき，$\delta I[y] = 0$ となる（以後 "(x, y, y')" は省略）．(A.6) は y に関する 2 階常微分方程式で**オイラー-ラグランジュ方程式**と呼ばれる．

> **コメント** 1. $F_y, F_{y'}$ は y, y' を独立な変数とみて（つまり，y' が y の導関数であることを忘れて），偏微分することを意味する．例えば，$F(x, y, y') = y^2 + (y')^2 + y \sin x$ のとき，$F_y = 2y + \sin x, F_{y'} = 2y'$ である．
> 2. (A.3) において，固定端境界条件ではなく条件
>
> $$F_{y'}\Big|_{x=a} = F_{y'}\Big|_{x=b} = 0 \tag{A.7}$$
>
> を課しても，オイラー-ラグランジュ方程式を得ることができる．この条件は多くの例においては，$y'(a) = y'(b) = 0$ という条件と同値であり，**自由端境界条件**と呼ばれる．

定理 A.1（特別な場合のオイラー-ラグランジュ方程式）

1. $F = F(x, y')$ のとき，オイラー-ラグランジュ方程式は $F_y = 0$ により，次の 1 階常微分方程式と等価である．

$$F_{y'} = C_1 \tag{A.8}$$

2. $F = F(y, y')$ のとき，オイラー-ラグランジュ方程式は次の 1 階常微分方程式と等価である．

$$F - y' F_{y'} = C_1 \tag{A.9}$$

条件付き変分問題　条件

$$J[y] = \int_a^b G(x, y, y') dx = K \quad (=\text{定数})$$

および適切な境界条件の下で，

$$I[y] = \int_a^b F(x, y, y') dx$$

を停留にする $y = y(x)$ を求める問題については，

$$H(x, y, y') = F(x, y, y') + \lambda G(x, y, y')$$

として，H についてのオイラー-ラグランジュ方程式を立式し，解けばよい．

付録　変分問題とオイラー-ラグランジュ方程式　　　**193**

例題 A.1 ──────────────────────────────── 変分問題 ─

括弧内の境界条件の下で積分汎関数 $I[y]$ を停留にする関数 $y = y(x)$ を求めよ．

(a) $I[y] = \int_0^1 \{(y')^2 + y^2 + 2xy\}dx \quad (y(0) = y(1) = 0)$

(b) $I[y] = \int_0^1 \sqrt{1 + (y')^2}\, dx \quad (y(0) = a,\ y(1) = b)$

【解　答】(a)　$F = (y')^2 + y^2 + 2xy$ とおいて，オイラー-ラグランジュ方程式は

$$F_y - \frac{d}{dx}(F_{y'}) = (2y + 2x) - (2y')' = 0 \quad \Leftrightarrow \quad y'' - y = x$$

一般解は $y = C_1 e^x + C_2 e^{-x} - x$．境界条件 $\begin{cases} y(0) = C_1 + C_2 = 0 \\ y(1) = eC_1 + e^{-1}C_2 - 1 = 0 \end{cases}$ より，

$$C_1 = \frac{e}{e^2 - 1}, \quad C_2 = -\frac{e}{e^2 - 1}.$$

したがって，$I[y]$ を停留にする関数は

$$y = \frac{e}{e^2 - 1}e^x - \frac{e}{e^2 - 1}e^{-x} - x.$$

(b)　$F = \sqrt{1 + (y')^2}$ とおくと，オイラー-ラグランジュ方程式は $F_{y'} = C_1$ と書けるので，

$$\frac{y'}{\sqrt{1 + (y')^2}} = C_1 \quad \Leftrightarrow \quad y' = \frac{C_1}{\sqrt{1 - C_1^2}}.$$

定数 $\frac{C_1}{\sqrt{1-C_1^2}}$ を改めて C_1 とおいて，積分すると $y = C_1 x + C_2$．境界条件より，

$$y = (b - a)x + a.$$

コメント　(b) において，$I[y]$ は曲線 $y = y(x)$ の $0 \leqq x \leqq 1$ における弧長を表すので，直観的にも明らかなように，$y = y(x)$ が直線のとき停留（最小）となる．

■ **問　題**

1.1　境界条件 $y(1) = 0,\ y(2) = 1$ の下で，積分汎関数

$$I[y] = \int_1^2 (x^2 (y')^2 + 6y^2)dx$$

を停留にする関数 $y = y(x)$ を求めよ．

---**例題 A.2**――――――――――――――――――――最速降下問題―

a, b を正定数とする．境界条件 $y(0) = 0$, $y(a) = b$ の下で積分汎関数
$$I[y] = \int_0^a \frac{\sqrt{1+(y')^2}}{\sqrt{y}} dx$$
を停留にする関数 $y = y(x)$ を求めよ．

この問題は原点 O から点 P(a, b) まで質点が滑り落ちる（y 軸は下向きを正にとる）とき，O から P に到達する時間 $\frac{1}{\sqrt{2g}} I[y]$ を最小にする経路 $y = y(x)$ を求めよ，という最速降下問題と等価である．

【解　答】 $F = \frac{\sqrt{1+(y')^2}}{\sqrt{y}}$ とおくと，$F = F(y, y')$ より定理 A.1 からオイラー-ラグランジュ方程式は

$$F - y' F_{y'} = \frac{1}{\sqrt{y}\sqrt{1+(y')^2}} = C$$

に等価である．$\frac{1}{C^2} = 2C_1$ とおいて，y' について解くと，以下の変数分離形を得る．

$$\frac{dy}{dx} = \pm\sqrt{\frac{2C_1 - y}{y}} \quad \Leftrightarrow \quad \int \sqrt{\frac{y}{2C_1 - y}} dy = \pm \int dx = \pm(x + C_2) \quad \cdots (1)$$

置換積分 $y = C_1(1 - \cos\theta)$ $(0 \leqq \theta \leqq \pi)$ によって，

$$\sqrt{\frac{y}{2C_1 - y}} = \sqrt{\frac{C_1(1-\cos\theta)}{C_1(1+\cos\theta)}} = \frac{1-\cos\theta}{\sin\theta}, \; dy = C_1 \sin\theta d\theta$$

より，

$$(1) \; \Leftrightarrow \; x = -C_2 \pm C_1(\theta - \sin\theta)$$

$(x, y) = (0, 0)$ を通るので，$C_2 = 0$. また $x \geqq 0$ より，(x, y) はサイクロイド曲線

$$(x, y) = \Big(C_1(\theta - \sin\theta), \; C_1(1 - \cos\theta)\Big)$$

を表す．また定数 C_1 は境界条件 $y(a) = b$, つまり $\begin{cases} C_1(\theta - \sin\theta) = a \\ C_1(1 - \cos\theta) = b \end{cases}$ を C_1, θ について解けばよい（この方程式は超越方程式で $C_1 = \cdots, \theta = \cdots$ のように閉じた形で解くことはできない）．

■ **問　題**

2.1 定理 A.1 (A.9) (p.192) を証明せよ．

付録　変分問題とオイラー-ラグランジュ方程式

例題 A.3 ───────────────────────── 条件付き変分問題 ─

境界条件 $y(0) = 0$, $y(a) = b$, および条件
$$J[y] = \int_0^a \sqrt{1+(y')^2}\,dx = l$$
の下で，積分汎関数
$$I[y] = \int_0^a y\sqrt{1+(y')^2}\,dx$$
を停留にする関数 $y = y(x)$ を求めよ．

【解　答】 $H(y,y') = y\sqrt{1+(y')^2} + \lambda\sqrt{1+(y')^2}$ とおくと，オイラー-ラグランジュ方程式
$$H - y' H_{y'} = \frac{y+\lambda}{\sqrt{1+(y')^2}} = C_1$$
を得る．y' について解いて，
$$\frac{dy}{dx} = \pm\sqrt{\left(\frac{y+\lambda}{C_1}\right)^2 - 1} \quad \Leftrightarrow \quad \int \frac{dy}{\sqrt{(\frac{y+\lambda}{C_1})^2 - 1}} = \pm \int dx = \pm(x+C_2).$$
置換積分 $\frac{y+\lambda}{C_1} = \cosh t$ によって，
$$C_1 \cosh^{-1}\frac{y+\lambda}{C_1} = \pm(x+C_2) \quad \Leftrightarrow \quad y = -\lambda + C_1 \cosh\frac{x+C_2}{C_1}.$$

C_1, C_2, λ は条件 $\begin{cases} -\lambda + C_1 \cosh\frac{C_2}{C_1} = 0 \\ -\lambda + C_1 \cosh\frac{a+C_2}{C_1} = b \\ C_1(-\sinh\frac{C_2}{C_1} + \sinh\frac{a+C_2}{C_1}) = l \end{cases}$ によって決定される．

■ 問　題 ■

3.1 境界条件 $y(0) = y(1) = 0$, および条件
$$J[y] = \int_0^1 y^2\,dx = 1$$
の下で，積分汎関数
$$I[y] = \int_0^1 (y')^2\,dx$$
を停留にする関数 $y = y(x)$ を求めよ．

問 題 解 答

第2章

1.1 (a) $y = \arctan x - \frac{\pi}{4}$. (b) $(y\cos x)' = \cos x$ と変形. $y = \tan x - \frac{1}{\cos x}$.

2.1 (a) $y = \sin(2x\sqrt{x} - 2)$. (b) $y = \exp(-e^{-x^2})$.

3.1 変数分離法を用いて, $h(0) = h_0$ より $\sqrt{h} = \frac{2\sqrt{h_0} - kt}{2}$. タンクが空になるのは $t = t_0 := \frac{2\sqrt{h_0}}{k}$ なので, $h(t) = \frac{(2\sqrt{h_0} - kt)^2}{4}$ $(0 \leqq t \leqq t_0)$, 0 $(t \geqq t_0)$.

4.1 (a) $y = -\sqrt{1+x^2}$. (b) $y = e^{x-1}/\sqrt{x}$.

5.1 $y = x^2 + 1 + C\sqrt{1+x^2}$.

演習問題（第2章）

1. (a) 積分して $y' = 2\arctan x + C_1$, $y = 2x\arctan x - \log(1+x^2) + C_1 x + C_2$.
(b) $y = 2x\arctan x - \log(1+x^2) + x + 1$.

2. (a) $y = -\frac{1}{x+C}$. (b) $y^2 = \frac{2k}{x} + C$. (c) $y^2 + \omega^2 x^2 = C$.
(d) $\log\left|\frac{1-\cos y}{1+\cos y}\right| = 4\sin x + C$ または $\cos y = \frac{1 - C\exp(4\sin x)}{1 + C\exp(4\sin x)}$.

3. (a) $\arctan y = \frac{1}{2}\log(1+x^2) + \frac{\pi}{4}$.
(b) $\sqrt{1-x^2} + \log|y + \sqrt{1+y^2}| = 1$ （または $y = \sinh(1 - \sqrt{1-x^2})$).
(c) $y = 1 - \exp(-\sin x)$.

4. (a) $y = x - 1 + Ce^{-x}$. (b) $y = e^{x^2}\sin x + Ce^{x^2}$.
(c) $y = -\cos x \log|\cos x| + C\cos x$. (d) $y = (-\cos x + \sin x + Ce^x)/x$.

5. $x(t) = k\exp(\exp(-at)\log(x_0/k)) = k(x_0/k)^{\exp(-at)}$. また $\lim_{t\to\infty} x(t) = k$.

6. (a) $v = gt$. (b) $v = \frac{mg}{k}(1 - e^{-kt/m})$.

7. (a) $y = \{(1-a)(x+C)\}^{\frac{1}{1-a}}$. (b) $y \equiv 0$ は $y' = y^a$ を満たすが (a) の一般解に含まれない. (c) $k \geqq 0$ を任意定数として, $y = \{(1-a)(x-k)\}^{\frac{1}{1-a}}$ $(x \geqq k)$, 0 $(x < k)$ は $y' = y^a, y(0) = 0$ を満たす. よって初期値問題の解は無数に存在する.

8. 曲線の式で第1象限にあるものを $y = f(x)$ とおく. $P(x_0, y_0)$ とおくと, $Q\left(x_0 - \frac{y_0}{f'(x_0)}, 0\right)$. このとき $PQ^2 = \left(\frac{y_0}{f'(x_0)}\right)^2 + y_0^2 = L^2$. x_0, y_0 を改めて x, y とおく. $f'(x_0)$ は y' とかけ, $y' < 0$ より $y' = -\frac{y}{\sqrt{L^2 - y^2}}$. 一般解は $x + C = -\sqrt{L^2 - y^2} + L\log\frac{L + \sqrt{L^2 - y^2}}{y}$. 初期条件 $y(0) = L$ より $x = -\sqrt{L^2 - y^2} + L\log\frac{L + \sqrt{L^2 - y^2}}{y}$.

第3章

1.1 (a) $y^2 - x^2 - 3x = 0$. (b) $\tan\frac{y}{x} - \log|x| = 1$.
(c) $X = x-1, Y = y-2$ とおく. $2\arctan\frac{y-2}{x-1} - \log\{(x-1)^2 + (y-2)^2\} = \frac{2\pi}{3} - 2\log 2$.

2.1 (a) $x^3 + x^2y^2 - y^3 = C$. (b) $xe^y + e^x\sin y = C$.

3.1 (a) $x^4 - 2x^2y^2 = C$. (b) $x\sin y = C$.
4.1 (a) 積分因子 $e^{-x^2/2}$, 一般解 $xye^{-x^2/2} = C$.
(b) 積分因子 $\frac{1}{(y+1)^2}$, 一般解 $\frac{y}{y+1}e^x + y - 2\log|y+1| = C$.
5.1 (a) $u = y^2$ とおくと, $u' - 2u\cot x - 2 = 0$ より $u = -2\cos x \sin x + C\sin^2 x$. 一般解は $y^2 + 2\cos x \sin x = C\sin^2 x$.
(b) $u = \frac{1}{y^3}$ とおくと, $u' + \frac{3}{x}u + 3e^x = 0$ より $u = \{C - 3e^x(x^3 - 3x^2 + 6x - 6)\}/x^3$. 一般解は $y^3\{C - 3e^x(x^3 - 3x^2 + 6x - 6)\} = x^3$.
6.1 $y = \frac{u'}{p(x)u}$ をリッカチの微分方程式に代入して $u'' + \left(q(x) - \frac{p'(x)}{p(x)}\right)u' + p(x)r(x)u = 0$.
7.1 (a) $p'(x - 3p^2) = 0$. $p' = 0$ のとき $y = Cx - C^3$. $p' \neq 0$ のとき $(x, y) = (3p^2, 2p^3)$.
(b) $p'(x - \sin p) = 0$. $p' = 0$ のとき $y = Cx + \cos C$. $p' \neq 0$ のとき $(x, y) = (\sin p, p\sin p + \cos p)$.
右図は解曲線の概形である.
8.1 (a) $z = -x + y - 1$ とおく. $y = x + \frac{4}{2 - e^{2x}}$.
(b) $z = \cos y$ とおく. $\cos y + 2e^{-x} + x = 1$.
(c) 両辺 y 倍して $z = y^2$ とおく. $y^2 - 2e^{-2x} - 2x + 1 = 0$.

演習問題（第 3 章）

1. (a) $x + y = C(x - y)^2$. (b) $\log|x| + \cot\frac{y}{x} + C = 0$.
(c) $\frac{y}{x}\sqrt{1 - \left(\frac{y}{x}\right)^2} + \arcsin\frac{y}{x} - 2\log|x| = C$.
(d) $\arctan\frac{2(y+1)}{x+2} - \log((x+2)^2 + 4(y+1)^2) = C$.
2. (a) $\frac{x^4}{2} + x^3y + xy^3 + \frac{y^4}{2} = 3$. (b) $x\arcsin y + x^2 + y + \frac{\pi}{6} - \frac{1}{2} = 0$.
(c) $x\tan y - y\cot x + \frac{\sqrt{3}\pi}{6} = 0$.
3. (a) 積分因子 e^x, 一般解 $ye^{2x} + e^{x+y} = C$. (b) 積分因子 y^2, 一般解 $x^2y^3\log y = C$.
(c) 積分因子 e^{x+y}, 一般解 $x^2e^{2x+y} + y^2e^{x+2y} = C$.
4. (a) 両辺を y^3/x^2 倍して $u = y^4$ とおく. $y^4 = \frac{1}{2x} + \frac{C}{x^3}$.
(b) 両辺を $1/y^2$ 倍して $u = 1/y$ とおく. $y = \frac{\cosh x}{C - \sinh x}$.
(c) 両辺を $1/\sqrt{y}$ 倍して $u = \sqrt{y}$ とおく. $y = (Ce^{\sqrt{x}} - \sqrt{x} - 1)^2$.
(d) 両辺を $1/y^2$ 倍して $u = 1/y$ とおく. $y = \tan\frac{x}{2} / (C + 2\log|\cos\frac{x}{2}|)$.
5. (a) 従属変数変換 $y = z + \frac{1}{x}$, $u = 1/z$ を用いる. $y = \frac{C + 1 + \log|x|}{x(C + \log|x|)}$.
(b) 従属変数変換 $y = z + x$, $u = 1/z$ を用いる. $y = e^{x - x^2} / \left(\int e^{x - x^2}dx + C\right) + x$.

コメント 一般に不定積分 $\int \exp(ax^2 + bx)dx$ $(a \neq 0)$ を初等関数で表すことはできない.

6. (a) $z = x + y + 1$ とおく. $y - \arctan(x + y + 1) = C$.
(b) 両辺を y で割って $z = \log y$ とおく. $y = \exp((x + C)\exp(x^2))$.
(c) $z = \sin y$ とおく. $\sin y = x^2 - 2 + Ce^{-x^2/2}$.
(d) 両辺を e^y 倍して $e^y = z$ とおく. $y = \log(x + 1 + Ce^x)$.
(e) $z = \tan y$ とおく. $\tan y = 2 + 2\cos x + C\exp(\cos x)$.

7. 曲線の式を $y=y(x)$, 曲線上の点を (x_0, y_0) とする。 P $\left(x_0 - \frac{y_0}{y'(x_0)}, 0\right)$, Q $(0, y_0 - x_0 y'(x_0))$. これらを $PQ^2 = 1$ に代入, $x_0, y_0, y'(x_0)$ を改めて $x, y, p (= dy/dx)$ と置き直すと, クレローの方程式 $y = xp \pm \frac{p}{\sqrt{1+p^2}}$ を得る。両辺を x で微分して, $p'(x \pm \frac{1}{(1+p^2)^{3/2}}) = 0$. $p' = 0$ のときは直線を表すので $p' \neq 0$. このとき $(x, y) = (\mp \frac{1}{(1+p^2)^{3/2}}, \pm \frac{p^3}{(1+p^2)^{3/2}})$. これはアステロイド $x^{2/3} + y^{2/3} = 1$ を描く。

8. (a) $\frac{dy}{dx} = \frac{dy/dt}{dx/dt} = \frac{y}{x} - \frac{w}{v}\frac{\sqrt{x^2+y^2}}{x}$ より, これは同次形である。以後 $\alpha := w/v$ とおく。
$y = xu$ とおいて, $y(L) = 0$ を用いると $y = xu = \frac{x}{2}\{(x/L)^{-\alpha} - (x/L)^{\alpha}\} = \frac{L^\alpha x^{1-\alpha}}{2} - \frac{x^{1+\alpha}}{2L^\alpha}$.
(b) $x \to +0$ の極限で $y \to 0$ となればよい。そのためには $\alpha < 1$ $(v > w)$ であればよい。(なお $\alpha = 1$ の場合は, O より $L/2$ 下流の地点 $(0, L/2)$ に到達し, $\alpha > 1$ の場合は $x \to +0$ で $y \to \infty$. つまり対岸に到達できない。).

第4章

1.1 $(y' - \beta y)' - \alpha(y' - \beta y) = 0$ と書き換えて, $z = y' - \beta y$ とおくと, $z' - \alpha z = 0$ を得る。これを解いて, $z = C_1 e^{\alpha x}$. 次に $y' - \beta y = z = C_1 e^{\alpha x}$ より, $ye^{-\beta x} = \int C_1 e^{(\alpha - \beta)x} dx + C_2$.
(i) $\alpha \neq \beta$ のとき $\frac{C_1}{\alpha - \beta}$ を C_1 とおいて $y = C_1 e^{\alpha x} + C_2 e^{\beta x}$.
(ii) $\alpha = \beta$ のとき $y = C_1 x e^{\alpha x} + C_2 e^{\alpha x}$.

2.1 仮定より $y_i'' + p(x) y_i' + q(x) y_i = 0$ $(i = 1, 2)$. 次に $(C_1 y_1 + C_2 y_2)'' + p(x)(C_1 y_1 + C_2 y_2)' + q(x)(C_1 y_1 + C_2 y_2) = C_1 (y_1'' + p(x) y_1' + q(x) y_1) + C_2 (y_2'' + p(x) y_2' + q(x) y_2) = 0$.

3.1 $a < 4$ のとき $y = C_1 \exp((2 + \sqrt{4-a})x) + C_2 \exp((2 - \sqrt{4-a})x)$. $a = 4$ のとき $y = C_1 x e^{2x} + C_2 e^{2x}$. $a > 4$ のとき $y = C_1 e^{2x} \cos(\sqrt{a-4} x) + C_2 e^{2x} \sin(\sqrt{a-4} x)$.

3.2 (a) $y = C_1 e^{-x} \cos 2\sqrt{2} x + C_2 e^{-x} \sin 2\sqrt{2} x$. (b) $y = C_1 e^{2x} + C_2 e^{14x}$.
(c) $y = C_1 e^{\frac{1}{6}x} + C_2 e^{-x}$. (d) $y = C_1 e^{\frac{2}{3}x} + C_2 x e^{\frac{2}{3}x}$.

4.1 (a) $y = x^2 + 3 + C_1 x e^x + C_2 e^x$. (b) $y = x^2 - x + C_1 e^{-x} + C_2$.

5.1 (a) $y = \frac{1}{13}(2\cos x + 3\sin x) + C_1 e^x \cos \sqrt{3} x + C_2 e^x \sin \sqrt{3} x$.
(b) $y = \frac{1}{2} e^x \cos x + C_1 e^x \cos \sqrt{3} x + C_2 e^x \sin \sqrt{3} x$.

6.1 $y = \frac{1}{2} x^2 e^{3x} + C_1 x e^{3x} + C_2 e^{3x}$.

7.1 (a) $y = \frac{1}{2} x e^x \sin x + C_1 e^x \cos x + C_2 e^x \sin x$.
(b) $y = -\frac{1}{2} x e^x \cos x + C_1 e^x \cos x + C_2 e^x \sin x$.

8.1 $x = \frac{f_0}{2\omega_0} t \sin \omega_0 t + C_1 \cos \omega_0 t + C_2 \sin \omega_0 t$. $\lim_{t \to \infty} |x(t)| \to \infty$ (振動しながら発散).

9.1 (a) $W'(x) = y_1(x) y_2''(x) - y_2(x) y_1''(x)$
$= y_1(x)(-py_2'(x) - qy_2(x)) - y_2(x)(-py_1'(x) - qy_1(x)) = -pW(x)$.
(b) $W(x_0) = 0$ なる $x = x_0$ が存在すると仮定。$y = W(x)$ は $y' + py = 0, y(x_0) = 0$ の解より $y = W(x) = 0$. このとき $\left(\frac{y_2}{y_1}\right)' = \frac{W(x)}{\{y_1(x)\}^2} = 0$ より $\frac{y_2}{y_1}$ は定数で y_1, y_2 の1次独立性に矛盾。よって $W(x)$ は非零。

コメント p, q は x の関数 $p(x), q(x)$ であっても, 本問題の結果は同様に成立する。

9.2 $y'' + y = 0$ の基本解を $y_1 = \cos x, y_2 = \sin x$ とする。このときロンスキー行列式 $W(x) = \cos^2 x + \sin^2 x = 1$. 特解の1つは $y = -x\cos x + \sin x \log|\sin x|$.

10.1 (a) $y = C_1 e^{-3x} + C_2 e^x + C_3 e^{2x}$.
(b) $y = C_1 e^{3x} + C_2 e^{-x} \cos \sqrt{5} x + C_3 e^{-x} \sin \sqrt{5} x$.

第 4 章問題解答

(c) $y = C_1 x^3 e^{-x} + C_2 x^2 e^{-x} + C_3 x e^{-x} + C_4 e^{-x}$.
(d) $y = C_1 e^{-2x} + C_2 e^{2x} + C_3 \cos x + C_4 \sin x$.

11.1 (a) $y = -\frac{1}{20} x e^{-2x} + C_1 e^{-2x} + C_2 e^{2x} + C_3 \cos x + C_4 \sin x$.
(b) $y = -\frac{1}{10} x \sin x + C_1 e^{-2x} + C_2 e^{2x} + C_3 \cos x + C_4 \sin x$.

演習問題（第 4 章）

1. (a) $y = C_1 e^{-3x} + C_2 e^{7x}$. (b) $y = C_1 e^{-x/\sqrt{3}} + C_2$. (c) $y = C_1 e^{-2x/3} + C_2 e^x$.
(d) $y = C_1 e^{(-3-2\sqrt{3})x} + C_2 e^{(-3+2\sqrt{3})x}$. (e) $y = C_1 x e^{3x/5} + C_2 e^{3x/5}$.
(f) $y = C_1 e^{x/2} \cos \frac{\sqrt{7}}{2} x + C_2 e^{x/2} \sin \frac{\sqrt{7}}{2} x$.

2. (a) $y = C_1 e^{-5x} + C_2 e^{3x}$. (b) $y = -\frac{1}{15} x - \frac{2}{225} + C_1 e^{-5x} + C_2 e^{3x}$.
(c) $y = \frac{1}{9} e^{4x} + C_1 e^{-5x} + C_2 e^{3x}$. (d) $y = \frac{1}{102}(-4\cos 3x + \sin 3x) + C_1 e^{-5x} + C_2 e^{3x}$.
(e) $y = -\frac{1}{40} e^x \cos 2x - \frac{1}{20} e^x \sin 2x + C_1 e^{-5x} + C_2 e^{3x}$.
(f) $y = -\frac{2}{3} \cos 3x + \frac{1}{6} \sin 3x + \frac{1}{3} e^{4x} + C_1 e^{-5x} + C_2 e^{3x}$.

3. (a) $y = \frac{1}{6} x^2 - \frac{1}{9} x + C_1 e^{-3x} + C_2$. (b) $y = \frac{1}{7} x e^{3x} + C_1 e^{-4x} + C_2 e^{3x}$.
(c) $y = \frac{1}{7} x e^x + C_1 e^{-5x/2} + C_2 e^x$. (d) $y = \frac{1}{8} x^2 e^{-x/2} + C_1 x e^{-x/2} + C_2 e^{-x/2}$.
(e) $y = -\frac{1}{4} x \cos 2x + C_1 \cos 2x + C_2 \sin 2x$.
(f) $y = \frac{1}{6} x e^{-x} \sin 3x + C_1 e^{-x} \cos 3x + C_2 e^{-x} \sin 3x$.

4. (a) $y = C_1 e^{-x} + C_2 e^{3x} + C_3 e^{5x}$. (b) $y = C_1 e^{2x} + C_2 e^{-2x} \cos 2x + C_3 e^{-2x} \sin 2x$.
(c) $y = C_1 + C_2 x e^{-2x} + C_3 e^{-2x} + C_4 e^{2x}$.
(d) $y = C_1 e^{-x} \cos x + C_2 e^{-x} \sin x + C_3 e^x \cos x + C_4 e^x \sin x$.

5. (a) $y = -\frac{1}{4} x - \frac{9}{16}$. (b) $y = -\frac{1}{2} e^{2x}$. (c) $y = -\frac{1}{6} x^2 e^x$.
(d) $y = \frac{1}{10} e^x (\cos x + 3 \sin x)$. (e) $y = \frac{1}{10} x e^x$. (f) $y = -\frac{1}{20} x \sin 2x$.

6. (a) $y = \frac{1}{2} x^2 e^{2x} \log x - \frac{3}{4} x^2 e^{2x}$. (b) $y = -\frac{1}{4} x^2 \cos x + \frac{1}{4} x \sin x$.
(c) $y = \cos 2x \log |\cos x| + x \sin 2x - \sin^2 x$.
(d) $y = \frac{1}{2}(-1 - e^{-x} \arctan e^x + e^x \arctan e^{-x})$.

7. (a) 例題 4.8(a) 同様,
(i) $\alpha^2 - \omega_0^2 > 0$ のとき $Q_h(t) = C_1 e^{(-\alpha + \sqrt{\alpha^2 - \omega_0^2})t} + C_2 e^{(-\alpha - \sqrt{\alpha^2 - \omega_0^2})t}$.
(ii) $\alpha^2 - \omega_0^2 = 0$ のとき $Q_h(t) = e^{-\alpha t}(C_1 + C_2 t)$.
(iii) $\alpha^2 - \omega_0^2 < 0$ のとき $Q_h(t) = C_1 e^{-\alpha t} \cos \omega_1 t + C_2 e^{-\alpha t} \sin \omega_1 t$ ($\omega_1 = \sqrt{\omega_0^2 - \alpha^2}$).
(b) $Q_p(t) = \dfrac{u_0}{\sqrt{(\omega_0^2 - \omega^2)^2 + 4\alpha^2 \omega^2}} \cos(\omega t - \delta_0)$, $\tan \delta_0 = \dfrac{2\alpha \omega}{\omega_0^2 - \omega^2}$.
(c) $V_C(\omega) = \dfrac{1}{C\sqrt{(\omega_0^2 - \omega^2)^2 + 4\alpha^2 \omega^2}} = \dfrac{1}{C\sqrt{(\omega^2 - \omega_0^2 + 2\alpha^2)^2 + 4\alpha^2(\omega_0^2 - \alpha^2)}}$.
よって $V_C(\omega)$ を最大にする $\omega = \omega_C^* = \sqrt{\omega_0^2 - 2\alpha^2} = \sqrt{\omega_1^2 - \alpha^2} = \sqrt{\dfrac{1}{LC} - \dfrac{R^2}{2L^2}}$.
(d) $U_R(t) = R\dot{Q}_p = RC\dot{U}_C(t)$ から $U_R(t)$ の振幅は $U_C(t)$ の振幅の $RC\omega$ 倍. よって $V_R(\omega) = RC \bigg/ \sqrt{\left(\dfrac{\omega_0^2}{\omega} - \omega\right)^2 + 4\alpha^2}$. これを最大にする $\omega = \omega_R^* = \omega_0 = \dfrac{1}{\sqrt{LC}}$.
(e) $U_L(t) = L\ddot{Q}_p = LC\ddot{U}_C(t)$ より $U_R(t)$ の振幅は $U_C(t)$ の振幅の $LC\omega^2$ 倍. よって $V_L(\omega) = LC \bigg/ \sqrt{\left(\dfrac{\omega_0^2}{\omega^2} - 1\right)^2 + 4\dfrac{\alpha^2}{\omega^2}}$. ここで $\sqrt{}$ の中身 $= \left(\dfrac{\omega_0^2}{\omega^2} - 1 + 2\dfrac{\alpha^2}{\omega_0^2}\right)^2 + \dfrac{4\alpha^2(\omega_0^2 - \alpha^2)}{\omega_0^4}$ であることに

注意すると, $V_L(\omega)$ を最大にする $\omega = \omega_L^* = \dfrac{\omega_0^2}{\sqrt{\omega_0^2 - 2\alpha^2}} = \dfrac{1}{\sqrt{LC - \dfrac{R^2C^2}{2}}}$.

(f) $\omega_1 = \sqrt{\omega_0^2 - \alpha^2} = \sqrt{\dfrac{1}{LC} - \dfrac{R^2}{4L^2}}$ および (c), (d), (e) の結果より $\omega_C^* < \omega_1 < \omega_R^* < \omega_L^*$.

第 5 章

1.1 (a) $y_1 = -C_1 e^{-2x} + 3C_2 e^{5x}$, $y_2 = 2C_1 e^{-2x} + C_2 e^{5x}$.
(b) $y_1 = C_1 e^{-4x} + 2C_2 e^{-3x}$, $y_2 = C_1 e^{-4x} + 3C_2 e^{-3x}$.

2.1 (a) $y_1 = 2C_1 e^{\sqrt{3}ix} + 2C_2 e^{-\sqrt{3}ix}$, $y_2 = (1+\sqrt{3}i)C_1 e^{\sqrt{3}ix} + (1-\sqrt{3}i)C_2 e^{-\sqrt{3}ix}$.
または $C_1 + C_2, i(C_1 - C_2)$ をそれぞれ C_1, C_2 とおいて,
$y_1 = 2C_1 \cos\sqrt{3}x + 2C_2 \sin\sqrt{3}x$, $y_2 = (C_1 + \sqrt{3}C_2)\cos\sqrt{3}x + (-\sqrt{3}C_1 + C_2)\sin\sqrt{3}x$.
(b) $y_1 = C_1 e^{(3+2i)x} + C_2 e^{(3-2i)x}$, $y_2 = (-1+i)C_1 e^{(3+2i)x} + (-1-i)C_2 e^{(3-2i)x}$.
または $C_1 + C_2, i(C_1 - C_2)$ をそれぞれ C_1, C_2 とおいて,
$y_1 = C_1 e^{3x} \cos 2x + C_2 e^{3x} \sin 2x$, $y_2 = (-C_1 + C_2)e^{3x}\cos 2x + (-C_1 - C_2)e^{3x}\sin 2x$.

3.1 (a) $y_1 = C_1 x e^{3x} + C_2 e^{3x}$, $y_2 = -C_1 x e^{3x} - (C_1 + C_2)e^{3x}$.
(b) $y_1 = 2C_1 x e^{-x} + (C_1 + 2C_2)e^{-x}$, $y_2 = C_1 x e^{-x} + C_2 e^{-x}$.

4.1 $y_1 = -e^x - xe^{2x} + e^{2x}$, $y_2 = xe^{2x}$, $y_3 = -e^x - 2xe^{2x} + 2e^{2x}$.

5.1 $y_1 = (x+1)e^x + C_1 e^x + C_2 e^{2x} + C_3 e^{3x}$, $y_2 = -e^x - C_2 e^{2x} - C_3 e^{3x}$,
$y_3 = -(x+1)e^x - C_1 e^x - C_2 e^{2x}$.

6.1 (a) $M(x) = \begin{bmatrix} \cosh ax & a^{-1}\sinh ax \\ a\sinh ax & \cosh ax \end{bmatrix}$. (b) $M(x) = \begin{bmatrix} \cos ax & a^{-1}\sin ax \\ -a\sin ax & \cos ax \end{bmatrix}$.

7.1 (a) 平衡点 $\begin{bmatrix} x_1 \\ x_2 \end{bmatrix} = \begin{bmatrix} 3 \\ 2 \end{bmatrix}$, 係数行列 $\begin{bmatrix} -2 & 3 \\ 3 & -4 \end{bmatrix}$ の固有値 $\lambda = -3 \pm \sqrt{10}$ より, 鞍点で不安定.

(b) $a \neq \frac{5}{2}$ のとき, 平衡点は $\begin{bmatrix} x_1 \\ x_2 \end{bmatrix} = \begin{bmatrix} 0 \\ 1 \end{bmatrix}$. 係数行列 $\begin{bmatrix} -5 & -2 \\ a & 1 \end{bmatrix}$ の固有方程式は $\lambda^2 + 4\lambda + (2a-5) = 0$ となるので, $a < \frac{5}{2}$ のとき平衡点は鞍点で不安定, $\frac{5}{2} < a < \frac{9}{2}$ のとき平衡点は結節点で漸近安定, $a = \frac{9}{2}$ のとき平衡点は退化結節点で漸近安定, $a > \frac{9}{2}$ のとき平衡点は渦状点で漸近安定.

$a = \frac{5}{2}$ のとき, 平衡点は直線 $\begin{bmatrix} x_1 \\ x_2 \end{bmatrix} = \begin{bmatrix} 2k \\ 1-5k \end{bmatrix}$ (k は任意) 上の任意の点で安定結節線.

8.1 平衡点は直線 $[x_1, x_2, x_3] = k[1,1,1]$ 上の任意の点. 係数行列の固有値は $-2, 0$ (重解). 固有値 0 の重複度 ($= 2$) が固有ベクトルの個数 ($= 1$) より大きいので平衡点は不安定. (一般解を書き下すと定数ベクトルの t 倍の項が現れるので, このことからも不安定であることがわかる.)

9.1 平衡点は $\begin{bmatrix} x_1 \\ x_2 \end{bmatrix} = \begin{bmatrix} -2 \\ 0 \end{bmatrix}, \begin{bmatrix} 1 \\ 3 \end{bmatrix}$, ヤコビ行列は $J_{\boldsymbol{v}}(\boldsymbol{x}) = \begin{bmatrix} -1 & 1 \\ -2x_1 & -1 \end{bmatrix}$.

(i) $[x_1, x_2] = [-2, 0]$ のとき $J_{\boldsymbol{v}}(\boldsymbol{x})$ の固有値は $-3, 1$. 平衡点は不安定 (鞍点).
(ii) $[x_1, x_2] = [1, 3]$ のとき $J_{\boldsymbol{v}}(\boldsymbol{x})$ の固有値は $-1 \pm \sqrt{2}i$. 平衡点は漸近安定 (渦状点).

演習問題（第 5 章）

1. (a) $y_1 = -e^{-2x} + 4e^{5x}$, $y_2 = -8e^{-2x} + 4e^{5x}$.
(b) $y_1 = 6xe^{-x} + e^{-x}$, $y_2 = 6xe^{-x} - e^{-x}$.
(c) $y_1 = \frac{1}{\sqrt{2}}\left(e^{(3+\sqrt{2})x} - e^{(3-\sqrt{2})x}\right)$, $y_2 = -(\sqrt{2}-1)e^{(3+\sqrt{2})x} + (\sqrt{2}+1)e^{(3-\sqrt{2})x}$.
(d) $y_1 = 2\cos\sqrt{2}\,x - \sqrt{2}\sin\sqrt{2}\,x$, $y_2 = \cos\sqrt{2}\,x + \sqrt{2}\sin\sqrt{2}\,x$.
(e) $y_1 = -2e^x + 7e^{2x}$, $y_2 = -7e^{-x} - e^x + 7e^{2x}$, $y_3 = \frac{14}{3}(e^{-x} - e^{2x})$.
(f) $y_1 = 2e^{3x} - \cos x - 5\sin x$, $y_2 = -2e^{3x} + 3\cos x + 2\sin x$, $y_3 = \cos x + 5\sin x$.
(g) $y_1 = 2xe^{2x} + e^{2x}$, $y_2 = -2e^x - 2xe^{2x} + e^{2x}$, $y_3 = 2e^x - 2xe^{2x} - e^{2x}$.
(h) $y_1 = 1 - e^{4x}$, $y_2 = 1 - 2e^{2x} + e^{4x}$, $y_3 = 1 - e^{4x}$, $y_4 = 1 + 2e^{2x} + e^{4x}$.

2. (a) $y_1 = \frac{5}{8}e^{-x} + \frac{1}{20}e^{2x} + 5C_1 e^{-2x} + C_2 e^{7x}$, $y_2 = \frac{3}{8}e^{-x} + \frac{1}{5}e^{2x} + 4C_1 e^{-2x} - C_2 e^{7x}$.
(b) $y_1 = \frac{1}{3}\sin 2x + C_1 e^{ix} + C_2 e^{-ix}$, $y_2 = -\frac{1}{3}\cos 2x + iC_1 e^{ix} - iC_2 e^{-ix}$.
または $y_1 = \frac{1}{3}\sin 2x + C_1 \cos x + C_2 \sin x$, $y_2 = -\frac{1}{3}\cos 2x + C_2 \cos x - C_1 \sin x$.
(c) $y_1 = \frac{1}{4}e^{-x} - xe^{-x} + C_1 e^{-4x} + 2C_2 e^x + 2C_3 e^{3x}$, $y_2 = \frac{1}{8}e^{-x} - \frac{1}{2}xe^x - 3C_1 e^{-4x} + C_2 e^x + C_3 e^{3x}$,
$y_3 = -\frac{3}{4}e^{-x} + 2xe^x - \frac{1}{2}e^x + 6C_1 e^{-4x} - 4C_2 e^x - 2C_3 e^{3x}$.

3. (a) 平衡点は $[0,0]^T$, 固有値は $1 \pm 2i$ より不安定（渦状点）.
(b) 平衡点は $[-2,-1]^T$, 固有値は -2（重解）より漸近安定（退化結節点）.
(c) 平衡点は $[0,0,0]^T$, 固有値は $-5, -1, 2$ より不安定.
(d) 平衡点は $[0,0,0]^T$, 固有値は $-1, \pm i$ より安定.
(e) 平衡点は平面 $x_1 - 2x_2 - x_3 = 0$ 上の任意の点, 固有値は $-1, 0$（重解）より安定.
(f) 平衡点は直線 $[x_1, x_2, x_3]^T = k[1,1,1]^T$ 上の任意の点, 固有値は $-3, -1, 0$ より安定.

4. 平衡点は $[x_1, x_2]^T = \boldsymbol{a}_n := [n\pi, 0]^T$ (n は整数).
ヤコビ行列は $J_{\boldsymbol{v}}(\boldsymbol{x}) = \begin{bmatrix} 0 & 1 \\ -\omega^2 \cos x_1 & -\alpha \end{bmatrix}$ より, $J_{\boldsymbol{v}}(\boldsymbol{a}_n) = \begin{bmatrix} 0 & 1 \\ (-1)^{n+1}\omega^2 & -\alpha \end{bmatrix}$ である.
$n = 2k$ (k は整数) のとき $J_{\boldsymbol{v}}(\boldsymbol{a}_{2k})$ の固有値は $\frac{-\alpha \pm \sqrt{\alpha^2 - 4\omega^2}}{2}$ より平衡点 $\boldsymbol{a}_{2k} = [2k\pi, 0]^T$ は漸近安定. $n = 2k+1$ (k は整数) のとき $J_{\boldsymbol{v}}(\boldsymbol{a}_{2k+1})$ の固有値は $\frac{-\alpha \pm \sqrt{\alpha^2 + 4\omega^2}}{2}$ より平衡点 $\boldsymbol{a}_{2k+1} = [(2k+1)\pi, 0]^T$ は不安定.

第 6 章

1.1 (a) $y = C_1 e^{-\sqrt{2}x} + C_2 e^{\sqrt{2}x} + C_3 \cos x + C_4 \sin x$.
(b) $y = (C_1 x^3 + C_2 x^2 + C_3 x + C_4)e^{-2x} + (C_5 x^3 + C_6 x^2 + C_7 x + C_8)e^{2x}$.

2.1 (a) $y = -\frac{1}{18}e^{-x}$. (b) $y = \mathrm{Re}\,\frac{1}{(D-1)(D-2)^2}e^{(1+2i)x} = \frac{1}{50}e^x(4\cos 2x - 3\sin 2x)$.
(c) $y = \mathrm{Im}\,\frac{1}{(D-1)(D-2)^2}e^{(1+2i)x} = \frac{1}{50}e^x(3\cos 2x + 4\sin 2x)$.

3.1 (a) $y = \frac{1}{48}x^4 e^x$. (b) $y = \mathrm{Re}\,\frac{1}{(D-2-i)^2}\frac{1}{(D-2+i)^2}e^{(2+i)x} = -\frac{1}{8}x^2 e^{2x}\cos x$.

4.1 (a) $y = -\frac{1}{4}x + \frac{3}{16}$. (b) $y = -x^2 - 2x$. (c) $y = -x^3 - 6x$. (d) $y = x^3 - 8x^2$.

5.1 (a) $y = e^{-2x}\frac{1}{(D+3)(D+1)(D-1)}x = -\frac{1}{3}xe^{-2x} + \frac{1}{9}e^{-2x}$.
(b) $y = e^{2x}\frac{1}{D^2}\frac{1}{3+D}x^2 = \frac{1}{36}x^4 e^{2x} - \frac{1}{27}x^3 e^{2x} + \frac{1}{27}x^2 e^{2x}$.
(c) $y = e^{-3x}\frac{1}{(D+1)^2(D-2)}\cos 2x = -\frac{1}{100}e^{-3x}(\cos 2x + 7\sin 2x)$.

6.1 (a) (1): $(D-1)y_1 - 7y_2 = 0$, (2): $y_1 + (D-9)y_2 = 0$ と書ける. $(D-1) \times (2) - (1)$ より $(D-2)(D-8)y_2 = 0$. 一般解は $y_1 = 7C_1 e^{2x} + C_2 e^{8x}$, $y_2 = C_1 e^{2x} + C_2 e^{8x}$.
(b) 1式目を積分して (1): $Dy_1 - y_2 = e^x + C_1$, (2): $(D-4)y_1 + (D-1)y_2 = 0$ と書ける. $(D-1) \times (1) + (2)$ より $(D+2)(D-2)y_1 = -C_1$. 一般解は $y_1 = \frac{C_1}{4} + C_2 e^{-2x} + C_3 e^{2x}$, $y_2 = -e^x - C_1 - 2C_2 e^{-2x} + 2C_3 e^{2x}$.

7.1 $\omega_0 = \sqrt{g/l}$, $D = d/dt$ として (1): $(D^2 + 2\omega_0^2)\theta_1 - \omega_0^2 \theta_2 = 0$, (2): $2\omega_0^2 \theta_1 - (D^2 + 2\omega_0^2)\theta_2 = 0$. $(D^2 + 2\omega_0^2) \times (1) - \omega_0^2 \times (2)$ より $(D^2 + (2+\sqrt{2})\omega_0^2)(D^2 + (2-\sqrt{2})\omega_0^2)\theta_1 = 0$. $\omega_\pm := \sqrt{2 \pm \sqrt{2}} \omega_0$ として $\theta_1 = C_1 \cos(\omega_+ t) + C_2 \sin(\omega_+ t) + C_3 \cos(\omega_- t) + C_4 \sin(\omega_- t)$, $\theta_2 = -\sqrt{2} C_1 \cos(\omega_+ t) - \sqrt{2} C_2 \sin(\omega_+ t) + \sqrt{2} C_3 \cos(\omega_- t) + \sqrt{2} C_4 \sin(\omega_- t)$.

8.1 (a) $\int_0^\infty x e^{-(s-a)x} dx = \left[-x \frac{e^{-(s-a)x}}{s-a}\right]_{x=0}^{x=\infty} + \int_0^\infty \frac{e^{-(s-a)x}}{s-a} dx = \frac{1}{(s-a)^2}$.
(b) $\int_0^\infty \theta(x-a) e^{-sx} dx = \int_a^\infty e^{-sx} dx = [-e^{-sx}/s]_a^\infty = e^{-as}/s$.

9.1 (a) $\int_0^\infty f(ax) e^{-sx} dx = \frac{1}{a} \int_0^\infty f(y) e^{-sy/a} dy = \frac{1}{a} F(s/a)$.
(b) $\int_0^\infty \left(\int_0^x f(t) dt\right) e^{-sx} dx = \left[-\frac{e^{-sx}}{s} \int_0^x f(t) dt\right]_{x=0}^{x=\infty} + \frac{1}{s} \int_0^\infty f(x) e^{-sx} dx = F(s)/s$.
(c) $\int_0^\infty \int_0^x f(x-y) g(y) e^{-sx} dy dx = \int_0^\infty g(y) e^{-sy} \left(\int_y^\infty f(x-y) e^{-s(x-y)} dx\right) dy$
$= \int_0^\infty g(y) e^{-sy} \left(\int_0^\infty f(x) e^{-sx} dx\right) dy = F(s) G(s)$.

10.1 (a) $\mathcal{L}^{-1}\left\{\frac{1}{4s} - \frac{1}{4(s-2)} + \frac{1}{2(s-2)^2}\right\} = \frac{1}{4} - \frac{1}{4} e^{2x} + \frac{1}{2} x e^{2x}$.
(b) $\mathcal{L}^{-1}\left\{\frac{1}{10(s+3)} + \frac{3-s}{10(s^2+1)}\right\} = \frac{1}{10} e^{-3x} - \frac{1}{10} \cos x + \frac{3}{10} \sin x$.

11.1 (a) ラプラス変換して $Y(s) = \frac{1}{s^4 - 5s^2 + 4} = -\frac{1}{12(s+2)} + \frac{1}{6(s+1)} - \frac{1}{6(s-1)} + \frac{1}{12(s-2)}$. ラプラス逆変換して, $y = \frac{1}{12}(e^{2x} - e^{-2x}) - \frac{1}{6}(e^x - e^{-x}) = \frac{1}{6} \sinh 2x - \frac{1}{3} \sinh x$.
(b) ラプラス変換して (1): $sY_1(s) = 2Y_1(s) + Y_2(s) + \frac{1}{s-1}$, (2): $sY_2(s) - 1 = -Y_1(s) + 4Y_2(s)$ より $Y_1(s) = -\frac{3}{4(s-1)} + \frac{3}{4(s-3)} + \frac{1}{2(s-3)^2}$, $Y_2(s) = -\frac{1}{4(s-1)} + \frac{5}{4(s-3)} + \frac{1}{2(s-3)^2}$. ラプラス逆変換して, $y_1 = -\frac{3}{4} e^x + \frac{1}{2} x e^{3x} + \frac{3}{4} e^{3x}$, $y_2 = -\frac{1}{4} e^x + \frac{1}{2} x e^{3x} + \frac{5}{4} e^{3x}$.

演習問題（第6章）

1. (a) $y = C_1 e^{-3x} + (C_2 x + C_3) e^x$. (b) $y = C_1 e^{-x} + C_2 \cos x + C_3 \sin x$. (c) $y = (C_1 x^2 + C_2 x + C_3) e^x + (C_4 x^2 + C_5 x + C_6) e^{-\frac{x}{2}} \cos \frac{\sqrt{3}}{2} x + (C_7 x^2 + C_8 x + C_9) e^{-\frac{x}{2}} \sin \frac{\sqrt{3}}{2} x$.
(d) $y = (C_1 x + C_2) e^{-x} \cos x + (C_3 x + C_4) e^{-x} \sin x + (C_5 x + C_6) e^x \cos x + (C_7 x + C_8) e^x \sin x$.

2. (a) $y = \frac{1}{81} e^x$. (b) $y = \frac{1}{72} x^2 (e^{-2x} + e^{4x})$.
(c) $y = \text{Re} \frac{1}{(D+2)^2 (D-4)^2} e^{2ix} = \frac{1}{800}(4 \cos 2x + 3 \sin 2x)$.
(d) $y = \text{Im} \frac{1}{(D+2)^2 (D-4)^2} e^{(1+3i)x} = \frac{1}{324} e^x \sin 3x$.
(e) $y = \text{Re} \frac{1}{D-i} \frac{1}{(D+i)(D^2-1)} e^{ix} = -\frac{1}{4} x \sin x$.
(f) $y = \text{Im} \frac{1}{(D^2 + 6D + 10)^3} e^{(-3+i)x} = \frac{1}{48} x^3 e^{-3x} \cos x$. (g) $y = -x^2 - 2x$.
(h) $y = x^2 + x + 9$. (i) $y = e^x \frac{1}{D^2}(1+x^2)^{-1} = e^x (x \arctan x - \frac{1}{2} \log(1+x^2))$.
(j) $y = e^{-3x} \frac{1}{D^2} \log x = e^{-3x}(-\frac{3}{4} x^2 + \frac{1}{2} x^2 \log x)$.

3. (a) ラプラス変換して $Y(s) = \frac{1}{8(s-1)^2} + \frac{13}{32(s-1)} - \frac{3}{8(s+1)} - \frac{1}{32(s+3)}$.

ラプラス逆変換して $y = \frac{1}{8}xe^x + \frac{13}{32}e^x - \frac{3}{8}e^{-x} - \frac{1}{32}e^{-3x}$.
(b) ラプラス変換して $Y(s) = \frac{s+1}{s(s^4+4)} = \frac{1}{4s} - \frac{2(s-1)-1}{8(s^2-2s+2)} + \frac{1}{8(s^2+2s+2)}$.
ラプラス逆変換して $y = \frac{1}{4} - \frac{1}{4}e^x \cos x + \frac{1}{8}e^x \sin x + \frac{1}{8}e^{-x} \sin x$.
(c) ラプラス変換して $(s-3)Y_1(s) - 4Y_2(s) = 0$, $-4Y_1(s) + (s+3)Y_2(s) = \frac{25}{s^2}$.
これを解いて $Y_1(s) = -\frac{4}{s^2} - \frac{1}{5(s+5)} + \frac{2}{5(s-5)}$, $Y_2(s) = \frac{3}{s^2} - \frac{1}{s} + \frac{4}{5(s+5)} + \frac{1}{5(s-5)}$.
ラプラス逆変換して $y_1 = -4x - \frac{2}{5}e^{-5x} + \frac{2}{5}e^{5x}$, $y_2 = 3x - 1 + \frac{4}{5}e^{-5x} + \frac{1}{5}e^{5x}$.
(d) ラプラス変換して $sY_1(s) - Y_2(s) - Y_3(s) = 1$, $-Y_1(s) + sY_2(s) - Y_3(s) = 0$,
$-Y_1(s) - Y_2(s) + sY_3(s) = 0$. これを解いて $Y_1(s) = \frac{2}{3(s+1)} + \frac{1}{3(s-2)}$, $Y_2(s) = Y_3(s) = -\frac{1}{3(s+1)} + \frac{1}{3(s-2)}$. ラプラス逆変換して $y_1 = \frac{2}{3}e^{-x} + \frac{1}{3}e^{2x}$, $y_2 = y_3 = -\frac{1}{3}e^{-x} + \frac{1}{3}e^{2x}$.
4. ラプラス変換して, $ms^2 X(s) + eHsY(s) = 0$, $-eHsX(s) + ms^2 Y(s) = -eE/s$. これを解いて, $X(s) = \frac{e^2 HE}{s^2(m^2 s^2 + e^2 H^2)}$, $Y(s) = \frac{-meE}{s(m^2 s^2 + e^2 H^2)}$. ラプラス逆変換して $x(t) = \frac{E}{H}t - \frac{mE}{eH^2}\sin\frac{eH}{m}t$, $y(t) = -\frac{mE}{eH^2}(1 - \cos\frac{eH}{m}t)$ (電子はサイクロイドを描く).
5. (a) $\int_a^b \delta_\varepsilon(t) f(t) dt = \frac{1}{\varepsilon}\int_0^\varepsilon f(t)dt$ ⋯ (*). 積分の平均値の定理より $\xi \in (0, \varepsilon)$ が存在して, (*) $= f(\xi)$. あとは極限 $\varepsilon \to 0$ を取ればよい. (b) $\mathcal{L}\{\delta_\varepsilon(t)\} = \frac{1-e^{-\varepsilon s}}{\varepsilon s}$ より $\lim_{\varepsilon \to 0} \mathcal{L}\{\delta_\varepsilon(t)\} = 1$.
(c) ラプラス変換して $Y(s) = \frac{1-e^{-\varepsilon s}}{\varepsilon s(s^2+1)}$. $y(t) = \mathcal{L}^{-1}\{Y(s)\} = \frac{1-\cos t - (1-\cos(t-\varepsilon))\theta(t-\varepsilon)}{\varepsilon} = \frac{1-\cos t}{\varepsilon}$ $(0 < t < \varepsilon)$, $\frac{\cos(t-\varepsilon) - \cos t}{\varepsilon}$ $(\varepsilon < t)$. これから $\lim_{\varepsilon \to 0} y(t) = \sin t$.
(d) (7) のラプラス変換をとって $Y(s) = \frac{e^{-as}}{s^2+1}$. ラプラス逆変換して $y(t) = \theta(t-a)\sin(t-a)$. また $y_i(t) := \lim_{a \to 0} y(t) = \theta(t)\sin t$ より, これは (c) の結果に一致する.
(8) もラプラス変換を用いて, $y = \mathcal{L}^{-1}\{Y_i(s)F(s)\} = y_i * f(t) = \int_0^t y_i(t-\tau)f(\tau)d\tau$. 一般に $P(D) := D^n + p_1 D^{n-1} + \cdots + p_n$, $D = d/dt$ として, 定数係数線形常微分方程式の初期値問題 $P(D)y = f(t), y^{(j)}(0) = 0$ $(0 \leqq j \leqq n-1)$ の解は $P(D)y = \delta(t), y^{(j)}(0) = 0$ $(0 \leqq j \leqq n-1)$ の解を $y = y_i(t)$ として, 合成積 $y = y_i * f(t)$ の形に書ける.

第 7 章

1.1 (a) $y = \frac{C_1 \log x}{x} + \frac{C_2}{x}$. (b) $y = \frac{1}{9}x^2 + \frac{C_1 \log x}{x} + \frac{C_2}{x}$.
(c) $y = \frac{1}{2x}(\log x)^2 + \frac{C_1 \log x}{x} + \frac{C_2}{x}$. (d) $y = \frac{C_1 \log x}{x} + \frac{C_2}{x} + C_3 x$.
2.1 $y = u(x)\sin x$ とおいて $\sin^2 x(u'' \sin x - 2u' \cos x) = 0$. $u' = C_1 \sin^2 x$. 積分して $u = C_1(x - \sin x \cos x) + C_2$. $y = u(x)\sin x = C_1(x - \sin x \cos x)\sin x + C_2 \sin x$.
3.1 $y = \sum_{n=0}^\infty A_n x^n$ とおく. (a) $A_0 = 1$, $(n+a)A_n + (n+1)A_{n+1} = 0$ より $A_n = (-1)^n \binom{n+a-1}{n} = \binom{-a}{n}$. よって $y = \sum_{n=0}^\infty \binom{-a}{n} x^n = (1+x)^{-a}$. 収束半径は 1. (b) $A_0 = 1$, $(n+1)A_{n+1} = \sum_{k=0}^n A_k A_{n-k}$ より $A_n = 1$. よって $y = \sum_{n=0}^\infty x^n = \frac{1}{1-x}$. 収束半径は 1.
4.1 $y = \sum_{n=0}^\infty A_n x^n$ とおく. $A_0 = 1, A_1 = 0$, $(n+1)(n+2)A_{n+2} - (n+1)A_n = 0$. よって $A_{2n} = \frac{1}{(2n)!!} = \frac{1}{2^n n!}$, $A_{2n+1} = 0$. $y = \sum_{n=0}^\infty \frac{1}{n!}\left(\frac{x^2}{2}\right)^n = \exp\left(\frac{x^2}{2}\right)$.
5.1 $x + 1 = t$ とおいて $(t-1)\frac{d^2 y}{dt^2} - t\frac{dy}{dt} - y = 0$. $y = \sum_{n=0}^\infty A_n t^n$ を代入, 係数を比較して $-(n+1)\{(n+2)A_{n+2} - nA_{n+1} + A_n\} = 0$. これから $A_2 = -\frac{1}{2}A_0$, $A_3 = -\frac{1}{6}A_0 - \frac{1}{3}A_1$, $A_4 = \frac{1}{24}A_0 - \frac{1}{6}A_1$, $A_5 = \frac{7}{120}A_0 - \frac{1}{30}A_1, \cdots$.
(a) $A_0 = 1, A_1 = 0$ より $y = 1 - \frac{1}{2}(x+1)^2 - \frac{1}{6}(x+1)^3 + \frac{1}{24}(x+1)^4 + \frac{7}{120}(x+1)^5 + \cdots$.
(b) $A_0 = 0, A_1 = 1$ より $y = x + 1 - \frac{1}{3}(x+1)^3 - \frac{1}{6}(x+1)^4 - \frac{1}{30}(x+1)^5 + \cdots$.

204　　　　　　　　　　　　　問 題 解 答

6.1　$y = \sum_{n=0}^{\infty} A_n x^{n+r}$ を代入，係数を比較して (1): $(3r-1)A_0 = 0$, (2): $(3n+3r-1)A_n - 3A_{n-1} = 0$ $(n \geq 1)$. (1) より $r = \frac{1}{3}$. (2) より $A_n = \frac{A_0}{n!}$. 一般解は $y = A_0 \sqrt[3]{x} e^x$.

7.1　$y = \sum_{n=0}^{\infty} A_n x^{n+r}$ を代入，係数を比較して (1): $(2r(r-1)+r-1)A_0 = 0$, (2): $(2n+2r+1)(n+r-1)A_n + A_{n-1} = 0$ $(n \geq 1)$. (1) から決定方程式を解いて $r = 1, -\frac{1}{2}$.
(i)　$r = 1$ のとき (2) より $A_n = \frac{(-1)^n 3}{n!(2n+3)!!} A_0$. 基本解は $y_1(x) = \sum_{n=0}^{\infty} \frac{(-1)^n}{n!(2n+3)!!} x^{n+1}$.
(ii)　$r = -\frac{1}{2}$ のとき (2) より $A_1 = A_0, A_n = \frac{(-1)^{n-1}}{n!(2n-3)!!} A_0$ $(n \geq 2)$.
基本解は $y_2(x) = x^{-1/2} + x^{1/2} + \sum_{n=2}^{\infty} \frac{(-1)^{n-1}}{n!(2n-3)!!} x^{n-1/2}$. (i), (ii) より 一般解は
$$y = A_0 \sum_{n=0}^{\infty} \frac{(-1)^n}{n!(2n+3)!!} x^{n+1} + A_1 \left(x^{-1/2} + x^{1/2} + \sum_{n=2}^{\infty} \frac{(-1)^{n-1}}{n!(2n-3)!!} x^{n-1/2} \right).$$

8.1　$y = \sum_{n=0}^{\infty} A_n x^{n+r}$ を代入して (1): $r^2 A_0 = 0$, (2): $(n+r+1)^2 (A_{n+1}+A_n) = 0$. 決定方程式 (1) から $r = 0$（重解）. (2) から $A_n = (-1)^n A_0$. 基本解の 1 つは $y_1(x) = \frac{1}{1+x}$. もう 1 つの基本解は定数変化法を用いる. $y_2 = u y_1$ とおいて, 代入整理すると, $xu'' + u' = 0$ を得る. これからもう 1 つの基本解は $y_2(x) = u(x) y_1(x) = \frac{\log x}{1+x}$. 一般解は $y = \frac{C_1}{1+x} + \frac{C_2 \log x}{1+x}$.

9.1　$y = \sum_{n=0}^{\infty} A_n x^{n+r}$ を代入して (1): $(r+1)(r-1)A_0 = 0$, (2): $(n+r)\{(n+r+2)A_{n+1} + A_n\} = 0$. 決定方程式 (1) から $r = \pm 1$. (i)　$r = 1$ のとき (2) より $A_n = \frac{(-1)^n 2}{(n+2)!} A_0$. ゆえに $y_1(x) = \sum_{n=0}^{\infty} \frac{(-1)^n}{(n+2)!} x^{n+1} = \frac{e^{-x}+x-1}{x}$. (ii)　$r = -1$ のとき (2) より $(n-1)((n+1)A_{n+1}+A_n) = 0$. ゆえに $A_1 = -A_0, A_{n+2} = \frac{2}{(n+2)!} A_2$ $(n \geq 0)$. $A_2 = 0$ にとると基本解 $y_2(x) = 1 - \frac{1}{x}$. (i), (ii) および $y_1(x) = \frac{1}{xe^x} + y_2(x)$ に注意して一般解は $y = \frac{C_1}{xe^x} + C_2(1 - \frac{1}{x})$.

演習問題（第 7 章）

1.　(a)　$y = ue^{-x}$ として $xu'' - (x-1)u' = 0$. $u' = C_1 \frac{e^x}{x}$. 一般解は $y = C_1 e^{-x} \int \frac{e^x}{x} dx + C_2 e^{-x}$. 　(b)　$y = u \tan x$ として $\cos x \sin x u'' + 2(1+\sin^2 x) u' = 0$. $u' = C_1 \frac{\cos^4 x}{\sin^2 x}$, $u = -C_1 (\cot x + \frac{3}{2}x + \frac{1}{4} \sin 2x) + C_2$. 一般解は $y = C_1(1 + \frac{3}{2}x \tan x + \frac{1}{2} \sin^2 x) + C_2 \tan x$.

2.　(a)　$y = C_1 x + C_2 x^{2/3}$. 　(b)　$y = C_1 x^3 \cos(\sqrt{3} \log x) + C_2 x^3 \sin(\sqrt{3} \log x)$.
(c)　$y = C_1 x^2 \log x + C_2 x^2$. 　(d)　$y = \frac{1+\log x}{4} + C_1 x^2 \log x + C_2 x^2$.
(e)　$y = x + C_1 x^2 \log x + C_2 x^2$. 　(f)　$y = \frac{1}{2} x^2 (\log x)^2 + C_1 x^2 \log x + C_2 x^2$.
(g)　$y = 2\sqrt{x} + \frac{C_1}{\sqrt{x}} + C_2 x + C_3 x \log x$. 　(h)　$y = \frac{x(\log x)^2}{6} + \frac{C_1}{\sqrt{x}} + C_2 x + C_3 x \log x$.

3.　整級数解 $y = \sum_{n=0}^{\infty} A_n x^n$ を代入する. 　(a)　$y = 1 - x + \frac{1}{2}x^2 - \frac{1}{2}x^3 + \cdots$.
(b)　$y = -x + \frac{1}{3}x^3 - \frac{2}{15}x^5 + \frac{17}{315}x^7 - \cdots$. 　(c)　$y = 1 - \frac{1}{6}x^3 + \frac{1}{180}x^6 - \frac{1}{12960}x^9 + \cdots$.

4.　$x = 0$ は確定特異点なので, $y = \sum_{n=0}^{\infty} A_n x^{n+r}$ $(A_0 \neq 0)$ を代入して係数を比較する.
(a)　$(r+1)A_0 = 0, (r+2)A_1 = 0, (n+r+3)A_{n+2} + A_n = 0$ より, $r = -1, A_{2n+1} = 0, A_{2n} = \frac{(-1)^n}{(2n)!!} A_0$ より $y = A_0 \sum_{n=0}^{\infty} \frac{(-1)^n}{(2n)!!} x^{2n-1} = \frac{A_0}{x \exp(x^2/2)}$.
(b)　(1): $(2r(r-1)+r-1)A_0 = 0$, (2): $(n+r)\{(2n+2r+3)A_{n+1} - 2A_n\} = 0$ $(n \geq 0)$ を得る. 決定方程式 (1) より $r = 1, -\frac{1}{2}$. (i)　$r = 1$ のとき (2) より $A_{n+1} = \frac{2}{2n+5} A_n$ を解いて基本解 $y_1(x) = \sum_{n=0}^{\infty} \frac{2^n}{(2n+3)!!} x^{n+1}$ を得る. (ii)　$r = -\frac{1}{2}$ のとき (2) より $A_{n+1} = \frac{1}{n+1} A_n$ を解いて $y_2(x) = \sum_{n=0}^{\infty} \frac{1}{n!} x^{n-\frac{1}{2}} = \frac{e^x}{\sqrt{x}}$. 一般解は $y = C_1 \sum_{n=0}^{\infty} \frac{2^n}{(2n+3)!!} x^{n+1} + C_2 \frac{e^x}{\sqrt{x}}$.
(c)　(1): $(3r-2)(3r+1)A_0 = 0$, (2): $(3r+1)(3r+4)A_1 = 0$, (3): $(3n+3r+7)(3n+3r+4)A_{n+2} + 9A_n = 0$. (1), (2) より $r = -1/3$ にとれば A_0, A_1 は任意にとれる. (3) を解いて $A_{2n} = \frac{(-1)^n}{(2n)!} A_0, A_{2n+1} = \frac{(-1)^n}{(2n+1)!} A_1$. 一般解は $y = C_1 \frac{\cos x}{\sqrt[3]{x}} + C_2 \frac{\sin x}{\sqrt[3]{x}}$.

第 8 章問題解答

(d) (1): $A_0(2r-1)^2=0$, (2): $A_1(2r+1)^2=0$, (3): $(2n+2r+3)^2 A_{n+2}+4A_n=0\ (n\geqq 0)$.
(1) から決定方程式 $(2r-1)^2=0$ を解いて $r=1/2$ (重解).
(i) $r=1/2$ のとき (2) より $A_1=0$, (3) より $A_{2n}=\frac{(-1)^n}{2^{2n}(n!)^2}A_0$, $A_{2n+1}=0$.
基本解の 1 つは $y_1(x)=\sum_{n=0}^{\infty}\frac{(-1)^n}{2^{2n}(n!)^2}x^{2n+1/2}$.
(ii) もう 1 つの基本解を $y_2(x)=y_1(x)\log|x|+\sum_{n=0}^{\infty}B_n x^{n+1/2}$ として，元の微分方程式に代入すると $B_{2n+1}=0$, $B_{2n}=-\frac{(-1)^n}{2^{2n}(n!)^2}\sum_{k=1}^{n}\frac{1}{k}$ (ここで $B_0=0$ とおいた).
よってもう 1 つの基本解は $y_2(x)=y_1(x)\log|x|-\sum_{n=1}^{\infty}\frac{(-1)^n}{2^{2n}(n!)^2}\left(\sum_{k=1}^{n}\frac{1}{k}\right)x^{2n+1/2}$.
(i), (ii) より一般解は $y=C_1 y_1(x)+C_2 y_2(x)$.

5. (a) $(*)$ の左辺に $y'=\mu(1-x^2)^{-1/2}\cos(\mu\arcsin x)$ および
$y''=\mu x(1-x^2)^{-3/2}\cos(\mu\arcsin x)-\mu^2(1-x^2)^{-1}\sin(\mu\arcsin x)$ を代入すれば 0.
(b) $(*)$ の整級数解 $y=\sum_{n=0}^{\infty}A_n x^n$ を初期条件 $y(0)=0, y'(0)=\mu$ の下で求める.
$y(x)=\sum_{n=0}^{\infty}(-1)^n\frac{\mu(\mu^2-1)(\mu^2-3^2)\cdots(\mu^2-(2n-1)^2)}{(2n+1)!}x^{2n+1}$.

6. (a) $\frac{dy}{dx}=-\xi^2\frac{dy}{d\xi}$, $\left(\frac{d}{dx}\right)^2 y=\xi^4\frac{d^2 y}{d\xi^2}+2\xi^3\frac{dy}{d\xi}$ より $(*)\Leftrightarrow \xi\frac{d^2 y}{d\xi^2}+2\frac{dy}{d\xi}+\xi y=0$.
(b) $\xi=0\ (x=\infty)$ は確定特異点より $y=\sum_{n=0}^{\infty}A_n\xi^{n+r}$ を代入して，(1): $r(r+1)A_0=0$,
(2): $(r+1)(r+2)A_1=0$, (3): $A_n+(n+r+2)(n+r+3)A_{n+2}=0\ (n\geqq 0)$. $r=-1$ とおくと, (1), (2) より A_0, A_1 は任意. (3) より $A_{2n}=(-1)^n A_0/(2n)!$, $A_{2n+1}=(-1)^n A_1/(2n+1)!$.
よって一般解は $y=C_1\frac{\cos\xi}{\xi}+C_2\frac{\sin\xi}{\xi}=C_1 x\cos\frac{1}{x}+C_2 x\sin\frac{1}{x}$.

第 8 章

1.1 $x=0$ は正則点. $y=\sum_{k=0}^{\infty}A_k x^k$ を代入, 係数を比較して $A_{k+2}=-\frac{n^2-k^2}{(k+1)(k+2)}A_k$.
$A_{2k}=\frac{(-1)^k n^2(n^2-2^2)\cdots(n^2-(2k-2)^2)}{(2k)!}A_0$, $A_{2k+1}=\frac{(-1)^k(n^2-1)(n^2-3)\cdots(n^2-(2k-1)^2)}{(2k+1)!}A_1$.
一般解は $(*)$: $y=A_0 y_0(x)+A_1 y_1(x)$,
$y_0(x)=1-\frac{n^2}{1\cdot 2}x^2+\frac{n^2(n^2-2^2)}{1\cdot 2\cdot 3\cdot 4}x^4-\cdots+\frac{(-1)^k n^2(n^2-2^2)\cdots(n^2-(2k-2)^2)}{(2k)!}x^{2k}+\cdots$,
$y_1(x)=x-\frac{n^2-1}{2\cdot 3}x^3+\frac{(n^2-1)(n^2-3^2)}{2\cdot 3\cdot 4\cdot 5}x^5-\cdots+\frac{(-1)^k(n^2-1)(n^2-3^2)\cdots(n^2-(2k-1)^2)}{(2k+1)!}x^{2k+1}+\cdots$.
以後 m を非負の整数として, (i) $n=2m$ のとき, $y=y_0(x)$ は $n(=2m)$ 次多項式.
(ii) $n=2m+1$ のとき, $y=y_1(x)$ は $n(=2m+1)$ 次多項式である.

コメント $n=2m$ のとき $T_{2m}(x)=(-1)^m y_0(x)$, $n=2m+1$ のとき $T_{2m+1}(x)=(-1)^m(2m+1)y_1(x)$ とおいて, n 次多項式 $T_n(x)$ をチェビシェフ多項式と呼ぶ. 低次のチェビシェフ多項式の具体形は次の通りである. $T_0(x)=1$, $T_1(x)=x$, $T_2(x)=2x^2-1$, $T_3(x)=4x^3-3x$, $T_4(x)=8x^4-8x^2+1,\cdots$. またチェビシェフ多項式は n 倍角の公式 $T_n(\cos\theta)=\cos n\theta \Leftrightarrow T_n(x)=\cos(n\arccos x)$ によっても定義できる. 同様に $\frac{\sin((n+1)\theta)}{\sin\theta}\ (n=0,1,2,\cdots)$ も $\cos\theta$ についての n 次多項式であり, これを $U_n(\cos\theta)=\frac{\sin((n+1)\theta)}{\sin\theta}\Leftrightarrow U_n(x)=\frac{\sin((n+1)\arccos x)}{\sqrt{1-x^2}}$ と書いて**第 2 種チェビシェフ多項式**と呼ぶ.

2.1 $x=0$ は確定特異点より $y=\sum_{k=0}^{\infty}A_k x^{k+r}$ を代入して, 係数を比較すると $r^2 A_0=0$, $(k+r+1)^2 A_{k+1}-(k+r-n)A_k=0$ を得る. 決定方程式より $r=0$.
このとき $A_{k+1}=-\frac{n-k}{(k+1)^2}A_k$ より基本解の 1 つは $y_1(x)=\sum_{k=0}^{\infty}\frac{(-1)^k n(n-1)\cdots(n-k+1)}{(k!)^2}x^k$.
n は非負の整数なので $A_k=0\ (k\geqq n+1)$. よって $y_1(x)$ は n 次多項式である.

3.1 変数変換 $x=\cos\theta$ を行う.

(a) $\int_{-1}^{1} \frac{T_m(x)T_n(x)}{\sqrt{1-x^2}}dx = \int_0^\pi \cos m\theta \cos n\theta\, d\theta = 0\ (m\neq n),\ \pi(m=n=0),\ \pi/2\ (m=n\neq 0).$

(b) $\int_{-1}^{1} U_m(x)U_n(x)\sqrt{1-x^2}dx = \int_0^\pi \sin((m+1)\theta)\sin((n+1)\theta)d\theta = 0\ (m\neq n),\ \pi/2\ (m=n).$

3.2 (a) $P_n(x), F_\alpha(x)$ は次のルジャンドルの微分方程式を満たす．
$(1): ((x^2-1)P_n'(x))' = n(n+1)P_n(x),\ (2): ((x^2-1)F_\alpha'(x))' = \alpha(\alpha+1)F_\alpha(x).$
$(1)\times F_\alpha(x) - (2)\times P_n(x)$ を $[-1,1]$ で積分して $\left[(x^2-1)(P_n'(x)F_\alpha(x) - P_n(x)F_\alpha'(x))\right]_{-1}^{1} = (n-\alpha)(n+\alpha+1)\int_{-1}^{1}P_n(x)F_\alpha(x)dx.$ (BDD) より左辺 $=0$．よって直交性が成立．

(b) ワイエルシュトラスの多項式近似定理より $\forall \varepsilon > 0$ に対して多項式 $P(x)$ が存在して $|F_\alpha(x) - P(x)| < \varepsilon$ が成立．$F_\alpha(x) - P(x) = q(x)$ とおく．(a) は任意の n について成立し，$P(x)$ は定理 8.1 により $\{P_n(x)\}$ の 1 次結合で書けるので $(F_\alpha, P) = 0$．よって $(F_\alpha, F_\alpha) = (F_\alpha, P+q) = (F_\alpha, q)$．$F_\alpha$ の有界性と $|q(x)| < \varepsilon$ から右辺はいくらでも小さくでき，$(F_\alpha, F_\alpha) = \int_{-1}^{1}F_\alpha(x)^2 dx = 0$．$F_\alpha(x)$ の連続性より $F_\alpha(x) \equiv 0$．

4.1 (a) $\Gamma(n+\frac{3}{2}) = 2^{-n-1}(2n+1)!!\sqrt{\pi}$．また $2^n(2n+1)!!n! = (2n+1)!$ を用いると，
$J_{1/2}(x) = \sum_{n=0}^{\infty} \frac{(-1)^n}{n!\Gamma(n+\frac{3}{2})2^{2n+\frac{1}{2}}}x^{2n+\frac{1}{2}} = \frac{\sqrt{2}}{\sqrt{\pi x}}\sum_{n=0}^{\infty} \frac{(-1)^n}{(2n+1)!}x^{2n+1} = \frac{\sqrt{2}}{\sqrt{\pi x}}\sin x.$

(b) (a) 同様，$J_{-1/2}(x) = \sum_{n=0}^{\infty}\frac{(-1)^n}{n!\Gamma(n+\frac{1}{2})2^{2n-\frac{1}{2}}}x^{2n-\frac{1}{2}} = \frac{\sqrt{2}}{\sqrt{\pi x}}\sum_{n=0}^{\infty}\frac{(-1)^n}{(2n)!}x^{2n} = \frac{\sqrt{2}}{\sqrt{\pi x}}\cos x.$

(c) (左辺) $= \left(\sum_{n=0}^{\infty}\frac{(-1)^n x^{2(n+\alpha)}}{2^{2n+\alpha}n!\Gamma(\alpha+n+1)}\right)' = \sum_{n=0}^{\infty}\frac{(-1)^n 2(n+\alpha)x^{2(n+\alpha)-1}}{2^{2n+\alpha}n!\Gamma(\alpha+n+1)}$
$= \sum_{n=0}^{\infty}\frac{(-1)^n x^{2n+\alpha-1+\alpha}}{2^{2n+\alpha-1}n!\Gamma(\alpha-1+n+1)} = x^\alpha J_{\alpha-1}(x).$

(d) (c) と同様．

5.1 (a) $F(-\alpha,\beta;\beta;x) = \sum_{n=0}^{\infty}\frac{(-\alpha)_n}{n!}x^n = \sum_{n=0}^{\infty}\binom{\alpha}{n}(-x)^n = (1-x)^\alpha.$

(b) $xF(\frac{1}{2},1;\frac{3}{2};-x^2) = \sum_{n=0}^{\infty}\frac{\frac{1}{2}\frac{3}{2}\cdots(\frac{1}{2}+n-1)n!(-1)^n x^{2n+1}}{\frac{3}{2}\cdots(\frac{1}{2}+n-1)(\frac{1}{2}+n)n!} = \sum_{n=0}^{\infty}\frac{(-1)^n x^{2n+1}}{2n+1} = \arctan x.$

(c) $xF(1,1;2;x) = \sum_{n=0}^{\infty}\frac{(n!)^2}{n!(n+1)!}x^{n+1} = \sum_{n=0}^{\infty}\frac{1}{n+1}x^{n+1} = -\log(1-x).$

5.2 (a) は明らか． (b) (左辺) $= \sum_{n=1}^{\infty}\frac{(\alpha)_n(\beta)_n}{(n-1)!(\gamma)_n}x^{n-1} = \sum_{n=0}^{\infty}\frac{(\alpha)_{n+1}(\beta)_{n+1}}{n!(\gamma)_{n+1}}x^n = \sum_{n=0}^{\infty}\frac{\alpha(\alpha+1)_n\beta(\beta+1)_n}{n!\gamma(\gamma+1)_n}x^n = $ (右辺)． (c) (右辺) $= \sum_{n=0}^{\infty}\frac{\alpha(\alpha+1)_n(\beta)_n - \beta(\alpha)_n(\beta+1)_n}{n!(\gamma)_n}x^n = (\alpha-\beta)\sum_{n=0}^{\infty}\frac{(\alpha)_n(\beta)_n}{n!(\gamma)_n}x^n = (\alpha-\beta)F(\alpha,\beta;\gamma;x).$ (d) (右辺) $= \sum_{n=0}^{\infty}\frac{(\alpha)_n(\beta+1)_n}{(\gamma+1)_n n!}x^n - \frac{\alpha(\gamma-\beta)}{\gamma(\gamma+1)}x\sum_{n=0}^{\infty}\frac{(\alpha+1)_n(\beta+1)_n}{(\gamma+2)_n n!}x^n = \sum_{n=0}^{\infty}\frac{\gamma(\beta+n)(\alpha)_n(\beta)_n}{\beta(\gamma+n)(\gamma)_n n!}x^n - \sum_{n=0}^{\infty}\frac{(n+1)(\gamma-\beta)(\alpha)_{n+1}(\beta)_{n+1}}{\beta(\gamma+n+1)(\gamma)_{n+1}(n+1)!}x^{n+1} = \sum_{n=0}^{\infty}\frac{\gamma(\beta+n)(\alpha)_n(\beta)_n}{\beta(\gamma+n)(\gamma)_n n!}x^n - \sum_{n=1}^{\infty}\frac{n(\gamma-\beta)(\alpha)_n(\beta)_n}{\beta(\gamma+n)(\gamma)_n n!}x^n = \sum_{n=0}^{\infty}\frac{(\alpha)_n(\beta)_n}{(\gamma)_n n!}x^n = F(\alpha,\beta;\gamma;x).$

6.1 (a) 明らか． (b) (左辺) $= \sum_{n=0}^{\infty}\frac{(-1)^n}{n!(\alpha+n)}x^{n+\alpha}$．
(右辺) $= \int_0^x e^{-t}t^{\alpha-1}dt = \sum_{n=0}^{\infty}\int_0^x \frac{(-1)^n}{n!}t^{n+\alpha-1}dt = \sum_{n=0}^{\infty}\frac{(-1)^n}{n!(n+\alpha)}x^{n+\alpha}$ より等しい．

演習問題（第 8 章）

1. $m \leq n$ を仮定．$\int_{-\infty}^{\infty}e^{-x^2}H_n(x)H_m(x)dx = (-1)^n\int_{-\infty}^{\infty}((\frac{d}{dx})^n e^{-x^2})H_m(x)dx.$
部分積分を m 回行うと $= (-1)^{m+n}2^m m!\int_{-\infty}^{\infty}((\frac{d}{dx})^{n-m}e^{-x^2})dx \cdots (*).$
$m < n$ のとき $(*) = 0$．$m = n$ のとき $(*) = 2^n n!\int_{-\infty}^{\infty}e^{-x^2}dx = 2^n n!\sqrt{\pi}.$

2. (a) $x(x-1)y'' - \frac{1}{2}y' - \frac{3}{4}y = 0$ より，これはガウスの微分方程式である．

$y = C_1 F(-\frac{3}{2}, \frac{1}{2}; \frac{1}{2}; x) + C_2 x^{1/2} F(-1, 1; \frac{3}{2}; x) = C_1(1-x)^{3/2} + C_2 \sqrt{x}(1-\frac{2}{3}x)$.

(b)　$x = 3t$ とおくとガウスの微分方程式 $t(t-1)\frac{d^2y}{dt^2} - \frac{2}{3}\frac{dy}{dt} - 2y = 0$ を得る.
$y = C_1 F(-2, 1; \frac{2}{3}; \frac{x}{3}) + C_2 x^{1/3} F(-\frac{5}{3}, \frac{4}{3}; \frac{4}{3}; \frac{x}{3}) = C_1(1 - x + \frac{x^2}{5}) + C_2 x^{1/3}(1-\frac{x}{3})^{5/3}$.

(c)　$x = 2t$ とおくとクンマーの方程式 $t\frac{d^2y}{dt^2} + (\frac{1}{2} - t)\frac{dy}{dt} - y = 0$ を得る.
$y = C_1 F(1; \frac{1}{2}; \frac{x}{2}) + C_2 x^{1/2} F(\frac{3}{2}; \frac{3}{2}; \frac{x}{2}) = C_1\left(1 + \sum_{n=1}^{\infty} \frac{x^n}{(2n-1)!!}\right) + C_2 \sqrt{x} e^{x/2}$.

(d)　$x = 3t$ とおくとベッセル方程式 $t^2 \frac{d^2y}{dt^2} + t\frac{dy}{dt} + (t^2 - \frac{1}{3}) = 0$ を得る.
$y = C_1 J_{1/\sqrt{3}}(x/3) + C_2 J_{-1/\sqrt{3}}(x/3)$.

3.　独立変数変換 $\xi = 2\omega\sqrt{\frac{L-x}{g}}$ によって, $\frac{du}{dx} = -\frac{2\omega^2}{g}\frac{1}{\xi}\frac{du}{d\xi}$, $\frac{d^2u}{dx^2} = \frac{4\omega^4}{g^2}\left(\frac{1}{\xi^2}\frac{d^2u}{d\xi^2} - \frac{1}{\xi^3}\frac{du}{d\xi}\right)$ を方程式に代入すると, 0次ベッセル方程式 $\frac{d^2u}{d\xi^2} + \frac{1}{\xi}\frac{du}{d\xi} + u = 0$ を得る.

4.　$(-n)_k = 0$ $(k \geqq n+1)$ より $F(-n; 1; x) = \sum_{k=0}^{\infty} \frac{(-n)_k}{(k!)^2} x^k = \sum_{k=0}^{n} \frac{n!}{(n-k)!(k!)^2}(-x)^k$ は n 次多項式で, $n! F(-n; 1; x) = \sum_{k=0}^{n} \frac{(n!)^2}{(n-k)!(k!)^2}(-x)^k$. 一方ライプニッツ則より $L_n(x) = e^x \sum_{k=0}^{n} \binom{n}{k} (\frac{d}{dx})^{n-k} x^n (\frac{d}{dx})^k e^{-x} = \sum_{k=0}^{n} \frac{(n!)^2}{(n-k)!(k!)^2}(-x)^k$. これらは等しい.

5.　(a)　独立変数変換 $t = 1 - x$ によって, (HGE) は次のガウスの微分方程式に移る.
$t(t-1)\frac{d^2y}{dt^2} + \{(\alpha+\beta+1)t - (\alpha+\beta+1-\gamma)\}\frac{dy}{dt} + \alpha\beta y = 0$. $\alpha+\beta-\gamma$ が非整数のとき一般解は
$y = C_1 F(\alpha, \beta; \alpha+\beta+1-\gamma; 1-x) + C_2 |1-x|^{\gamma-\alpha-\beta} F(\gamma-\beta, \gamma-\alpha; \gamma+1-\alpha-\beta; 1-x)$.

(b)　独立変数変換 $t = 1/x$ によって $t^2(t-1)\frac{d^2y}{dt^2} + t((2-\gamma)t + \alpha+\beta-1)\frac{dy}{dt} - \alpha\beta y = 0$ を得る. さらに従属変数変換 $y = t^p u$ によって, 次の微分方程式に移る.
$t^p \{t^2(t-1)\frac{d^2u}{dt^2} + t((2-\gamma+2p)t + (\alpha+\beta-2p-1))\frac{du}{dt} + (p(p-\gamma+1)t - (p-\alpha)(p-\beta)) u\} = 0$.
$p = \alpha$ とおくとガウスの方程式 $t(t-1)\frac{d^2u}{dt^2} + ((2-\gamma+2\alpha)t + \alpha-\beta-1)\frac{du}{dt} + \alpha(\alpha-\gamma+1)u = 0$ を得, $u = C_1 F(\alpha, \alpha-\gamma+1; \alpha-\beta+1; t) + C_2 t^{\beta-\alpha} F(\beta, \beta-\gamma+1; \beta-\alpha+1; t)$. よって $y = t^\alpha u$
$= C_1 x^{-\alpha} F(\alpha, \alpha-\gamma+1; \alpha-\beta+1; \frac{1}{x}) + C_2 x^{-\beta} F(\beta, \beta-\gamma+1; \beta-\alpha+1; \frac{1}{x})$.

6.　(a)　$I^{1/2} x^a = \frac{1}{\sqrt{\pi}} \int_0^x y^a (x-y)^{-1/2} dy = \frac{x^{a+\frac{1}{2}}}{\sqrt{\pi}} B(a+1, \frac{1}{2}) = \frac{\Gamma(a+1)}{\Gamma(a+\frac{3}{2})} x^{a+\frac{1}{2}}$.

(b)　$I^{1/2} e^x = I^{1/2} \sum_{n=0}^{\infty} \frac{x^n}{\Gamma(n+1)} = \sum_{n=0}^{\infty} \frac{x^{n+\frac{1}{2}}}{\Gamma(n+\frac{3}{2})} = \sum_{n=0}^{\infty} \frac{x^{n+\frac{1}{2}}}{\Gamma(\frac{3}{2})(\frac{3}{2})_n} = \frac{2\sqrt{x}}{\sqrt{\pi}} F(1; \frac{3}{2}; x)$.

(c)　$I^{1/2} \sin\sqrt{x} = I^{1/2} \sum_{n=0}^{\infty} \frac{(-1)^n}{\Gamma(2n+2)} x^{n+\frac{1}{2}} = \sum_{n=0}^{\infty} \frac{(-1)^n}{\Gamma(2n+2)} \frac{\Gamma(n+\frac{3}{2})}{\Gamma(n+2)} x^{n+1}$
$= \sum_{n=0}^{\infty} \frac{(-1)^n (2n+1)!! \sqrt{\pi}}{(2n+1)!(n+1)! 2^{n+1}} x^{n+1} = \sum_{n=0}^{\infty} \frac{(-1)^n \sqrt{\pi}}{n!(n+1)! 2^{2n+1}} x^{n+1} = \sqrt{\pi x} J_1(\sqrt{x})$.

(d)　$I^{1/2} \cos\sqrt{x} = I^{1/2} \sum_{n=0}^{\infty} \frac{(-1)^n}{\Gamma(2n+1)} x^n = \sum_{n=0}^{\infty} \frac{(-1)^n}{\Gamma(2n+1)} \frac{\Gamma(n+1)}{\Gamma(n+\frac{3}{2})} x^{n+\frac{1}{2}}$
$= \sum_{n=0}^{\infty} \frac{(-1)^n \Gamma(\frac{1}{2})}{2^{2n}\Gamma(n+\frac{3}{2})\Gamma(n+\frac{1}{2})} x^{n+\frac{1}{2}} = \sqrt{\pi x} \sum_{n=0}^{\infty} \frac{(-1)^n}{\Gamma(n+\frac{3}{2})\Gamma(n+\frac{1}{2})} (\frac{\sqrt{x}}{2})^{2n} = \sqrt{\pi x} H_{-1}(\sqrt{x})$.

第9章

1.1　(BC)' より $\begin{bmatrix} \alpha \\ \beta \end{bmatrix} = \begin{bmatrix} u_1(0) \\ u_1(L) \end{bmatrix} = \begin{bmatrix} -a & a \\ -ae^{-aL} & ae^{aL} \end{bmatrix} \boldsymbol{v}(0) - \int_0^L \begin{bmatrix} 0 \\ \cosh(a(L-y)) \end{bmatrix} f(y) dy$.

これと (9.14)(例題 9.1) から $\boldsymbol{v}(0)$ を消去して整理すると, $u(x) = u_0(x) = -\alpha \frac{\cosh(a(L-x))}{a \sinh aL} + \beta \frac{\cosh ax}{a \sinh aL} + \int_0^L \left(\frac{\cosh ax \cosh(a(L-y))}{a \sinh aL} - \theta(x-y) \frac{\sinh(a(x-y))}{a} \right) f(y) dy$. よって
$A(1, 1; x) = -\frac{\cosh(a(L-x))}{a \sinh aL}$, $B(1, 1; x) = \frac{\cosh ax}{a \sinh aL}$,

$G(1,1;x,y) = \frac{\cosh ax \cosh(a(L-y))}{a \sinh aL} - \theta(x-y)\frac{\sinh(a(x-y))}{a} = \frac{\cosh(a(x\wedge y))\cosh(a(L-x\vee y))}{a\sinh aL}$.

2.1 (a) 明らか． (b) $\partial_x G(x,y) = \begin{cases} \frac{\sinh ax \cosh(a(L-y))}{\sinh aL} & (x<y) \\ \frac{-\cosh ay \sinh(a(L-x))}{\sinh aL} & (x>y) \end{cases}$ より成立．(c) $k=0$:

明らか．$k=1$: (b) と加法定理より $\partial_x G(y-0,y) - \partial_x G(y+0,y) = \frac{\sinh(ay+a(L-y))}{\sinh aL} = 1$.

3.1 (BC) より $\begin{bmatrix} 0 \\ 0 \end{bmatrix} = \begin{bmatrix} e^{-aL}-1 & e^{aL}-1 \\ -a(e^{-aL}-1) & a(e^{aL}-1) \end{bmatrix} \boldsymbol{v}(0) - \int_0^L \begin{bmatrix} a^{-1}\sinh(a(L-y)) \\ \cosh(a(L-y)) \end{bmatrix} f(y)dy$

これと (9.14)（例題 9.1）から $\boldsymbol{v}(0)$ を消去して整理すると，

$u(x) = u_0(x) = \frac{1}{e^{aL}-1}\begin{bmatrix} e^{-ax} & e^{ax} \end{bmatrix} \begin{bmatrix} -e^{-aL} & 1 \\ ae^{-aL} & a \end{bmatrix}^{-1} \int_0^L \begin{bmatrix} a^{-1}\sinh(a(L-y)) \\ \cosh(a(L-y)) \end{bmatrix} f(y)dy$

$-\int_0^x \frac{\sinh(a(x-y))}{a} f(y)dy = \int_0^L G_P(x,y)f(y)dy$. グリーン関数 $G_P(x,y)$ は

$G_P(x,y) = \frac{e^{-a(x-y)} + e^{a(L+x-y)}}{2a(e^{aL}-1)} - \theta(x-y)\frac{\sinh(a(x-y))}{a} = \frac{e^{a|x-y|} + e^{a(L-|x-y|)}}{2a(e^{aL}-1)}$.

4.1 例題 9.4 同様 $\boldsymbol{v}(x) = \begin{bmatrix} e^{-ax}\left\{v_0(0) + \int_0^x \frac{1}{2a}e^{ay}f(y)dy\right\} \\ e^{ax}\left\{v_1(0) - \int_0^x \frac{1}{2a}e^{-ay}f(y)dy\right\} \end{bmatrix}$. $v_0(x), v_1(x)$ は有界なの

で，$x \to \pm\infty$ として $v_0(0) = \int_{-\infty}^0 \frac{1}{2a}e^{ay}f(y)dy, v_1(0) = \int_0^\infty \frac{1}{2a}e^{-ay}f(y)dy$. よって $u(x) = $

$v_0(x) + v_1(x) = \int_{-\infty}^\infty \frac{e^{-a|x-y|}}{2a}f(y)dy$. グリーン関数は $G(x,y) = \frac{e^{-a|x-y|}}{2a}$.

4.2 独立変数変換 $x = e^{-t}$ を行い，$v(t) := u(e^{-t}), g(t) := f(e^{-t})$ とおくと，$v(t)$ $(0 \le t < \infty)$ についての境界値問題 $-\ddot{v} + v = e^{-t}g(t)$ $(0 < t < \infty), v(0) = \alpha, \dot{v}(t)$: 有界 $(0 < t < \infty)$ を得る．例題 9.4 同様，$v(t) = \alpha e^{-t} + \int_0^\infty \frac{1}{2}(-e^{-t-s} + e^{-|t-s|})e^{-s}g(s)ds$. よって $u(x) = \alpha x + \int_0^1 \frac{1}{2}\left(-xy + \frac{x \wedge y}{x \vee y}\right)f(y)dy$.

5.1 $u' = -\int_0^x f(y)dy + C_0$, $u = -\int_0^x (x-y)f(y)dy + C_0 x + C_1$. (BC) より

(1): $C_1 = -\int_0^L (L-y)f(y)dy + C_0 L + C_1$, (2): $C_0 = \int_0^L f(y)dy + C_0$. 可解条件は $\int_0^L f(y)dy = 0$.

コメント 可解条件 $\int_0^L f(y)dy = 0$ の下で，$u(x) = -\int_0^L \left((x-y)\theta(x-y) + \frac{xy}{L}\right)f(y)dy + C = \int_0^L (x \wedge y - \frac{xy}{L})f(y)dy + C$ (C は任意定数) 等と表される．

6.1 $u(x) = C_0 e^{\alpha x} + C_1 e^{-\alpha x}$ $(\lambda = -\alpha^2 < 0)$, $C_0 x + C_1$ $(\lambda = 0)$, $C_0 \cos\alpha x + C_1 \sin\alpha x$ $(\lambda = \alpha^2 > 0)$ である．次に境界条件 (PBC) を考慮する．

(i) $\lambda < 0$ のときは自明解 $u \equiv 0$ のみ． (ii) $\lambda = 0$ のときは $C_0 = 0, C_1$ は任意に取れる．

(iii) $\lambda > 0$ のときは連立方程式 $\begin{bmatrix} \cos\alpha L - 1 & \sin\alpha L \\ -\sin\alpha L & \cos\alpha L - 1 \end{bmatrix} \begin{bmatrix} C_0 \\ C_1 \end{bmatrix} = \begin{bmatrix} 0 \\ 0 \end{bmatrix}$ が非自明解をもつ α の値を求める．これは $\alpha = \frac{2n\pi}{L}$ のときで，このとき C_0, C_1 は任意．つまり 1 次独立な固有関数が 2 つとれる．(i), (ii), (iii) より固有値は $\lambda_n = \left(\frac{2n\pi}{L}\right)^2$, 対応する固有関数は $n = 0$ のとき $\psi_0(x) = 1, n \ge 1$ のとき $\psi_n^{(1)}(x) = \cos\frac{2n\pi x}{L}, \psi_n^{(2)}(x) = \sin\frac{2n\pi x}{L}$.

6.2 (i) $m \ne n$ のとき
$\frac{1}{2}\int_0^L \{\cos((\alpha_m - \alpha_n)x) - \cos((\alpha_m + \alpha_n)x)\}dx = \frac{\sin\alpha_m L \sin\alpha_n L}{\alpha_m^2 - \alpha_n^2}\left(\frac{\alpha_n}{\tan\alpha_n L} - \frac{\alpha_m}{\tan\alpha_m L}\right) = 0$.

(ii) $m=n$ のとき $\frac{1}{2}\int_0^L (1-\cos 2\alpha_n x)dx = \frac{L}{2} - \frac{1}{4\alpha_n}\frac{2\tan\alpha_n L}{1+\tan^2\alpha_n L} = \frac{1+L(1+\alpha_n^2)}{2(1+\alpha_n^2)}$.

7.1 定理 9.1 より, 異なる固有値 $\lambda_i = (\mu_i^{(m)})^2, \lambda_j = (\mu_j^{(m)})^2$ に対応する固有関数は $r(x)=x$ を重み関数として $[0,1]$ で直交する. つまり $\int_0^1 J_m(\mu_i^{(m)}x)J_m(\mu_j^{(m)}x)x\,dx = 0$.

演習問題（第 9 章）

1. (a) $A(0,1;x) = \frac{\cosh(a(L-x))}{\cosh aL}$, $B(0,1;x) = \frac{\sinh ax}{a\cosh aL}$,
$G(0,1;x,y) = \frac{\cosh(a(L-y))\sinh ax}{a\cosh aL} - \theta(x-y)a^{-1}\sinh(a(x-y)) = \frac{\cosh(a(L-x\vee y))\sinh(a(x\wedge y))}{a\cosh aL}$.

(b) $A(1,0;x) = -\frac{\sinh(a(L-x))}{a\cosh aL} = -B(0,1;L-x)$, $B(1,0;x) = \frac{\cosh ax}{\cosh aL} = A(1,0;L-x)$,
$G(1,0;x,y) = \frac{\cosh ax\sinh(a(L-y))}{a\cosh aL} - \theta(x-y)a^{-1}\sinh(a(x-y)) = \frac{\cosh(a(x\wedge y))\sinh(a(L-x\vee y))}{a\cosh aL}$
$= G(0,1;L-y,L-x)$.

(c) 例題 9.1 および 9.1 節問題 1.1 を利用する. $G(0,0;x,y) = \frac{\sinh(a(x\wedge y))\sinh(a(L-x\vee y))}{a\sinh aL} > 0$.
$G(0,1;x,y) - G(0,0;x,y) = \frac{\sinh ax\sinh ay}{a\sinh aL\cosh aL} > 0$,
$G(1,0;x,y) - G(0,0;x,y) = \frac{\sinh(a(L-x))\sinh(a(L-y))}{a\sinh aL\cosh aL} > 0$,
$G(1,1;x,y) - G(0,1;x,y) = \frac{\cosh(a(L-x))\cosh(a(L-y))}{a\sinh aL\cosh aL} > 0$,
$G(1,1;x,y) - G(1,0;x,y) = \frac{\cosh ax\cosh ay}{a\sinh aL\cosh aL} > 0$.

2. (a) 固有値は $\lambda_n = \left(\frac{(2n-1)\pi}{2L}\right)^2$, 固有関数は $\psi_n(x) = \cos\frac{(2n-1)\pi x}{2L}$ $(n=1,2,\cdots)$.

(b) α についての方程式 $\cot\alpha L = h\alpha$ の正の解を小さい順に $0 < \alpha_1 < \alpha_2 < \cdots$ として, 固有値は $\lambda_n = \alpha_n^2$. 固有関数は $\psi_n(x) = \cos\alpha_n x$ $(n=1,2,\cdots)$.

(c) 独立変数変換 $x = e^t$ によって固有値問題 $-\ddot{u} = \lambda u, u(0) = u(l) = 0$ $(l = \log L > 0)$ を得る. 固有値は $\lambda = \left(\frac{n\pi}{\log L}\right)^2$, 固有関数は $\psi_n(x) = \sin\frac{n\pi\log x}{\log L}$ $(n=1,2,\cdots)$.

(d) ルジャンドルの微分方程式 (8.1 節) と比較する. 有界条件より固有値は $\lambda_n = n(n+1)$, 固有関数は $u = P_n(x)$ $(n=0,1,2,\cdots)$.

3. $\psi_i(x), \psi_j(x)$ $(i\neq j)$ はそれぞれ, 次の固有値問題を満たす.
(1) : $-p(x)\psi_i''(x) - p'(x)\psi_i'(x) + q(x)\psi_i(x) = \lambda_i r(x)\psi_i(x)$, $\psi_i^{(m)}(a) = \psi_i^{(n)}(b) = 0$,
(2) : $-p(x)\psi_j''(x) - p'(x)\psi_j'(x) + q(x)\psi_j(x) = \lambda_j r(x)\psi_j(x)$, $\psi_j^{(m)}(a) = \psi_j^{(n)}(b) = 0$
$(1)\times\psi_j(x) - (2)\times\psi_i(x)$ を区間 $[a,b]$ で積分して,
$\left[-p(x)\psi_i'(x)\psi_j(x) + p(x)\psi_i(x)\psi_j'(x)\right]_{x=a}^{x=b} = (\lambda_i - \lambda_j)(\psi_i, \psi_j)$.
ここで $\lambda_i \neq \lambda_j$ および $(m,n) = (0,0), (0,1), (1,0), (1,1)$ の 4 通りの場合すべてについて左辺が 0 になることから, $(\psi_i, \psi_j) = 0$ が成立する.

4. $\mathcal{R}[v,w] = \int_0^L \{(v^{(4)}w - vw^{(4)}) - p(v''w - vw'')\}dx$. ここで $v''w - vw'' = (v'w - vw')'$, $wv^{(4)} - vw^{(4)} = (v'''w - v''w' + v'w'' - vw''')'$, $v(0) = v'(0) = w(0) = w'(0) = 0$ より $\mathcal{R}[v,w] = v'''(L)w(L) - v''(L)w'(L) + v'(L)w''(L) - v(L)w'''(L) - p(v'(L)w(L) - v(L)w'(L))$. これが (a)〜(f) の各場合について 0 かどうか確かめる. (a) 自己共役. (b) 自己共役.
(c) 自己共役でない. (d) 自己共役でない. (e) 自己共役.
(f) $p = 0$ ならば自己共役, $p \neq 0$ ならば自己共役ではない.

コメント 境界条件のうち自己共役なものは物理的にも重要な意味をもつ. $u(\cdot) = u'(\cdot) = 0$ は固定端, $u(\cdot) = u''(\cdot) = 0$ は回転端（1 点支持）, $u'(\cdot) = u'''(\cdot) = 0$ はスリップ端を表す（$\cdot$ には

0 または L が入る).なお自由端が物理的に意味をもつのは張力 $p = 0$ の場合のみである. $p = 0$ の場合 $u''(\cdot) = u'''(\cdot) = 0$ は自由端であり,自己共役である.

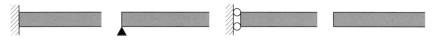

(左から順に) 固定端,回転端,スリップ端,自由端

5. (a) $v = -u'' + a_2^2 u$ のとき $v(0) = -u''(0) + a_2^2 u(0) = 0$, $v(L) = -u''(L) + a_2^2 u(L) = 0$ より境界値問題は $(1): -v'' + a_1^2 v = f(x)$, $v(0) = v(L) = 0$. および $(2): -u'' + a_2^2 u = v(x)$, $u(0) = u(L) = 0$. の 2 つの境界値問題に分離.$(1), (2)$ より,$v(x) = \int_0^L G_1(0,0;x,y) f(y) dy$, $u(x) = \int_0^L G_2(0,0;x,y) v(y) dy$. ここで $G_i(0,0;x,y) = \frac{\sinh(a_i(x \wedge y)) \sinh(a_i(L-x \vee y))}{a_i \sinh a_i L}$ ($i = 1, 2$) (例題 9.1 参照).$v(x)$ を消去して,積分順序を変更すると $u(x) = \int_0^L (\int_0^L G_2(0,0;x,z) G_1(0,0;z,y) dz) f(y) dy$. したがって求めるグリーン関数は $G(0,2,0,2;x,y) = \int_0^L G_2(0,0;x,z) G_1(0,0;z,y) dz$.
(b) (a) 同様,境界値問題は $(3): -v'' + a_1^2 v = f(x)$, $v'(0) = v'(L) = 0$, および $(4): -u'' + a_2^2 u = v(x)$, $u'(0) = u'(L) = 0$. の 2 つの境界値問題に分離.(a) 同様,グリーン関数は $G(1,3,1,3;x,y) = \int_0^L G_2(1,1;x,z) G_1(1,1;z,y) dz$.

6. $u^{(4)} = \omega^4 u$ の一般解は $u = C_1 \cosh \omega x + C_2 \sinh \omega x + C_3 \cos \omega x + C_4 \sin \omega x$. 次に $x = 0$ での境界条件より,$u(0) = C_1 + C_3 = 0, u'(0) = \omega(C_2 + C_4) = 0$. したがって $u = C_1(\cosh \omega x - \cos \omega x) + C_2(\sinh \omega x - \sin \omega x)$.
次に $x = L$ での境界条件より,$u''(L) = \omega^2\{(\cosh \omega L + \cos \omega L) C_1 + (\sinh \omega L + \sin \omega L) C_2\} = 0$, $u'''(L) = \omega^3\{(\sinh \omega L - \sin \omega L) C_1 + (\cosh \omega L + \cos \omega L) C_2\} = 0$. これが $C_1 = C_2 = 0$ 以外の解をもつには,$(\cosh \omega L + \cos \omega L)^2 - (\sinh \omega L + \sin \omega L)(\sinh \omega L - \sin \omega L) = 0$, つまり $1 + \cosh \omega L \cos \omega L = 0$ であればよい.
また $L = 1$ のとき小さい順に $\omega_0 = 1.87510\cdots, \omega_1 = 4.69409\cdots, \omega_2 = 7.85476\cdots$.

第 10 章

1.1 $\sum_{n=1}^{\infty} \frac{4}{(2n-1)\pi} \sin \frac{2(2n-1)\pi x}{L}$.

2.1 (a) $C_0 = a_0/2$, $C_n = (a_n - ib_n)/2$, $C_{-n} = (a_n + ib_n)/2$ ($n = 1, 2, \cdots$).
(b) $C_n = \overline{C_{-n}}$ ($n = 0, 1, 2, \cdots$).

3.1 (a) $y = \hat{f}(\xi) = \int_{-\infty}^{\infty} e^{-ax^2} e^{-i\xi x} dx$ を ξ で微分.広義積分 $\int_{-\infty}^{\infty} e^{-ax^2} e^{-i\xi x} dx$ は $|e^{-ax^2} e^{-i\xi x}| = e^{-ax^2}$, $\int_{-\infty}^{\infty} e^{-ax^2} < \infty$ より収束し,広義積分 $\int_{-\infty}^{\infty} \frac{\partial}{\partial \xi}(e^{-ax^2} e^{-i\xi x}) dx$ も $|\frac{\partial}{\partial \xi}(e^{-ax^2} e^{-i\xi x})| \le |x| e^{-ax^2}$, $\int_{-\infty}^{\infty} |x| e^{-ax^2} < \infty$ より一様収束するので微分と無限積分の順序を交換できる.$\frac{dy}{d\xi} = \int_{-\infty}^{\infty} \frac{\partial}{\partial \xi}(e^{-ax^2} e^{-i\xi x}) dx = -\int_{-\infty}^{\infty} ix e^{-ax^2} e^{-i\xi x} dx = \left[\frac{i}{2a} e^{-ax^2} e^{-i\xi x}\right]_{-\infty}^{\infty} - \int_{-\infty}^{\infty} \frac{\xi}{2a} e^{-ax^2} e^{-i\xi x} dx = -\frac{\xi}{2a} y$. (b) $y(0) = \sqrt{\frac{\pi}{a}}$.
(c) 初期値問題 $\frac{dy}{d\xi} = -\frac{\xi}{2a} y$, $y(0) = \sqrt{\frac{\pi}{a}}$ を解いて,$\hat{f}(\xi) = y(\xi) = \sqrt{\frac{\pi}{a}} \exp(-\frac{\xi^2}{4a})$.

4.1 $u(x,t) = X(x)T(t)$ と変数分離して,$(1): X'' = -\lambda X$, $(2): \dot{T} = -\kappa \lambda T$.
また境界条件 (BC)' より $(3): X'(0) = X'(L) = 0$ を得る.
固有値問題 $(1), (3)$ を解いて $\lambda = \lambda_n = \left(\frac{n\pi}{L}\right)^2$, $X = X_n(x) = \cos \frac{n\pi x}{L}$ ($n = 0, 1, 2, \cdots$).

各 $\lambda = \lambda_n$ について (2) より $T = T_n(t) = \exp(-\kappa \frac{n^2\pi^2}{L^2}t)$ を得る．
重ね合わせの原理より $u(x,t) = \sum_{n=0}^{\infty} A_n \exp(-\kappa \frac{n^2\pi^2}{L^2}t)\cos\frac{n\pi x}{L}$ は (D), (BC) を満たす．
初期条件より $u(x,0) = f(x) = \sum_{n=0}^{\infty} A_n \cos\frac{n\pi x}{L}$．
よって $A_0 = \frac{1}{L}\int_0^L f(x)dx$, $A_n = \frac{2}{L}\int_0^L f(x)\cos\frac{n\pi x}{L}dx$ $(n = 1, 2, \cdots)$．初期値境界値問題の解は $u(x,t) = \frac{1}{L}\int_0^L f(\xi)d\xi + \sum_{n=1}^{\infty} \frac{2}{L}\exp(-\kappa \frac{n^2\pi^2}{L^2}t)\cos\frac{n\pi x}{L}\int_0^L f(\xi)\cos\frac{n\pi \xi}{L}d\xi$．

5.1 $u(x,y,t) = \exp\left[-\kappa\left\{\left(\frac{\pi}{a}\right)^2 + \left(\frac{2\pi}{b}\right)^2\right\}t\right]\sin\frac{\pi x}{a}\sin\frac{2\pi y}{b}$．

6.1 (BC)$'$ から $f(x,t) = \sum_{n=0}^{\infty}\widehat{f}_n(t)\cos\frac{n\pi x}{L}$, $g(x) = \sum_{n=0}^{\infty}\widehat{g}_n\cos\frac{n\pi x}{L}$ と仮定し，$u(x,t) = \sum_{n=0}^{\infty}\widehat{u}_n(t)\cos\frac{n\pi x}{L}$ の形で解を求める．

$$u(x,t) = \frac{1}{L}\int_0^L g(\xi)d\xi + \frac{1}{L}\int_0^t\int_0^L f(\xi,\tau)d\xi d\tau + \sum_{n=1}^{\infty}\frac{2}{L}\left(\int_0^L g(\xi)\cos\frac{n\pi\xi}{L}d\xi\right)\exp(-\frac{\kappa n^2\pi^2}{L^2}t)\cos\frac{n\pi x}{L}$$
$$+ \sum_{n=1}^{\infty}\frac{2}{L}\left\{\int_0^t \exp(-\frac{\kappa n^2\pi^2}{L^2}(t-\tau))\left(\int_0^L f(\xi,\tau)\cos\frac{n\pi\xi}{L}d\xi\right)d\tau\right\}\cos\frac{n\pi x}{L}$$

6.2 (a) $y_0(x) = \frac{L^2}{\pi^2\kappa}\sin\frac{\pi x}{L}$．
(b) $u(x,t) = v(x,t) + y_0(x)$ とおくと，$v = v(x,t)$ は次の初期値境界値問題を満たす．
(W)$'$: $v_t - \kappa v_{xx} = 0$ $(0 < x < L, t > 0)$, (BC)$'$: $v(0,t) = v(L,t) = 0$ $(t > 0)$,
(IC)$'$: $v(x,0) = -y_0(x)$ $(0 \leqq x \leqq L)$．
(c) (W)$'$, (BC)$'$ より $v(x,t) = \sum_{n=1}^{\infty} A_n \sin\frac{n\pi x}{L}\exp(-\frac{\kappa n^2\pi^2}{L^2}t)$（例題 10.4 参照）．
(IC)$'$ より $A_n = -\frac{L^2}{\pi^2\kappa}$ $(n = 1)$, 0 $(n \neq 1)$．よって
$v(x,t) = -\frac{L^2}{\pi^2\kappa}\sin\frac{\pi x}{L}\exp(-\frac{\kappa\pi^2}{L^2}t)$, $u(x,t) = \frac{L^2}{\pi^2\kappa}\sin\frac{\pi x}{L}(1 - \exp(-\frac{\kappa\pi^2}{L^2}t))$．

7.1 (b) は明らか． (a) 直接微分してもよいが，$\log H(x,t) = -\frac{x^2}{4\kappa t} - \frac{1}{2}\log t + \log\frac{1}{2\sqrt{\pi\kappa}}$ として微分すると計算が楽．この結果 $\frac{\kappa H_{xx}}{H} = \kappa\{(\log H)_{xx} + \{(\log H)_x\}^2\} = -\frac{1}{2t} + \frac{x^2}{4\kappa t^2} = \frac{H_t}{H}$．

8.1 (#) : $\int_0^{\infty}\frac{1}{\sqrt{\pi t}}\exp(-\frac{k^2}{4t} - st)dt = \frac{2}{\sqrt{\pi s}}e^{-k\sqrt{s}}\int_0^{\infty}\exp(-(\tau - \frac{k\sqrt{s}}{2\tau})^2)d\tau$ $(\tau = \sqrt{st})$．
ここで $\frac{k\sqrt{s}}{2} = \kappa$ とおくと，
$$\int_0^{\infty}\exp(-(\tau - \frac{k\sqrt{s}}{2\tau})^2)d\tau = \int_0^{\infty}\exp(-(\tau - \frac{\kappa}{\tau})^2)d\tau = \int_0^{\infty}\frac{\kappa}{\sigma^2}\exp(-(\sigma - \frac{\kappa}{\sigma})^2)d\sigma$$
である．ただし最後の等号は置換積分 $\sigma = \frac{\kappa}{\tau}$ を用いた．したがって，
$$\int_0^{\infty}\exp(-(\tau - \frac{\kappa}{\tau})^2)d\tau = \frac{1}{2}\int_0^{\infty}(1 + \frac{\kappa}{\tau^2})\exp(-(\tau - \frac{\kappa}{\tau})^2)d\tau = \frac{1}{2}\int_{-\infty}^{\infty}\exp(-\rho^2)d\rho = \frac{1}{2}\sqrt{\pi}$$
（置換積分 $\rho = \tau - \frac{\kappa}{\tau}$ を用いた）．これを (#) に代入すると公式 (*) が得られる．

9.1 一般解は (1) : $u(x,t) = p(x+ct) + q(x-ct)$．初期条件より (2) : $p(x) + q(x) = f(x)$,
(3) : $p'(x) - q'(x) = \frac{1}{c}g(x)$．(3) を積分して (3)$'$: $p(x) - q(x) = \frac{1}{c}\int_{x_0}^{x}g(y)dy$ $(x_0$ は定数$)$．
(2), (3)$'$ を連立して $p(x) = \frac{1}{2}(f(x) + \frac{1}{c}\int_{x_0}^{x}g(y)dy)$, $q(x) = \frac{1}{2}(f(x) - \frac{1}{c}\int_{x_0}^{x}g(y)dy)$．
(1) に代入．$u(x,t) = \frac{1}{2}(f(x+ct) + f(x-ct)) + \frac{1}{2c}\int_{x-ct}^{x+ct}g(y)dy$．

10.1 $u(x,y,t) = X(x)Y(y)T(t)$ と変数分離して，(W) に代入，整理すると (1) : $X'' + \mu X = 0$,
(2) : $Y'' + \nu Y = 0$, (3) : $\ddot{T} + (\mu + \nu)c^2 T = 0$ を得る．次に境界条件 (BC1), (BC2) より X, Y は境界条件 (4) : $X(0) = X(a) = 0$, (5) : $Y(0) = Y(b) = 0$ を満たす．固有値問題 (1), (4) および (2), (5) を解いて，固有値と固有関数は $\mu = \mu_m := \left(\frac{m\pi}{a}\right)^2$, $X = X_m(x) := \sin\frac{m\pi x}{a}$ $(m = 1, 2, \cdots)$, $\nu = \nu_n := \left(\frac{n\pi}{b}\right)^2$, $Y = Y_n(y) := \sin\frac{n\pi y}{b}$ $(n = 1, 2, \cdots)$．次に各 $(\mu, \nu) = (\mu_m, \nu_n)$ に対して (3) より $T = T_{mn}(t) := A_{mn}\cos\omega_{mn}t + B_{mn}\sin\omega_{mn}t$ $(\omega_{mn} :=$

$c\pi\sqrt{\frac{m^2}{a^2}+\frac{n^2}{b^2}}, A_{mn}, B_{mn}$ ：定数．以上より $(*): u(x,y,t) = \sum_{m=1}^{\infty}\sum_{n=1}^{\infty}(A_{mn}\cos\omega_{mn}t$
$+B_{mn}\sin\omega_{mn}t)\sin\frac{m\pi x}{a}\sin\frac{n\pi y}{a}$ は，(W), (BC1), (BC2) を満たす．初期条件 (IC) から
$$f(x,y) = \sum_{m=1}^{\infty}\sum_{n=1}^{\infty}A_{mn}\sin\frac{m\pi x}{a}\sin\frac{n\pi y}{b},$$
$$g(x,y) = \sum_{m=1}^{\infty}\sum_{n=1}^{\infty}B_{mn}\omega_{mn}\sin\frac{m\pi x}{a}\sin\frac{n\pi y}{b}.$$
両辺に $\sin\frac{m\pi x}{a}\sin\frac{n\pi y}{b}$ を乗じて，$[0,a]\times[0,b]$ で積分すると，定数 A_{mn}, B_{mn} は
$$A_{mn} = \frac{4}{ab}\int_0^b\int_0^a f(x,y)\sin\frac{m\pi x}{a}\sin\frac{n\pi y}{b}dxdy,$$
$$B_{mn} = \frac{4}{\omega_{mn}ab}\int_0^b\int_0^a g(x,y)\sin\frac{m\pi x}{a}\sin\frac{n\pi y}{b}dxdy.$$
$(*)$ に代入して，初期値境界値問題の解は
$$u(x,y,t) = \sum_{m=1}^{\infty}\sum_{n=1}^{\infty}\left(\frac{4}{ab}\left\{\int_0^b\int_0^a f(\xi,\eta)\sin\frac{m\pi\xi}{a}\sin\frac{n\pi\eta}{b}d\xi d\eta\right\}\cos(\omega_{mn}t)\right.$$
$$\left.+\frac{4}{\omega_{mn}ab}\left\{\int_0^b\int_0^a g(\xi,\eta)\sin\frac{m\pi\xi}{a}\sin\frac{n\pi\eta}{b}d\xi d\eta\right\}\sin(\omega_{mn}t)\right)\sin\frac{m\pi x}{a}\sin\frac{n\pi y}{b}.$$

11.1 $u(r,\theta,t) = R(r)\Theta(\theta)T(t)$ とおくと，$\frac{\ddot{T}}{c^2T} = \frac{1}{r^2}\left(r^2\frac{R''}{R}+r\frac{R'}{R}+\frac{\Theta''}{\Theta}\right) = K$.
後ろの式はさらに $r^2\frac{R''}{R}+r\frac{R'}{R}-Kr^2 = -\frac{\Theta''}{\Theta} = \nu^2$ と変数分離される (K,ν は定数).
以上より (1)：$\ddot{T}-c^2KT = 0$, (2)：$r^2R''+rR'-(Kr^2+\nu^2)R = 0$, (3)：$\Theta''+\nu^2\Theta = 0$.
(3) と $\Theta(\theta+2\pi) = \Theta(\theta)$ から $\nu = n$ ($n = 0,1,2,\cdots$). $\nu = n$ のとき (2) は $K = -\lambda^2, r = s/\lambda$
として n 次ベッセル方程式 $s^2\frac{d^2R}{ds^2}+s\frac{dR}{ds}+(s^2-n^2)R = 0$ である．

12.1 u は調和関数より，$\Delta u = u_{xx}+u_{yy} = 0$.
$\Delta v = (2u+4xu_x+(x^2+y^2)u_{xx})+(2u+4yu_y+(x^2+y^2)u_{yy}) = 4u+4xu_x+4yu_y$.
$\Delta^2 v = 4\{\Delta(xu_x)+\Delta(yu_y)\} = 4\{(2u_{xx}+x(u_{yy})_x)+(2u_{yy}+y(u_{xx}+u_{yy})_y)\} = 0$.
したがって v は重調和関数．

13.1 $u(x,y) = \frac{8a^2}{\pi^3}\sum_{n=1}^{\infty}\frac{\sinh\frac{(2n-1)\pi y}{a}\sin\frac{(2n-1)\pi x}{a}}{(2n-1)^3\sinh\frac{(2n-1)\pi b}{a}}$.

14.1 $(*): u(r,\theta) = \frac{1}{2}A_0+\sum_{n=1}^{\infty}r^n(A_n\cos n\theta+B_n\sin n\theta)$ （例題 10.14$(*)$ 参照）.
条件 (M) より $A_0 = 0$.
境界条件 (BC)$'$ より $u_r(R,\theta) = \sum_{n=1}^{\infty}nR^{n-1}(A_n\cos n\theta+B_n\sin n\theta) = \beta(\theta)$.
よって $A_n = \frac{1}{n\pi R^{n-1}}\int_0^{2\pi}\beta(\theta)\cos n\theta\, d\theta, B_n = \frac{1}{n\pi R^{n-1}}\int_0^{2\pi}\beta(\theta)\sin n\theta\, d\theta$.
$(*)$ に代入，整理すると，$u(r,\theta) = \frac{R}{2\pi}\int_0^{2\pi}\{\sum_{n=1}^{\infty}\frac{1}{n}\left(\frac{r}{R}\right)^n(e^{in(\theta-\phi)}+e^{-in(\theta-\phi)})\}\beta(\phi)d\phi$.
$\sum_{n=1}^{\infty}\frac{x^n}{n} = -\log(1-x)$ より $u(r,\theta) = \frac{R}{2\pi}\int_0^{2\pi}\log\frac{R^2}{R^2-2Rr\cos(\theta-\phi)+r^2}\beta(\phi)d\phi$.

15.1 グリーン関数を問題としているので，$\alpha(\theta) = 0$ つまり $\hat{\alpha}_n = 0$ と仮定してよい．
$u(r,\theta) = \int_0^R\log\frac{R}{r\vee s}\hat{f}_0(s)s\,ds+\sum_{n\neq 0}\int_0^R\frac{1}{2|n|}\{\left(\frac{r\wedge s}{r\vee s}\right)^{|n|}-\left(\frac{rs}{R^2}\right)^{|n|}\}e^{in\theta}\hat{f}_n(s)s\,ds$.
$\hat{f}_n(s) = \frac{1}{2\pi}\int_0^{2\pi}f(s,\phi)e^{-in\phi}d\phi$ を代入，整理すると，
$u(r,\theta) = \int_0^R\int_0^{2\pi}G(r,s,\theta,\phi)f(s,\phi)d\phi\,s\,ds$. ここでグリーン関数は
$G(r,s,\theta,\phi) = \frac{1}{4\pi}[2\log\frac{R}{r\vee s}+\sum_{n=1}^{\infty}\frac{1}{n}\{\left(\frac{r\wedge s}{r\vee s}\right)^n-\left(\frac{rs}{R^2}\right)^n\}(e^{in(\theta-\phi)}+e^{-in(\theta-\phi)})]$
$= \frac{1}{4\pi}\log\frac{R^2-2rs\cos(\theta-\phi)+R^{-2}r^2s^2}{(r\vee s)^2-2(r\vee s)(r\wedge s)\cos(\theta-\phi)+(r\wedge s)^2} = \frac{1}{4\pi}\log\frac{R^2-2rs\cos(\theta-\phi)+R^{-2}r^2s^2}{r^2-2rs\cos(\theta-\phi)+s^2}$.

演習問題（第 10 章）

1. $(*): B_n(x) \sim \sum_{k=-\infty}^{\infty}C_k(n)e^{2k\pi ix}$ とする．$C_k(1) = -\frac{1}{2k\pi i}(k\neq 0),\ 0(k=0)$ であ

る（例題 10.2 参照）．$n \geqq 2$ のとき，$C_0(n) = \int_0^1 b_n(x) dx = 0$，$k \neq 0$ のとき
$C_k(n) = \int_0^1 b_n(x) e^{-2k\pi i x} dx = -\left[b_n(x) \frac{e^{-2k\pi i x}}{2k\pi i}\right]_0^1 + \frac{1}{2k\pi i} \int_0^1 b_n'(x) e^{-2k\pi i x} dx = \frac{1}{2k\pi i} C_k(n-1)$.
よって $C_k(n) = -\frac{1}{(2k\pi i)^n}$．以上より $B_n(x)$ の複素フーリエ級数は
$-\sum_{k=-\infty, k\neq 0}^{\infty} \frac{1}{(2k\pi i)^n} e^{2k\pi i x}$．

2. $u(x,t) = X(x)T(t)$ と変数分離して (D) より (1): $X'' + \lambda X = 0$, (2): $\dot{T} + \lambda \kappa T = 0$．また境界条件 (BC) より (3): $X(0) = X(L) + hX'(L) = 0$ を得る．
固有値問題 (1), (3) を解いて，固有値 $\lambda = \alpha_n^2$，固有関数 $X = X_n(x) = \sin \alpha_n x$ $(n = 1, 2, \cdots)$ を得る．ただし $\tan \alpha L + h\alpha = 0$ の正の解を小さい順に $\alpha = \alpha_1 < \alpha_2 < \cdots$ とする（例題 9.6(c) 参照）．各 $\lambda = \alpha_n^2$ について (2) を解いて $T = T_n(t) = C e^{-\alpha_n^2 \kappa t}$．
重ね合わせの原理から $u(x,t) = \sum_{n=1}^{\infty} A_n e^{-\alpha_n^2 \kappa t} \sin \alpha_n x$ は (D), (BC) を満たす．
最後に初期条件 (IC) より，$A_n = \frac{2(1+\alpha_n^2 h^2)}{h + L(1+\alpha_n^2 h^2)} \int_0^L f(\xi) \sin \alpha_n \xi \, d\xi$ （9.2 節問題 6.2 参照）．
よって $u(x,t) = \sum_{n=1}^{\infty} \frac{2(1+\alpha_n^2 h^2)}{h + L(1+\alpha_n^2 h^2)} e^{-\alpha_n^2 \kappa t} \sin \alpha_n x \int_0^L f(\xi) \sin \alpha_n \xi \, d\xi$．

3. $u(x,t) = X(x)T(t)$ と変数分離して (1): $X'' = \lambda X$, (2): $\ddot{T} = c^2 \lambda T$ を得る．
また境界条件 (BC) より (3): $X(0) = X'(L) = 0$．固有値問題 (1), (3) を解いて固有値 $\lambda = \lambda_n = -\left(\frac{(2n-1)\pi}{2L}\right)^2$，固有関数 $X = X_n(x) = \sin \frac{(2n-1)\pi x}{2L}$ $(n = 1, 2, \cdots)$ を得る．
$\lambda = \lambda_n$ のとき (2) を解いて $T = T_n(t) = A_n \cos \frac{(2n-1)\pi c t}{2L} + B_n \sin \frac{(2n-1)\pi c t}{2L}$．
重ね合わせの原理から
$u(x,t) = \sum_{n=1}^{\infty} \left\{ A_n \sin \frac{(2n-1)\pi x}{2L} \cos \frac{(2n-1)\pi c t}{2L} + B_n \sin \frac{(2n-1)\pi x}{2L} \sin \frac{(2n-1)\pi c t}{2L} \right\}$
は (W), (BC) を満たす．初期条件 (IC) より $A_n = \frac{32L^2}{\pi^3 (2n-1)^3}$，$B_n = 0$．
よって $u(x,t) = \frac{32L^2}{\pi^3} \sum_{n=1}^{\infty} \frac{1}{(2n-1)^3} \sin \frac{(2n-1)\pi x}{2L} \cos \frac{(2n-1)\pi c t}{2L}$．

4. (a) (W), (IC) は $\hat{u}_n(t)$ についての次の初期値問題と等価．(BC) は (U) の形から自動的に満たされる．
$(\frac{d}{dt})^2 \hat{u}_n(t) + c^2 \frac{n^2 \pi^2}{L^2} \hat{u}_n(t) = \hat{f}_n(t)$, $\hat{u}_n(0) = \hat{g}_{0,n}$, $\left.\frac{d}{dt} \hat{u}_n(t)\right|_{t=0} = \hat{g}_{1,n}$ $(n = 1, 2, \cdots)$.
これを各 $u_n(t)$ $(n = 1, 2, \cdots)$ について解き，$\omega_n := cn\pi/L$ とおくと
$\hat{u}_n(t) = \hat{g}_{0,n} \cos \omega_n t + \frac{\hat{g}_{1,n}}{\omega_n} \sin \omega_n t + \frac{1}{\omega_n} \int_0^t \sin \omega_n (t-\tau) \hat{f}_n(\tau) d\tau$．
ここで 4.2 節定理 4.4(p.45) を用いた．これを (U) に代入して
$u(x,t) = \sum_{n=1}^{\infty} \left(\hat{g}_{0,n} \cos \omega_n t + \frac{\hat{g}_{1,n}}{\omega_n} \sin \omega_n t + \frac{1}{\omega_n} \int_0^t \sin \omega_n(t-\tau) \hat{f}_n(\tau) d\tau \right) \sin \frac{n\pi x}{L}$
$= \sum_{n=1}^{\infty} \left\{ \frac{2}{L} \left(\int_0^L g_0(\xi) \sin \frac{n\pi \xi}{L} d\xi \right) \cos \omega_n t + \frac{2}{\omega_n L} \left(\int_0^L g_1(\xi) \sin \frac{n\pi \xi}{L} d\xi \right) \sin \omega_n t \right.$
$\left. + \frac{2}{\omega_n L} \int_0^t \sin \omega_n(t-\tau) \int_0^L f(\xi, \tau) \sin \frac{n\pi \xi}{L} d\xi d\tau \right\} \sin \frac{n\pi x}{L}$．
(b) $\hat{u}_n(t) = \frac{2}{\omega_n L} \int_0^L f_0(\xi) \sin \frac{n\pi \xi}{L} d\xi \int_0^t \sin \omega_n(t-\tau) \sin \omega \tau d\tau$．積分をそれぞれ計算すると，
$\int_0^L f_0(\xi) \sin \frac{n\pi \xi}{L} d\xi = \frac{2(-1)^{k-1} L}{(2k-1)^2 \pi^2}$ $(n = 2k-1)$, 0 $(n = 2k)$.
$\int_0^t \sin \omega_n(t-\tau) \sin \omega \tau d\tau = \frac{\omega_n \sin \omega t - \omega \sin \omega_n t}{\omega_n^2 - \omega^2}$ $(\omega \neq \omega_n)$, $\frac{\sin \omega_n t - \omega_n t \cos \omega_n t}{2\omega_n}$ $(\omega = \omega_n)$.
(i) $\omega \neq \omega_{2n-1}$ $(n = 1, 2, \cdots)$ のとき

$$u(x,t) = \sum_{n=1}^{\infty} \frac{4(-1)^{n-1}(\omega_{2n-1}\sin\omega t - \omega\sin\omega_{2n-1}t)\sin\frac{(2n-1)\pi x}{L}}{\omega_{2n-1}(2n-1)^2\pi^2(\omega_{2n-1}^2-\omega^2)}$$

$$= \frac{4}{\pi^2}\sin\omega t \sum_{n=1}^{\infty}\frac{(-1)^{n-1}\sin\frac{(2n-1)\pi x}{L}}{(2n-1)^2(\omega_{2n-1}^2-\omega^2)} - \frac{4L\omega}{c\pi^3}\sum_{n=1}^{\infty}\frac{(-1)^{n-1}\sin\omega_{2n-1}t\sin\frac{(2n-1)\pi x}{L}}{(2n-1)^3(\omega_{2n-1}^2-\omega^2)}.$$

(ii) $\omega = \omega_{2n-1}$ $(n=1,2,\cdots)$ のとき

$$u(x,t) = \frac{2(-1)^{n-1}L^2(\sin\omega_{2n-1}t - \omega_{2n-1}t\cos\omega_{2n-1}t)\sin\frac{(2n-1)\pi x}{L}}{c^2\pi^4(2n-1)^4}$$

$$+ \frac{4}{\pi^2}\sin\omega_{2n-1}t \sum_{\substack{k=1\\k\neq n}}^{\infty}\frac{(-1)^{k-1}\sin\frac{(2k-1)\pi x}{L}}{(2k-1)^2(\omega_{2k-1}^2-\omega_{2n-1}^2)}$$

$$- \frac{4L\omega_{2n-1}}{c\pi^3}\sum_{\substack{k=1\\k\neq n}}^{\infty}\frac{(-1)^{k-1}\sin\omega_{2k-1}t\sin\frac{(2k-1)\pi x}{L}}{(2k-1)^3(\omega_{2k-1}^2-\omega_{2n-1}^2)}$$

ω が奇数番目の固有振動数 ω_{2n-1} に近づくと，固有関数 $\sin\frac{(2n-1)\pi x}{L}$ の項が非常に大きくなる．

5. (a) $u(x,y) = X(x)Y(y)$ と変数分離して，(L) は $(1): X'' + \lambda X = 0$, $(2): Y'' - \lambda Y = 0$ と書ける．また境界条件 (BC1) より $(3): X'(0) = X'(a) = 0$.
固有値問題 (1), (3) を解いて，固有値 $\lambda = \lambda_n = (\frac{n\pi}{a})^2$, 固有関数 $X = X_n(x) = \cos\frac{n\pi x}{a}$ $(n = 0, 1, 2, \cdots)$. 各 λ_n について (2) を解いて，$Y = Y_0(y) = A_0 y + B_0$ $(n = 0)$, $Y = Y_n(y) = A_n\cosh\frac{n\pi y}{a} + B_n\sinh\frac{n\pi y}{a}$ $(n \geq 1)$. 重ね合わせの原理から
$(*): u(x,y) = A_0 y + B_0 + \sum_{n=1}^{\infty}\{A_n\cos\frac{n\pi x}{a}\sinh\frac{n\pi y}{a} + B_n\cos\frac{n\pi x}{a}\cosh\frac{n\pi y}{a}\}$.
$u(x,0) = f(x)$ より $B_0 = \frac{1}{a}\int_0^a f(\xi)d\xi$, $B_n = \frac{2}{a}\int_0^a f(\xi)\cos\frac{n\pi\xi}{a}d\xi$. $u(x,b) = g(x)$ より，$A_0 = \frac{1}{ab}\int_0^a(g(\xi)-f(\xi))d\xi$, $A_n = \frac{2}{a\sinh\frac{n\pi b}{a}}\int_0^a(g(\xi)-f(\xi)\cosh\frac{n\pi b}{a})\cos\frac{n\pi\xi}{a}d\xi$. これらを $(*)$ に代入．

$u(x,y) = \frac{1}{ab}y\int_0^a(g(\xi)-f(\xi))d\xi + \frac{1}{a}\int_0^a f(\xi)d\xi$
$\qquad + \sum_{n=1}^{\infty}\frac{2}{a\sinh\frac{n\pi b}{a}}\left[\cos\frac{n\pi x}{a}\sinh\frac{n\pi y}{a}\int_0^a g(\xi)\cos\frac{n\pi\xi}{a}d\xi\right.$
$\qquad \left. + \cos\frac{n\pi x}{a}\sinh\frac{n\pi(b-y)}{a}\int_0^a f(\xi)\cos\frac{n\pi\xi}{a}d\xi\right]$.

(b) $u(x,0) = \sin^2\frac{\pi x}{a} = \frac{1}{2} - \frac{1}{2}\cos\frac{2\pi x}{a}$ より，$B_0 = 1/2$, $B_2 = -1/2$, $B_n = 0$ $(n \neq 0, 2)$. また $u(x,b) = 0$ より，$A_0 = -\frac{1}{2b}$, $A_2 = \frac{\cosh\frac{2\pi b}{a}}{2\sinh\frac{2\pi b}{a}}$, $A_n = 0$ $(n \neq 0, 2)$.
これらを $(*)$ に代入．$u(x,y) = \frac{1}{2b}(b-y) - \frac{1}{2\sinh\frac{2\pi b}{a}}\cos\frac{2\pi x}{a}\sinh\frac{2\pi(b-y)}{a}$.

6. $u(x,y) = X(x)Y(y)$ と変数分離して (L) より $(1): X'' + \lambda X = 0$, $(2): Y'' - \lambda Y = 0$. また (BC1) より $(3): X(0) = X(L) = 0$. 固有値問題 (1), (3) を解いて，固有値 $\lambda = \lambda_n = (n\pi/L)^2$, 固有関数 $X = X_n(x) = \sin\frac{n\pi x}{L}$ $(n = 1, 2, \cdots)$. 各 $\lambda = \lambda_n$ について (2) を解いて $Y = Y_n(y) = C_0 e^{-n\pi y/L} + C_1 e^{n\pi y/L}$. Y は有界なので，$C_1 = 0$. 重ね合わせの原理から $u(x,y) = \sum_{n=1}^{\infty}A_n e^{-n\pi y/L}\sin\frac{n\pi x}{L}$ は (L), (BC1), (BDD) の解．
最後に境界条件 (BC2) より，$A_n = \frac{2}{L}\int_0^L f(\xi)\sin\frac{n\pi\xi}{L}d\xi$. よって境界値問題の解は
$u(x,y) = \frac{2}{L}\sum_{n=1}^{\infty}e^{-n\pi y/L}\sin\frac{n\pi x}{L}\int_0^L f(\xi)\sin\frac{n\pi\xi}{L}d\xi$.

7. (a) $E(t)$ を t で微分して，$\frac{dE}{dt} = \int_0^L(u_t u_{tt} + c^2 u_{xt}u_x)dx = c^2\int_0^L(u_t u_{xx} + u_{xt}u_x)dx = c^2\int_0^L(u_t u_x)_x dx = c^2(u_t(L,t)u_x(L,t) - u_t(0,t)u_x(0,t))$.
境界条件 (BC) を t で微分して，$u_t(0,t) = u_t(L,t) = 0$. したがって $dE/dt = 0$.

(b) (a) より $E(t) = E(0) = \frac{1}{2}\int_0^L\{(g(x))^2 + c^2(f'(x))^2\}dx$.

付録問題解答 **215**

(c) 波動方程式の初期値境界値問題 (W), (BC), (IC) の解を $u = u_0(x,t), u_1(x,t)$ とする. $v(x,t) := u_0(x,t) - u_1(x,t)$ は次の初期値境界値問題を満たす.
(W)′ : $v_{tt} - c^2 v_{xx} = 0$ $(0 < x < L, t > 0)$, (BC)′ : $v(0,t) = 0, v(L,t) = 0$ $(t > 0)$,
(IC)′ : $v(x,0) = 0, v_t(x,0) = 0$ $(0 \leq x \leq L)$. この解が自明解 $v(x,t) \equiv 0$ に限ることを示す.
エネルギー積分を $\tilde{E}(t) := \frac{1}{2}\int_0^L \{(v_t)^2 + c^2(v_x)^2\}dx$ で定義すると, (a), (b) と初期条件 (IC)′ より $\tilde{E}(t) = \tilde{E}(0) = 0$. よって $v_t = v_x = 0$ が成立して $v(x,t) = C$. さらに境界条件 (BC)′ より $C = 0$. よって初期値境界値問題 (W)′, (BC)′, (IC)′ の解は $v(x,t) \equiv 0$ に限る.

8. $u = u_0 v(\xi), \xi = x/\sqrt{4\kappa t}$ を拡散方程式に代入すると, $u_t = -\frac{u_0}{2t}\xi \frac{dv}{d\xi}$, $u_x = \frac{u_0}{\sqrt{4\kappa t}}\frac{dv}{d\xi}$, $u_{xx} = \frac{u_0}{4\kappa t}\frac{d^2 v}{d\xi^2}$ より, 常微分方程式 (1): $v'' + 2\xi v' = 0$, ′ $= d/d\xi$ を得る. 境界条件より (2): $\lim_{\xi \to -\infty} v(\xi) = 1, \lim_{\xi \to \infty} v(\xi) = 0$. (1), (2) を解いて $v(\xi) = \frac{1}{\sqrt{\pi}}\int_\xi^\infty e^{-\xi^2} d\xi$. したがって $u(x,t) = \frac{u_0}{\sqrt{\pi}}\int_{x/\sqrt{4\kappa t}}^\infty e^{-\xi^2} d\xi$.

9. $u = v_x$ とおいて積分すると $v_t + \frac{1}{2}(v_x)^2 - v_{xx} = C$. $C = 0$ にとり $v(x,t) = -2\log \psi(x,t)$ を代入すると $-2\frac{\psi_t}{\psi} + 2(\frac{\psi_x}{\psi})^2 + 2\frac{\psi_{xx}\psi - \psi_x^2}{\psi^2} = 0$. よって $\psi_t - \psi_{xx} = 0$.

コメント 積分定数 C をそのままにした場合, 同様の計算で $\psi_t - \psi_{xx} + \frac{C}{2}\psi = 0$ を得る. この方程式は $\varphi(x,t) = e^{Ct/2}\psi(x,t)$ とおくと, φ についての拡散方程式に帰着する.

グラフ 次のグラフは拡散方程式の特解として, (i) $\psi = 1 + e^{x+t}$ (左側), および
(ii) $\psi = 1 + e^{x+t} + e^{2x+4t}$ (右側) とおいたときの, $u(x,t)$ の時間発展のグラフである.

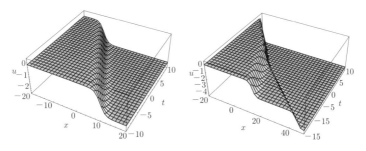

付　録

1.1 オイラー-ラグランジュ方程式は $x^2 y'' + 2xy' - 6y = 0$. これはオイラー型 (7.1 節) で一般解は $y = C_1 x^2 + C_2 x^{-3}$. 境界条件より, $y = \frac{8}{31}(x^2 - \frac{1}{x^3})$.

2.1 左辺を x で微分して 0 であることを示せばよい.

$$\frac{d}{dx}F(y,y') = \frac{dy}{dx}\frac{\partial F}{\partial y} + \frac{dy'}{dx}\frac{\partial F}{\partial y'} = y' F_y + y'' F_{y'}, \quad \frac{d}{dx}(y' F_{y'}) = y'' F_{y'} + y'\frac{d}{dx}F_{y'}.$$

1 式目は合成関数の微分則 (p.3), 2 式目は積の微分公式を用いた. 辺々引き算して, オイラー-ラグランジュ方程式を用いると, $\frac{d}{dx}(F - y' F_{y'}) = y'(F_y - \frac{d}{dx}F_{y'}) = 0$.

3.1 $H = (y')^2 + \lambda y^2$ とおくと, オイラー-ラグランジュ方程式は $y'' = \lambda y$. これと境界条件 $y(0) = y(1) = 0$ は固有値問題 (p.148, 例題 9.6(a)) と等価であり, 固有値 $\lambda = -n^2\pi^2$, 固有関数 $y = y_n(x) = C_1 \sin n\pi x$ (λ の符号が例題 9.6 と逆になっていることに注意). 条件 $J[y] = 1$ より, $y = \pm\sqrt{2}\sin n\pi x$ $(n = 1, 2, \cdots)$.

索　引

あ　行

安定, 68
鞍点, 70
1次独立, 39
一般解, 7
一般化固有ベクトル, 60
エネルギー積分, 189
エネルギー保存則, 190
エルミート多項式, 116, 121
エルミートの微分方程式, 116, 120
オイラー因子, 25
オイラー型微分方程式, 99, 101, 184
オイラーの公式, 4, 44
オイラー-ラグランジュ方程式, 192
重み関数, 116

か　行

解, 7
解曲線, 9
解析的, 103
ガウスの超幾何関数, 125
ガウスの微分方程式, 125, 128
可解条件, 145
拡散方程式, 6, 154, 161, 164
確定特異点, 107
重ね合わせの原理, 39, 45, 98, 154
渦状点, 71
渦心点, 71
関数方程式, 4

完全微分形, 24
ガンマ関数, 124
規格化, 146
基底, 39
基本解, 39, 98, 163, 170
逆演算子, 79
級数解, 107
求積, 11
境界条件, 9, 133
境界値問題, 9, 133, 181
行列の対角化, 60
グリーン関数, 134, 187
グリーンの公式, 134
クレローの微分方程式, 31, 34
クンマーの関数, 125, 130
クンマーの微分方程式, 125, 130
係数行列, 58
結節線, 71
結節点, 70
決定方程式, 107, 109
合成積, 91, 157
合流型超幾何関数, 125
合流型超幾何微分方程式, 125
コーシー問題, 9
コール-ホップ変換, 190
固定端境界条件, 191
固有関数, 146
固有振動, 89, 177
固有値, 59, 146
固有値問題, 145, 146
固有ベクトル, 59
コンパニオン行列, 61
ゴンペルツ方程式, 19

さ　行

最大値の原理, 180
自己共役, 134
自己共役形, 134
自己随伴, 134
周期境界条件, 133
周期境界値問題, 141
従属変数, 4
従属変数変換, 22, 30, 60
自由端境界条件, 192
重調和関数, 181
シュトルーヴェ関数, 132
条件付き変分問題, 192
常微分方程式, 4
初期条件, 9
初期値境界値問題, 162
初期値問題, 9
ジョルダン標準形, 60
自律系, 68
スツルム-リューヴィルの固有値問題, 146
正規形, 9, 31
整級数, 103
整級数解, 103
正則点, 103
積分因子, 17, 25
積分汎関数, 191
漸近安定, 68
線形近似, 69
線形微分方程式, 7
全微分, 3, 24
相軌道, 10, 68
双曲型偏微分方程式, 154

相曲線, 10, 68
相空間, 68
相似解, 190
相図, 10, 68, 75
相平面, 10, 68

た 行

退化結節点, 70
第 3 種境界条件, 133, 140
第 2 種チェビシェフ多項式, 115, 205
第 2 種ルジャンドル関数, 119
楕円型偏微分方程式, 154
ダランベールの階数低下法, 100, 111
ダランベールの公式, 173, 175
チェビシェフ多項式, 115, 205
チェビシェフの微分方程式, 115, 119
超幾何関数, 125
超幾何微分方程式, 125
調和関数, 180
直交関数系, 116, 155
直交多項式, 116
直交多項式系, 116
定数変化法, 18, 45, 48
定性的理論, 68
ディリクレ境界条件, 133, 136, 162
デルタ関数, 97
等傾線, 10
同次形, 22
同次方程式, 16, 38
特異解, 9, 31
特異境界値問題, 135
特異固有値問題, 146
特異点, 107
特殊関数, 115
特性方程式, 38, 53
独立変数, 4
独立変数変換, 22, 99
特解, 7, 16, 43

な 行

内積, 116
熱核, 163, 170
熱方程式, 6, 154, 161
ノイマン関数, 124, 127
ノイマン境界条件, 133, 137, 162
ノルム, 116

は 行

バーガース方程式, 6, 190
波動方程式, 154
反転公式, 157
非自律系, 68
非正規形, 31
非線形微分方程式, 7
非同次方程式, 16, 43
微分演算子, 78
不安定, 68
フーリエ逆変換, 157
フーリエ級数, 156
フーリエ級数の収束定理, 156
フーリエ係数, 156
フーリエ変換, 157, 170
不確定特異点, 107
複素共役, 4
複素フーリエ級数, 157, 186
複素フーリエ係数, 157
フルビッツの判定法, 73
平衡点, 68
ベータ関数, 124
ベキ級数, 103
ベキ級数解, 103
ベクトル場, 10
ベッセル関数, 124, 126, 150
ベッセルの微分方程式, 124, 126
ヘビサイド関数, 90, 135
ヘビサイドのステップ関数, 90
ベルヌーイ多項式, 188
ベルヌーイの微分方程式, 30

変数分離形, 12
変数分離法, 162, 164
偏微分方程式, 5, 154
変分問題, 191
ポアッソン関数, 185
ポアッソン積分, 185
ポアッソン方程式, 186
方向場, 9
放物型偏微分方程式, 154
包絡線, 31
ポッホハンマーの記号, 125

ま 行

未定係数法, 103

や 行

ヤコビ行列, 69
余関数, 16, 43

ら 行

ラゲール多項式, 116
ラゲールの微分方程式, 116, 121
ラプラシアン, 180
ラプラス逆変換, 90
ラプラス変換, 90, 171
ラプラス方程式, 154, 180
力学系の理論, 68
リッカチの微分方程式, 30
リプシッツ条件, 21
ルジャンドル多項式, 115, 119
ルジャンドルの微分方程式, 115, 118
レゾルベント, 67
連成振動, 7, 88
連立微分方程式, 7
ロジスティック方程式, 6, 15
ロドリーグの公式, 119
ロンスキアン, 45
ロンスキ行列式, 45, 98

著者略歴

及川 正行（おいかわ まさゆき）
1974年　京都大学大学院工学研究科博士課程修了
現　在　九州大学名誉教授
　　　　工学博士

永井　敦（ながい あつし）
1996年　東京大学大学院数理科学研究科博士課程修了
現　在　津田塾大学学芸学部教授
　　　　博士（数理科学）

矢嶋　徹（やじま てつ）
1990年　東京大学大学院理学系研究科博士課程
　　　　中途退学
現　在　宇都宮大学大学院工学研究科教授
　　　　博士（理学）

Key Point & Seminar-3

Key Point & Seminar
工学基礎　微分方程式 ［第2版］

2006年10月25日 ⓒ	初版発行
2017年 2月25日	初版第7刷発行
2018年12月10日 ⓒ	第2版第1刷発行
2021年 4月10日	第2版第3刷発行

著　者　及川正行　　発行者　森平敏孝
　　　　永井　敦　　印刷者　小宮山恒敏
　　　　矢嶋　徹

発行所　株式会社　サイエンス社

〒151-0051　東京都渋谷区千駄ヶ谷1丁目3番25号
営　業　☎ (03)5474-8500(代)　振替 00170-7-2387
編　集　☎ (03)5474-8600(代)
FAX　　☎ (03)5474-8900

印刷・製本　小宮山印刷工業（株）

《検印省略》

本書の内容を無断で複写複製することは，著作者および出版社の権利を侵害することがありますので，その場合にはあらかじめ小社あて許諾をお求めください．

ISBN 978-4-7819-1429-9
PRINTED IN JAPAN

サイエンス社のホームページのご案内
https://www.saiensu.co.jp
ご意見・ご要望は
rikei@saiensu.co.jp　まで．